教育高质量发展背景下 高等院校科研育人工作成效与管理改革

杨　苗◎主编

中国财经出版传媒集团
经济科学出版社
Economic Science Press
·北　京·

图书在版编目（CIP）数据

教育高质量发展背景下高等院校科研育人工作成效与管理改革 / 杨苗主编. -- 北京：经济科学出版社，2024. 7. -- ISBN 978-7-5218-6038-2

Ⅰ. G322-53

中国国家版本馆 CIP 数据核字第 2024DL2714 号

责任编辑：白留杰　凌　敏
责任校对：郑淑艳
责任印制：张佳裕

教育高质量发展背景下高等院校科研育人工作成效与管理改革
杨　苗　主编
经济科学出版社出版、发行　新华书店经销
社址：北京市海淀区阜成路甲 28 号　邮编：100142
教材分社电话：010-88191309　发行部电话：010-88191522
网址：www.esp.com.cn
电子邮箱：bailiujie518@126.com
天猫网店：经济科学出版社旗舰店
网址：http://jjkxcbs.tmall.com
北京季蜂印刷有限公司印装
787×1092　16 开　19.75 印张　400000 字
2024 年 7 月第 1 版　2024 年 7 月第 1 次印刷
ISBN 978-7-5218-6038-2　定价：70.00 元

编委会名单

序　言

党的二十大报告指出："必须坚持科技是第一生产力、人才是第一资源、创新是第一动力，深入实施科教兴国战略、人才强国战略、创新驱动发展战略，开辟发展新领域新赛道，不断塑造发展新动能新优势。"高校作为基础研究主力军、核心技术突破策源地和人才培养主阵地，为我国科技进步和社会发展作出了重要贡献。因此，在我国实现伟大复兴的道路上，高校科研发展肩负起了极大的时代使命。

高等教育的重要使命是培养拔尖创新人才，而科研为创新提供了广袤的土壤，科研育人则是实现这一目标的重要路径。无论是2016年发布的《中共中央、国务院关于加强和改进新形势下高校思想政治工作的意见》中强调的"七育人"，还是教育部2017年发布的《高校思想政治工作质量提升工程实施纲要》中指出的"十育人"，科研育人都是其中重要的组成部分。因此，以"科研育人"为抓手，构建优化高校科研育人机制，持续引领学生的学术品位与价值取向，对于高校践行"为党育人、为国育才"使命具有重要意义。

2016年12月，习近平总书记在全国高校思想政治工作会议上提出教育的"四为服务"，即为人民服务、为中国共产党治国理政服务、为巩固和发展中国特色社会主义制度服务、为改革开放和社会主义现代化建设服务的重要论断。

其后，习近平总书记在多次重要讲话中强调了新时代教育要坚守"为党育人、为国育才"的初心与使命。2022年4月25日，习近平总书记在考察中国人民大学时更是强调"培养'复兴栋梁、强国先锋'，始终不变的是'为党育人、为国育才'"。这些重要讲话，无不强调了新时代深化"为党育人"方针的重要性，蕴含着继承与发展中华优秀传统文化中民本教育思想的历史逻辑、马克思主义关于发展无产阶级教育的理论逻辑以及中国共产党人探索中国特色社会主义教育发展道路的实践逻辑。

为落实高校立德树人这一根本任务，把握新时代科研育人的深刻内涵，高校

“科研育人”工作亟须厘清“育什么、怎么育、为什么育、谁来育”的深层次问题，寓德育于“研”，借助科研活动开展、科研制度建设等环节方式，在提升学生科研素养的同时，铸就学生的家国情怀、报国之志，引领学生树立正确的世界观、人生观和价值观，从而实现“为党育人”的根本使命。

习近平总书记提出，科学研究要面向世界科技前沿、面向经济主战场、面向国家重大需求、面向人民生命健康。在科研项目实施中，课题立项应具备正确的政治方向和价值导向。科研活动应服务国家战略需要，承载国家责任、国家任务、国家使命，高校一方面可以结合时政引导学生进行相关方向的科研活动，另一方面也可以邀请学科领军人物为学生开展科研诚信专题讲座，进而引导学生树立坚定的理想信念。以期在树立理想信念、价值引领过程中，促使学生在科研活动中认识青春责任与使命，自觉将个人理想追求与国家事业融合。

科研育人是全员、全程、全方位育人的有效途径和载体。科研内容、科研过程、科研环境、科研队伍等蕴含着丰富的育人资源和元素，而其中的大量元素和资源是亟待发掘和使用的。在高等院校思想教育开展的过程中，充分利用科研平台的托举作用和学术大牛的引领效应，能很好地促使全校教职工共画育人同心圆，切实做到全员、全程、全方位育人。《教育高质量发展背景下高等院校科研育人工作成效与管理改革》一书正是顺应时代发展需要编写而成，本书集结“博文杯”历年优秀成果和数十位一线科研管理工作人员的理论研究，力求展现学校近年来科研育人实践成果，为“科研育人”路径研究提供理论支持。

习近平总书记指出，“我们现在所处的，是一个船到中流浪更急、人到半山路更陡的时候，是一个愈进愈难、愈进愈险而又不进则退、非进不可的时候。”面对现如今复杂的国内外环境，高等院校科研育人工作面临着前所未有的新挑战。我们应增强忧患意识、紧迫意识、警醒意识、使命意识，顺应历史前进的逻辑，把握时代发展的潮流，在改革中坚定前行。“天下事有难易乎？为之，则难者亦易矣；不为，则易者亦难矣。”面对改革工作中存在的困难和矛盾，唯有勇往直前，始终保持坚韧不拔、百折不挠的斗志和锐气，才能变挑战为动力，化危机为机遇。教育是国之大计、党之大计。贯彻落实“立德树人”根本任务、办好人民满意的教育，使命光荣、责任重大。让我们更加紧密地团结在以习近平同志为核心的党中央周围，以习近平新时代中国特色社会主义思想为指导，满怀信心、奋进拼搏，攻坚克难、开拓创新，为实现中华民族伟大复兴的中国梦作出新的更大贡献！

中南财经政法大学副校长　邹进文

2024年6月

前言

党的二十大报告指出，教育、科技、人才是全面建设社会主义现代化国家的基础性、战略性支撑。必须坚持科技是第一生产力、人才是第一资源、创新是第一动力，深入实施科教兴国战略、人才强国战略、创新驱动发展战略，开辟发展新领域新赛道，不断塑造发展新动能新优势。

立足中国特色、时代发展特征和中国发展的阶段性特点，坚持“三个第一”，深刻回答了迈入新征程，中国教育“培养什么人、怎样培养人、为谁培养人”的时代之问。教育、科技、人才三者之间协调共进，为经济社会发展塑造动力与势能，协同支撑起发展这一第一要务。高等院校既承担着立德树人的根本任务，同时也是基础研究的主力军和重大科技突破的策源地，在解决国家重大战略需求，攻克社会发展关键难题、应对风险挑战等方面发挥着重要作用。在当前教育高质量发展背景下，高等院校如何肩负起“为党育人，为国育才”使命担当，探索以“能力培养、品格塑造”为主要抓手科研育人模式，是科研战线应当思考的问题。

中南财经政法大学是一所党在解放战争时期创办的高校，其前身是我国老一辈无产阶级革命家邓小平、刘伯承、陈毅等亲自创办的中原大学。学校始终秉承“博文明理，厚德济世”的校训，弘扬“砥砺德行、守望正义、崇尚创新、止于至善”的办学精神和“由党创办、建校为党、成长为国、发展为人民”的红色基因，形成了财经政法深度融通的办学特色和“融通性、创新型和开放式”的人才培养特色，先后为国家经济社会发展输送了40余万名各类优秀人才。

红色血脉赓续传承，始终把“立德树人”摆在首位。“双一流”建设如火如荼，始终把“科研强校”作为发展战略。学校学科资源雄厚、科研实力突出，荟萃了一支学术造诣深厚、教学经验丰富、实践阅历扎实的师资力量，近年来，国家社会科学基金立项数稳居全国高校前列，财经、政法类高校第一。近10年，承担完成国家、省部级重点科研项目共计1600余项，产出科研成果15000余项、智库与社会服务类成果2000余项。“十三五”以来，获教育部高等学校科学研究优秀成果奖（人文社会科学）18 项，教育部“改革开放 40 年高校科技创新重大成就”2 项。学校坚持以财经、政法深度融通为办学特色，以综合性人文社科类大学为办学优势，将科学研究与社会服务相结合，确立了“服务重大战略，聚焦优势领域，坚持开放协同，产出一流成果”的发展战略，积极服务国家重大战略需求，牵头参与起草、修订国家层面的法律逾 40 部，在与财政部、教育部、司法部、国家税务总局、国家统计局、国家知识产权局、国务院发展研究中心等良性互动中，产出了一批财政改革、法治建设、金融创新、知识产权保护、社会治理等领域的一流决策咨询成果。鲜明的红色基因与一流的学科资源、科研实力为学校科研育人实践提供了不懈精神源泉和坚实的平台根基。

近年来，学校高度重视科研育人工作的体制机制建设，大力推动科研育人模式的创新与实践，坚持“学生、学术、学科一体化”综合发展理念，构筑“学校统筹部署、学院全员联动、师生全力推动”的全过程全方位科研育人协同体系，坚持“学科、专业、课程一体化”系统建设思路，将教师高质量的科学研究成果转化为课堂教学资源，构建科教融合、科教协同育人机制，以“科研能力提升、思想品格塑造”作为主要育人目标，坚持将科研育人工作与社会发展实际紧密关联，着重培养学生研究、解决本土问题的科研能力，面向本科生设立大学生“博文杯”实证创新项目、“明理杯”大学生创新创业竞赛项目，面向硕博研究生设立“研究生实践与科研创新项目”等，鼓励引导学生贴近基层一线开展科研实训，把论文写在祖国大地上，在参与式、互动式和研究性的学习中提升解决实际问题的能力，努力造就学生扎根中国、服务人民的家国情怀，进而锤炼学生求真务实、勇于创新的学术品格，向中国的经济社会发展输送“经世济民”人才。每年 800 多支学生科研团队，在导师指导下独立开展科研立项、调研、报告撰写、专利发明等科研活动。多年来累计立项 11000 余项，参与学生 4 万余人次，其中 95% 的立项选题都与中国经济社会发展密切相关。经过诸多有益实践积累，已形成一批学生优秀实践成果和科研育人管理工作经验总结。

本文集以“教育高质量发展背景下高等院校科研育人工作成效与管理改革”为主题，一方面汇聚近年来学生科研实践产出的优秀研究成果，另一方面吸纳学校科研育人一线管理服务工作经验，以期引发广大师生共同探讨教育高质量发展背景下我国高等院校科研育人创新实践的新格局、新思路、新模式、新举措，更好地展现中南大师生弘扬科学精神、尊崇学术创新、恪守学术道德的良好精神风貌。

中南财经政法大学科学研究部部长、
社会科学研究院院长
李小平
2024 年 6 月

目录

大数据用户画像赋能付费会员制仓储超市的智慧经营研究

——以山姆会员店为例

陈勇升　谢静蕾　卫思涵　彭思颖　李亚东

一、导　论

如图 1 所示，大数据用户画像最初形态是作为刻画典型用户需求的工具。而如今各大电商平台和线上商城根据用户人口学特征、网络浏览记录及消费行为等信息将用户“标签化”，将客户群体具象化。

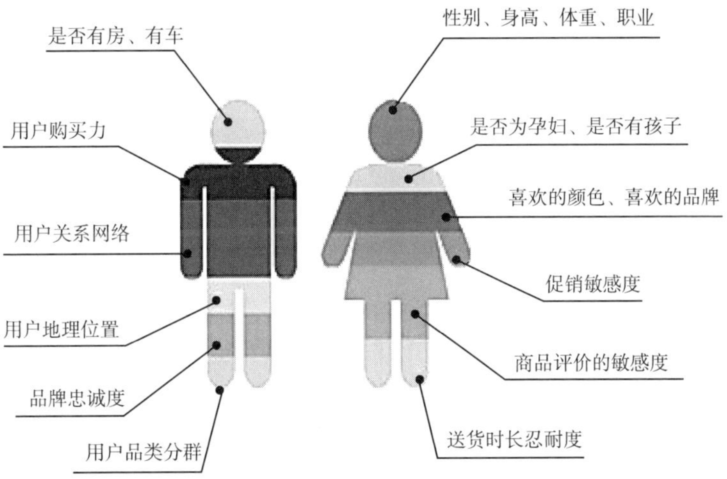

图 1　用户画像示例

付费会员制是企业通过向会员收取费用，从而对用户进行区分，针对不同细分人群制定不同的市场策略，主要分为单轨制和双轨制。会员通过付费获得商家提供的多类型、高收益的专属权益；商家通过用户付费，筛选出目标用户并提高其客单价及复购率，增长用户生命周期和用户黏性的同时提高其价值。

改革开放以来，随着经济社会的发展，我国居民收入水平逐步提高，引起消费需求由满足人民物质需求的实物消费向满足人民美好生活需要的服务消费转变。同时，大数据、云计算等新一代信息技术开启新一轮科技革命与产业革命，助力数字经济的发展，共同引领消费变革。

新零售行业迎来发展机遇，“互联网 +”时代的到来，伴随大数据一类先进技术手段与生产和消费深度融合的零售新模式，人民生活实现发展与转变。为适应经济发展新常态，国家对于推动实体零售创新转型表示重视并发布指导性意见，在上层建筑一侧针对新零售行业做出指导和支持。

消费反作用于生产，故消费结构转型升级引致新零售模式转变的需要，新零售作为新兴消费的特殊供给形态，两者相互促进，构成我国数字经济的重要一环，二者良性互动共同拉动经济增长。

然而，传统商超增长乏力，亟待转型。随着第三次消费结构的转型升级，传统商超也开始面临着多方冲击与挑战。首先，传统线下零售业持续受到天猫、京东等线上零售商的强劲冲击，线上零售依赖度持续上升，传统零售的危机感加强。传统商超客源持续流失，但传统商超租金成本、人力成本却不断上涨，回报周期变长，地址因素变多，新店平均生存率变低，不少传统线下商超因入不敷出，最终只得倒闭关店。

其次，由于零售渠道正在向“小型化”转型，一系列线上零售新形态，如社区团购迎来了快速发展。这与大卖场的惨淡现象形成鲜明对比，国内连锁经营超市门店客流量下降明显，销售额与门店增长率也呈下滑趋势。

因此，在产业数字化转型与疫情冲击的共同作用下，传统商超正在走向衰落，中国本地的头部传统商超品牌业绩下滑，迎来关店潮。外资品牌也纷纷退出中国市场或打包抛售。

此外，消费者观念转变，消费偏好升级。随着生活品质的改善与可支配收入的提高，消费者更注重商品品质与购物体验。从消费者个体来看，随着人均收入不断提高，会员费占比下降，消费者对于收取会员费的接受度更高。

基于以上背景，本文致力于丰富付费会员制超市相关领域的理论研究，并研究数字技术在传统零售超市转型中的运用，丰富相关商业领域新模式新业态的理论研究成果，通过定量研究的方法丰富消费用户画像下的付费会员制商超的异质性量化研究。

通过构建需求画像，为满足消费者深层次多样化的消费需求提供研究模式与建议，为传统商超转型发展道路提供参考，为已发展成熟的仓储式超市提供创新发展方案，为零售业创新发展提供新视角、注入新动能。

二、付费会员制超市现状探究

付费会员制超市的典型业态是单轨制，目前主要由外资超市采用。会员制超市一般可分为免费与付费两种，即消费者可免费办理会员卡，通过购物获得积分后享受一定优惠（如折扣、赠品等）。与之相对的是付费会员制，目前国内超市绝大部分采用免费会员制，付费会员制尚有巨大发展空间。

山姆会员店于1996年开始进驻中国市场，但在早期阶段扩张速度较慢，门店大多位于中国经济较发达地区。随着山姆会员店不断摸清中国市场客群需求，加之以消费群体的扩大，2014～2020年山姆会员店扩张迅速。截至2021年底，山姆在23个城市运营36家门店，中国付费会员数量已超400万人（见图2）。

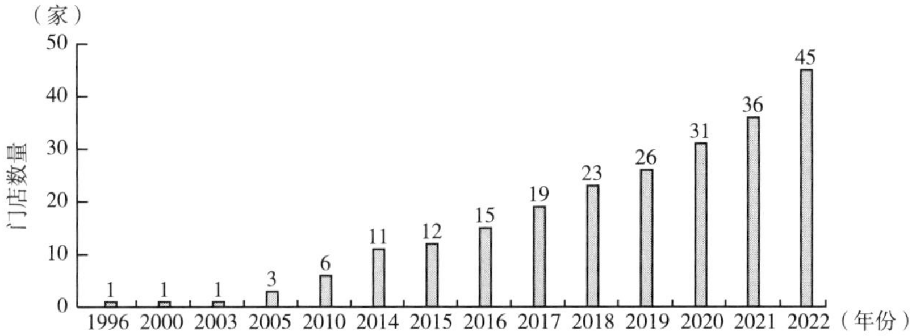

图2　山姆会员店门店数量变化

数据显示，山姆会员店所新增的会员数据中，30岁以下客群所占比重在新会员中超30%，山姆会员店用户画像更具年轻化的态势。而以会费作为主要营业收入手段的山姆会员店，会费高达260元/年，山姆会员店营业收入持续稳定，会费收入增长直观反映中国消费者对于山姆会员店的接纳程度不断提升（见图3）。山姆会员店在其不断探索开拓中，通过品牌自营、高额会费、高质商品增加其用户黏性，使用数据构建用户画像来指导线下商超的经营。

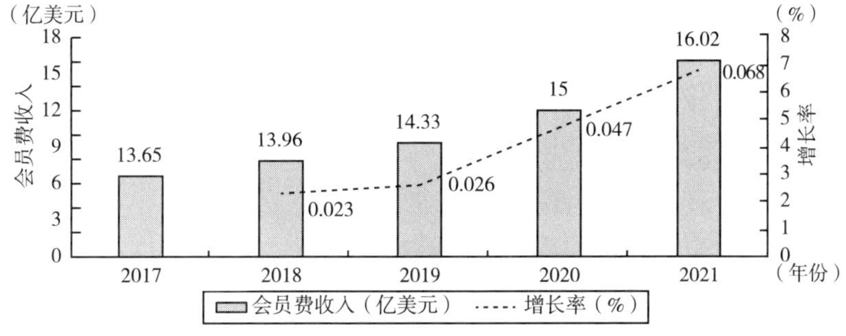

图3　山姆会员店会费收入

三、用户画像的构建

用户画像能将消费者在系统中留下的碎片化消费记录与其基本信息进行聚合与抽象，形成该用户的专属“消费画像”，更直观清晰地反映消费者的消费能力与偏好（见图4）。

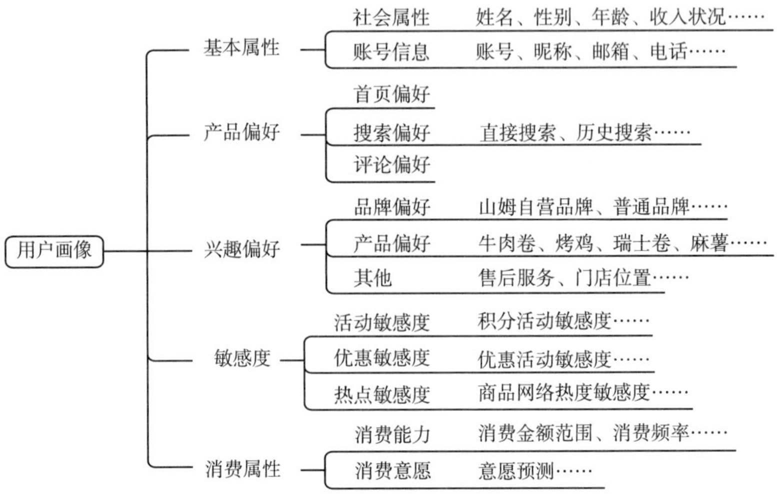

图4　消费者用户画像模型构建

在调研过程中通过问卷形式初步对山姆会员店的用户画像进行了初步数据模型构建。

首先，年龄层次和性别比例。由图5和图6可以看出，山姆会员店的客户超过七成为40岁及以下人群，整体更加年轻化且女性比例偏高，这表明年轻人对于付费会员制的接受程度更高，受众群体多为已经有稳定事业的成年人。

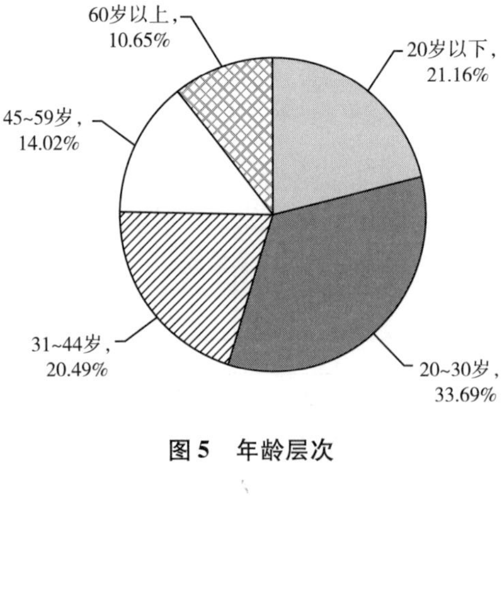

图5　年龄层次

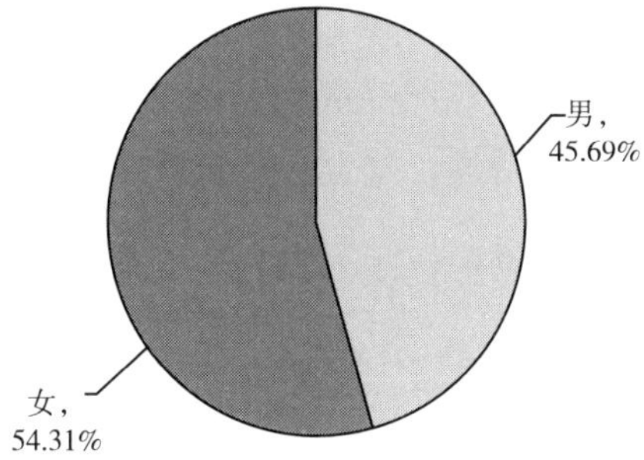

图 6　性别比例

到山姆购物群体以企业单位职工居多，他们有稳定的工作，较高的收入，可以承担起山姆因大分量而造成的价格偏高的问题，他们更加注重的是商品的性价比。而通过问卷我们察觉到，收入为 3000 元及以下的群体很大一部分为家庭主妇与学生，她们会定期到山姆会员店采购来支持一些家庭聚会的食物来源。山姆会员店的大包装对于多人聚会来说，性价比极高。而购买山姆商品的学生，他们主要通过代购方式购买分量产品（见图 7 和图 8）。

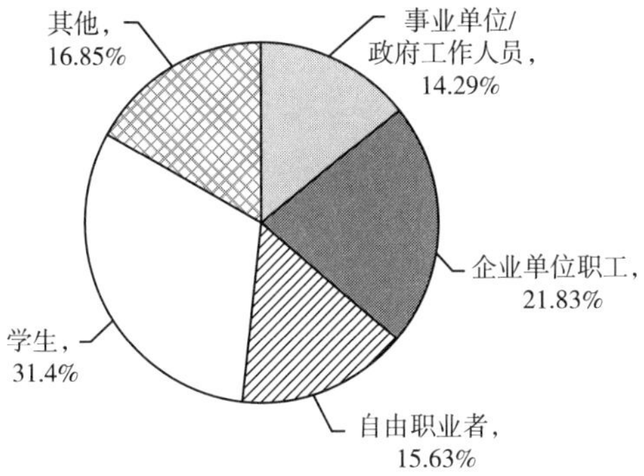

图 7　职业分布

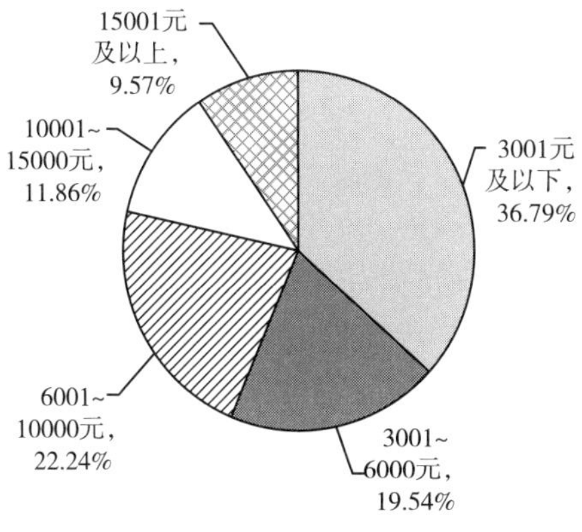

图 8　收入分布

如图 9 所示，从敏感度统计可以看出，用户较为关注门店的位置、购物环境、商品网络热度等方面。年轻人会被网红产品吸引从而选择到山姆会员店购物打卡。优越的门店位置取决于是否有便捷的交通，这也是受众群体的关注点。

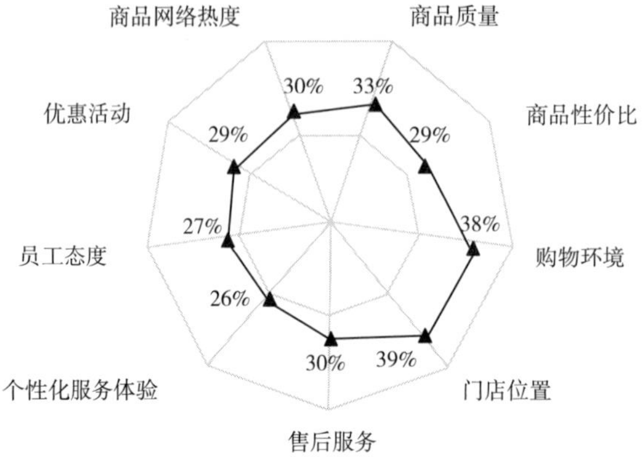

图 9　敏感度

从购物频次的分布可以看出，山姆会员店的销售处于一个健康稳定的状态，客户留存率较高（见图 10）。用户每月都会到山姆囤货，另一层面来讲，大分量商品减少了人们购物的频次。

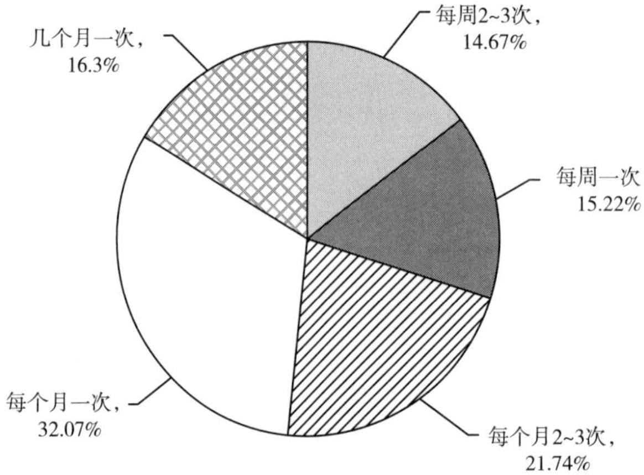

图 10　购物频次

其次，我们根据对山姆用户活跃程度和交易金额的贡献，对用户进行了 RFM 模型分群。利用三个特征维度：最近一次消费时间（recency）、消费频率（frequency）、消费金额（monetary）将用户有效地细分为 8 个具有不同用户价值及应对策略的群体，如图 11 所示。

RFM 模型可以帮助山姆识别优质客户。可以制定个性化的沟通和营销服务，为更

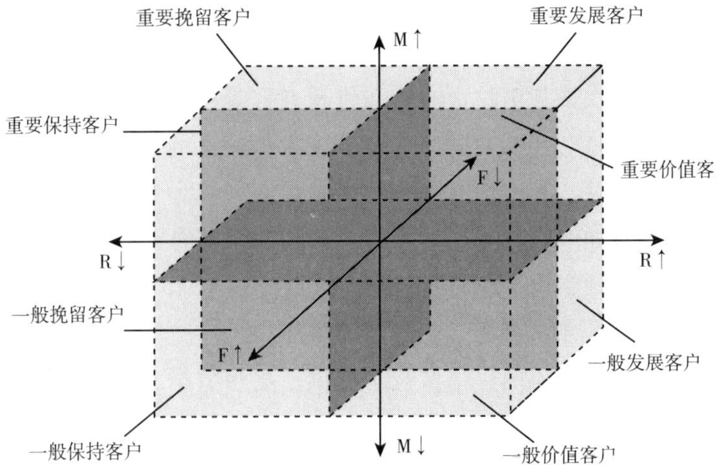

图 11 RFM 模型

多的营销决策提供有力支持，能够衡量客户价值和客户利润创收能力。

接下来，利用收集到的数据对山姆部分用户进行分群。如图 12 所示，山姆的高价值用户较少，仍然存在较多的潜在用户，山姆需要根据更加完备的数据画像来迎合与满足消费者的需求。

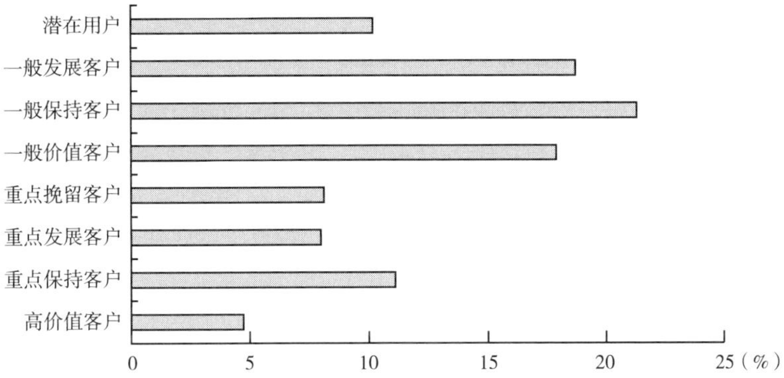

图 12 各类客户所占比重

四、用户画像赋能付费会员制超市机制

山姆会员超市通过“会员制度 + 线上平台”的模式，不仅打通了线上与线下零售的壁垒，而且精准构建了消费者用户画像。任意一个用户在线下门店消费，都会录入自己的基本信息；当该用户在线上 App 消费时，同样会录入消费信息，更进一步丰富该用户的用户画像。

其中，注册会员时通过用户的个人证件得到的基础信息成为构建用户画像所需的静态（属性）数据。用户在线下店的消费记录、商品偏好设置、在线上商品页面的停留时间、加入购物车的次数甚至收货地址和付款方式等一系列数据成为构建用户画像的动态（行为）数据。将以上数据进行加权分配后刻画出的完整用户画像将指导新商品开发和传统商品的改善，并优化门店的运营模式，以扩大市场。因此用户画像的应用具有巨大效益，具体如下。（1）用户画像可以为商超发展提供技术赋能；（2）通过消费者需求与偏好的刻画，指导新商品开发，辅助商超的库存管理，开拓线下门店经营新思路；（3）通过供需端的对接，促进价值赋能。

总而言之，付费会员制为用户画像技术提供了更多数据；而用户画像反过来赋能付费会员制商超，形成良性循环，相辅相成。

五、用户画像赋能山姆会员店效益的实证研究

（一）基于方差分析模型的用户画像效益探究

1. 数据来源。本文研究面向运用用户画像和未运用用户画像两类超市供应链的中游生产端、下游服务端和消费端的三类人群分三种形式发放调查问卷获得有关数据。

2. 方差分析模型检验。通过有效调查问卷中“六类问题，三类对象”建立方差分析模型，来捕捉用户画像技术对商超运营方面的影响，根据两因素观测值实验结果 A 因素含有 6 个水平量，即 $a=6$；B 因素含有三个水平量，即 $b=3$，共计 18 个观测值。根据双因素观测值实验数学模型：$X_{ij}=\mu+\alpha_i+\beta_j+\varepsilon_{ij}$，其中 μ 为总平均数，α_i，β_j 分别为 A_i 和 B_j 的效应，μ_i，μ_j 分别为 α_i，β_j 观测值总体平均数，且 $\sum\alpha_i=0$，$\sum\beta_j=0$，ε_{ij}为随机误差并相互独立，且 $N(0,\sigma^2)$。由此可得各项平方和与相关自由度：

$$C=\frac{x^2}{ab}=106424.2267$$

$$SS_T=\sum x_{ij}^2-C=1737.7878$$

$$SS_A=\frac{1}{b}\sum x_i^2-C=1435.1921$$

$$SS_B=\frac{1}{a}\sum x_j^2-C=141.3434$$

$$SS_e=SS_T-SS_A-SS_B=161.2223$$

根据上述计算结果列出方差分析表并进行最终 F 检验。

3. 检验结果（见表1）。

表1　双因素方差分析

方差来源	方差（SS）	自由度（df）	均方差（MS）	F值
A因素（用户画像）	1435.1921	5	287.0222	17.8**
B因素（商超效益）	141.4334	2	70.7222	9.39*
误差	161.2223	10	16.122	—
总和	13075.0026	17	—	—

注：***、**、*分别代表1%、5%、10%的显著性水平。

$$F_{0.05(5,10)}=3.33 \qquad F_{0.05(2,10)}=4.1$$

$$F_{0.01(5,10)}=5.64 \qquad F_{0.01(2,10)}=7.5$$

根据方差分析模型，原假设为自变量对因变量没有显著影响，即用户画像对商超效益没有显著线性影响。备择假设为自变量对因变量有显著影响，即用户画像对商超效益有显著线性影响。根据定理，若 $F>F_{\alpha}$，则拒绝原假设；若 $F<F_{\alpha}$，则不拒绝。在本次检验中，$F>F_{\alpha}$。

因此，本检验最终结论为：用户画像对商超效益有显著正向线性影响。

（二）基于多元线性回归的用户画像赋能商超实证研究

1. 基本解释。选取山姆会员店作为研究对象，运用多元线性回归法分别从人员、产品、人才、政府、物流方面深入剖析商超运营效益的影响因素，并针对商超智慧运营等方面提出优化建议。

本文认为用户画像构建、消费者收入、物流、产品类别这几方面因素能够直接影响线下商超的发展，同时着重考虑我国宏观经济的现实状况，采用多元线性回归方法，选取了山姆会员店创建出以用户画像因素、物流因素、消费者收入4个一级指标为核心的包含12个二级细化指标的指标测度体系，从而深入地实施指标的选择和分析。

2. 数据信息。

（1）数据来源。选取山姆会员店作为研究对象，消费者资料主要为：男女性别、年龄区间与年收入。公司的基本资料包括：公司类型、公司营业周期、所售产品的种类、每月的出货量。商超效益的影响因素中选取：物流、产品、用户画像、消费者收入、4个一级指标为核心，内含12个二级指标。采用李克特5级量表将测度指标进行赋值。利用EViews程序测量变量，确定其精准性，得出有关结果。

（2）调查信息。对山姆会员店的消费者和员工进行网络、线下问卷调查，发放问卷数量为750份，收回问卷742份，回收率99%，问卷相关统计信息如表2所示。

表 2　　山姆会员店发展影响因素

维度	指标	1 分	2 分	3 分	4 分	平均分
用户画像因素 X_3	用户画像使用时间 X_{31}	13	10	106	196	3.79
	用户画像投入成本 X_{32}	22	21	99	219	
	消费者是否认为有相关定制服务 X_{33}	14	36	96	174	
	产品投放精准程度 X_{34}	22	27	76	132	
产品因素 X_2	产品获安全认证 X_{21}	13	24	139	216	3.74
	产品品牌好 X_{22}	15	30	102	219	
	退换货服务好 X_{23}	16	27	99	196	
物流因素 X_1	物流成本负担 X_{11}	22	22	139	242	3.68
	物流效率 X_{12}	12	26	105	232	
	供应链链接顺畅 X_{13}	6	36	103	241	
	物美价廉 X_{14}	13	39	90	225	
消费者收入因素 X_4	商超消费占收入比例 X_{41}	15	33	75	136	4.01
	主要消费者收入 X_{42}	15	24	114	169	
	收入中整体消费占比 X_{43}	24	24	106	163	

3. 分析结果。采用多元回归的方式进行验证变量间的因果联系，逐步分析用户画像、产品、物流、消费者收入等多方面影响因素与商超企业表现（月销量）的关系（见表 3 和表 4）。

表 3　　用户画像因素回归样本数值

R	R^2	调整 R^2	标准估计的误差
0.903	0.933	0.871	0.868

表 4　　用户画像回归因素相关数值模型汇总数值

因素	标准化系数		标准系数	t	Sig	相关性		
	B	标准误差				零阶	偏	部分
常量	0.505	0.074		6.683	0			
用户画像使用时间 X_{31}	0.076	0.104	0.093	0.701	0.482	0.916	0.048	0.017
消费者对定制服务的认可 X_{33}	0.181	0.101	0.222	1.765	0.025	0.919	0.125	0.045
产品投放精准程度 X_{34}	0.512	0.104	0.624	4.945	0.345	0.932	0.328	0.132

通过调整 R^2 系数为 0.871 得知，数据拟合程度较好，被解释变量的总变异中能由回归直线解释的部分占比为 87.1%。用户画像使用时间 X_{31}、消费者对定制服务的认可 X_{33}、产品投放精准程度 X_{34} 的 Sig 值分别为 0.482、0.025、0.345。其中用户画像使

用时间 X_{31}、产品投放精准程度 X_{34} 与月销量差异不明显，无明显的因果关系。消费者对定制服务的认可 X_{33} 低于 0.05，能够表明消费者对定制服务的认可与商超效益月销量存在正相关。

$$Y = 0.506 + 0.55 X_{33}$$

4. 结果评价。

（1）经济理论评价。根据经济理论，商超效益（月销量）应与用户画像应用程度呈正向关系。在该模型中，得到了代表用户画像应用程度的消费者对定制服务的认可指标的斜率值为 0.56，与经济理论的描述一致。

（2）统计上的显著性。

提出假设：H_0：$\beta = 0$ H_1：$\beta \neq 0$

构造检验统计量：$t = \dfrac{\hat{\beta}}{se(\hat{\beta})} = 1.765$

检验量：$t_{0.025} = 1.0$

t 大于 $t_{0.025}$，拒绝原假设，接受备择假设，$\beta \neq 0$。即回归系数显著。

（3）回归分析模型的拟合优度。拟合优度能够体现在 Y 的总变异中，能由 X 解释的部分所占的比例。在该模型中，可决系数为 0.933。即在 Y 商超效益（月销量）的总变异中，能由 X 用户画像应用程度（消费者对定制服务的认可程度）解释的部分占 93.3%。拟合程度较好。

六、结论与建议

（一）针对山姆会员店的管理建议

1. 优化用户画像应用，加强物流体系建设。山姆可通过提高线上客单转化率来化解线下购物不便的难题，强化自有物流体系来提高配送效率，或是将配送业务外包给配送体系成熟的外卖公司；与此同时，优化大数据用户画像的应用，完善隐私政策，注重信息安全，在保障客户隐私安全的前提下提高大数据推送的精准度，为线上客户提供定制更加有吸引力的信息推广。

2. 构建线上线下渠道循环互促的销售体系。在门店运营方面，引导门店客群下载山姆会员商店 App，辅以相应激励政策，例如相较于线下优惠力度更大的线上优惠促销活动等。在物流建设方面，山姆目前的配送范围显然无法满足城市各地的线上客户需求，需要进一步做大物流体系，还需要提供多样化的配送方式，扩大配送范围，打造“定时送货上门”“次日达”“隔日达”等配送方式以满足更多线上客户需求，提高线上销售量，从而整合线上线下销售渠道，并利用大数据用户画像技术促进双渠道的良性循环。

3. 挖掘虚拟家庭用户需求，突破本土化困境。一方面，针对贩卖假冒单次会员卡的行为加大打击力度，运用更多技术手段进行电子会员码的防伪处理，门店收银人员也要采取更多措施，增强辨别真伪的能力。另一方面，对于做代购的中间商，山姆进行大数据用户画像构建时要将其与普通用户加以区分，分为家庭用户和虚拟家庭用户。后者虽然缺乏具有生命周期的长期客户价值，但具有针对性的经营管理方法有待开发。针对虚拟家庭用户构建有特点的用户画像，可进一步挖掘其消费潜力。

（二）对于传统商超转型的管理建议

1. 构建自身供应链，整合供应链体系。构建自用供应链虽耗费周期长，投资大，见效较慢，但外包联营的方式无法保证产品的质量与标准。仓储式会员店可探索产地直采、区域直采的方式，放大利用本地产品的优势，也可尝试农超对接，构建自身供应链优势的同时也能助力农业产业化。

2. 创新自有品牌，形成核心竞争力。转型中的付费会员制商超大可创新性地结合中国本土特色，打造更符合国内消费者口味的特色熟食产品，以在市场竞争中占据一席之地。

3. 构建用户画像，赋能智慧经营。构建用户画像是做到选品与产品研发符合客户需求的基础，更是改“卖商品”为“卖服务”的关键。在服务业蓬勃发展的背景下，付费会员制商超所提供的服务水平决定了其发展走向。而提高用户画像的应用就更能把握消费者的核心需求，优化 SKU 组合，提供定制化服务，利于推动单价与复购率的提高，增强盈利能力。

（三）针对用户画像赋能线下商超转型的政策建议

政府与市场建立开放协调的产业数字化平台，综合运用大数据技术精准定位目标客群与分析消费者偏好并指导调整经营方式，将对用户画像应用于各类零售商智慧经营产生很好的推动作用。同时，也应注重反垄断政策、产权保护政策、相关创新创业激励政策的完善与发展，打破传统商超转型的体制机制壁垒，并令其发展更具方向性与规范性。

参考文献

［1］王晰巍，贾若男，孙玉姣．数据驱动的社交网络舆情极化群体画像构建研究［J］．情报资料工作，2021（06）：1－15.

［2］蒋佩芳，王敏杰．付费会员制超市“混战”［N］．国际金融报，2021－11－01（012）.

［3］高广尚．用户画像构建方法研究综述［J］．数据分析与知识发现，2019，3（03）：25－35.

［4］高鹏飞，陈国俊，张抒扬，刘好德．基于智慧出行用户画像的出行期望预留时长分析［J］．科学技术与工程，2021，21（28）：12286－12293.

［5］郭顺利，张宇．基于 VALS2 的在线健康社区大学生用户群体画像构建研究［J］．现代情报，2021，41（10）：47－58.

［6］周长城．电商付费会员制如何行稳致远［J］．人民论坛，2021（24）：71－73.

［7］李英锋．让消费者得实惠是付费会员制的“生命线”［N］．中国消费者报，2021－07－07（001）.

［8］陆晓杨．新零售下零售行业付费会员制发展探究——以山姆会员店为例［J］．现代营销（学苑版），2021（06）：78－79.

［9］刘文纲，曹学义．付费会员制能否成为国内零售企业的一种盈利模式——基于供应链控制力的分析［J］．商业经济研究，2021（07）：84－86.

［10］彭淇．运营商付费会员制探索之路［J］．通信企业管理，2021（02）：60－62.

［11］袁炜灿，程丹亚．B2C 电子商务平台的用户深耕：从会员到付费会员［J］．现代营销（下旬刊），2020（03）：183－185.

［12］邢振明．警惕付费会员制产品风险［J］．中国金融，2020（01）：103.

［13］汪永华．电商会员制付费意愿影响因素实证分析［J］．商业经济研究，2019（23）：93－96.

［14］张冲，刘雨菡．Big Data E-Commerce User Portrait and Recommendation System［J］．计算机科学与应用，2021，11（07）.

［15］［英］Horton，Raymond L. Buyer Behavior：A Decision Making Approach［M］．London：Bell and Howell，1985.

［16］［美］Thaler R. Toward a positive theory of consumer choice［J］．Journal of Economic Behavior and Organization，1980（01）：39－60.

［17］［韩］Kim S H，Choi S C. The role of warehouse club membership feeinretail competition［J］．Journal of Retailing，2007，83（02）：171－181.

“负担减下去，意愿升上来”：“双减”政策背景下教育成本对生育意愿影响的收入效应和替代效应的实证研究

——以武汉市为例

吴林芮　郭　宸　胡志霞　任怡洁　侯卓凡

一、项目提出

（一）项目背景

1. 我国人口“少子老龄化”形势严峻。老龄化少子化问题已然成为21世纪我国面临着的最大“灰犀牛”① 之一。图1显示，我国正逐步迈入严重少子化社会。

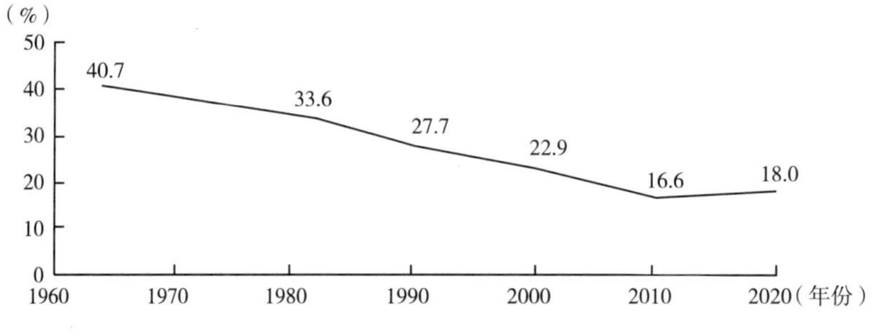

图1　1960～2020年0～14岁人口占比

资料来源：国家统计局．中华人民共和国国民经济和社会发展统计公报，1960－2020.

我国人口老龄化程度加深，将持续面临人口长期均衡发展的压力。据图2可以预

① “灰犀牛”比喻大概率且影响巨大的潜在危机，出自米歇尔渥克的《灰犀牛：如何应对大概率危机》一书。

判，我国或将进入深度老龄化社会。①

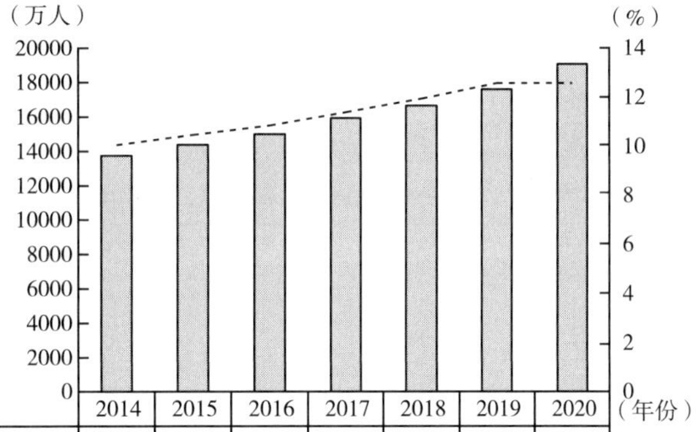

	2014	2015	2016	2017	2018	2019	2020
65岁及以上人口（万人）	13755	14386	15003	15831	16658	17603	19064
占比（%）	10.06	10.47	10.85	11.39	11.94	12.57	13.50

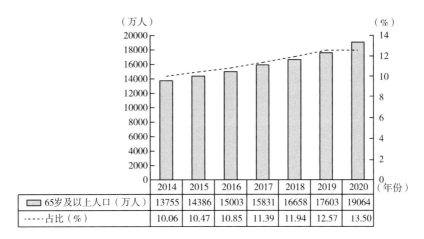

图 2　2014～2020 年中国 65 岁及以上人口数量及占中国人口总数量的比例

资料来源：国家统计局．中华人民共和国国民经济和社会发展统计公报，2014－2020.

2. 低生育时代呼唤新生育政策与理论。图 3 显示，我国的总和生育率低于 1.5，这意味着跌破警戒线②，进入低生育时代。

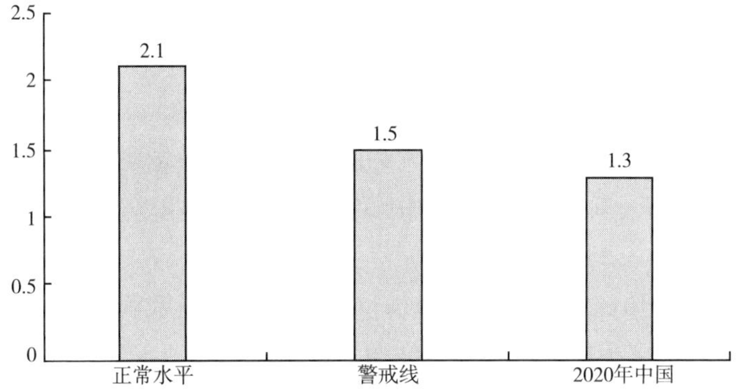

图 3　2020 年我国生育率情况

资料来源：国务院人口普查办公室．国家统计局人口和就业统计司．中国 2020 年人口普查资料，2020.

为释放生育潜力，我国继“全面二孩”政策后提出“三孩”政策，又推行旨在减轻子女的教育成本压力的“双减”政策，在国家战略层面上鼓励生育。

3. 高昂的教育成本遏制生育意愿。表 1 显示，养育子女的主要压力是经济和与经济方面高度相关的压力，尤其是孩子的教育成本带来的经济负担。

① 按照国际通行划分标准，当一个国家或地区 65 岁及以上人口占比超过 7% 时，意味着进入老龄化；达到 14%，为深度老龄化；超过 20%，则会进入超老龄化社会。

② 通常情况下，综合生育率达到 2.1，才能完成世代更替，从而保证整体人口水平的相对稳定。

表1　　育龄人群养育孩子主要压力

项目		频率	百分比（%）	有效百分比（%）	累积百分比（%）
有效	经济	1554	49.0	50.3	50.3
	照料	431	13.6	14.0	64.3
	教育	930	29.3	30.1	94.4
	精神压力	143	4.5	4.6	99.0
	其他（请注明）	31	1.0	1.0	
	合计	3089	97.4	100.0	
缺失	系统	84	2.6		
合计		3173	100.0		

资料来源：王广州，张丽萍．中国低生育水平下的二孩生育意愿研究［J］．青年探索，2017（05）：5－14.

图4显示，高昂的教育成本使家庭负担着较大经济压力，在此情况下，育龄家庭的生育意愿在一定程度上被遏制。

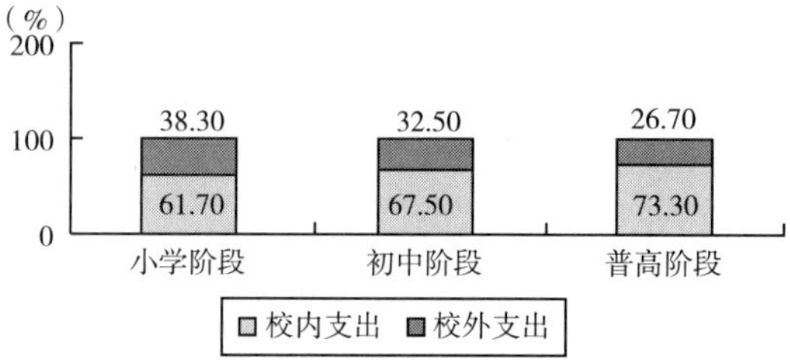

图4　各阶段校内支出与校外支出的比重

资料来源：魏易．校内还是校外：中国基础教育阶段家庭教育支出现状研究［J］．华东师范大学学报（教育科学版），2020，38（05）.

4．“双减”有望协同“三孩”政策为提高生育意愿保驾护航。“双减”政策的应运而生，极大地改变了中国的教育生态环境，该政策究竟会怎样影响教育成本，进而影响人们生育意愿的这一作用机制（见图5），是本文的研究重点。

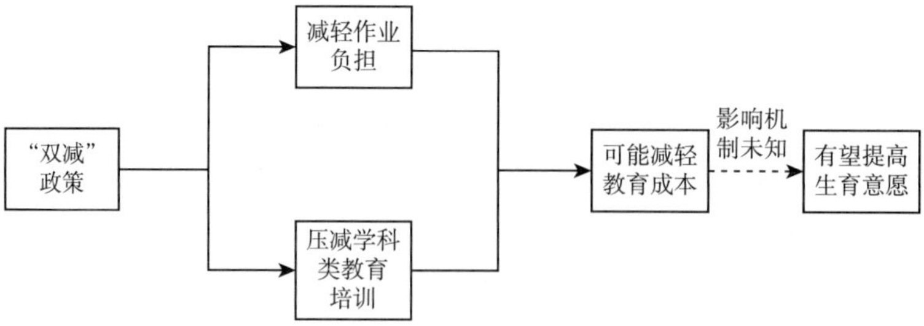

图5　“双减”政策对生育影响的影响

（二）理论依据

1. 贝克尔关于家庭对孩子需求的家庭经济学理论。加里·S. 贝克尔（Gary S. Becker）从家庭的总效用出发，将夫妇的生育行为解释成为消费者合理决策，并且提出了孩子质量的替代效应（见图6）。

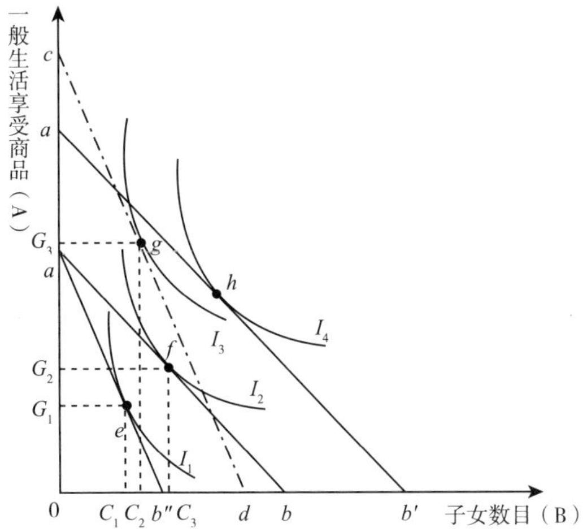

图6　贝克尔关于家庭对孩子需求的理论模型

2. 教育成本对生育意愿影响的收入效应和替代效应。利用收入效应和替代效应研究"双减"政策对生育意愿的影响机制（见图7）。

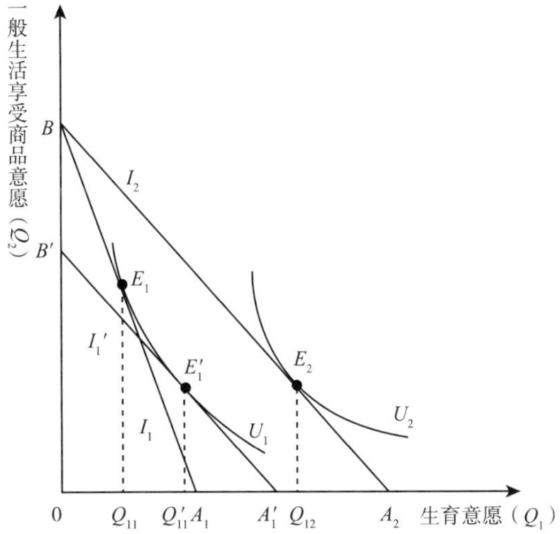

图7　收入替代效应模型

收入替代效应模型符号解释见表2。

表 2　　收入替代效应模型符号解释

符号	内容
U_1	“双减”政策出台前，初始的无差异曲线
U_2	“双减”政策出台后，影响后的无差异曲线
I_1	“双减”政策出台前，初始的预算约束线
I_2	“双减”政策出台后，影响后的预算约束线
I_1'	保证收入效应不变的辅助线
E_1	“双减”政策出台前，初始的均衡点
E_2	“双减”政策出台后，影响后的均衡点
E_1'	保证收入效应不变，表示替代效应变化的均衡点
Q_{11}	均衡点 E_1 下的生育意愿
Q_{11}'	均衡点 E_1' 下的生育意愿
Q_{12}	均衡点 E_2 下的生育意愿

表 3 中的六个图形，是六种可能发生的情况，实际统计结论只有一种情况。

表 3　　收入替代效应分析的不同情况

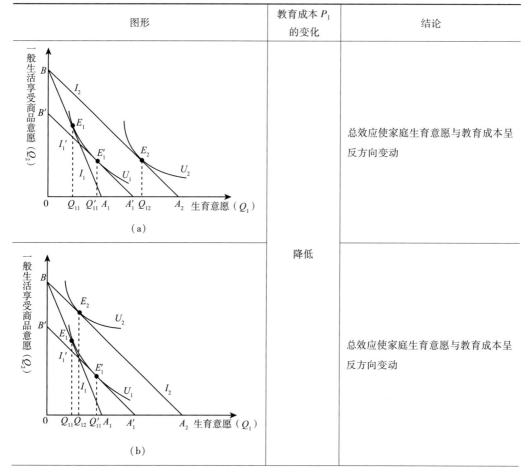

图形	教育成本 P_1 的变化	结论
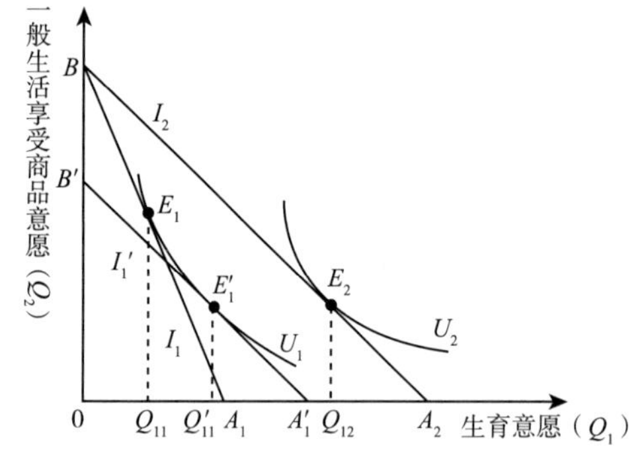 （a）	降低	总效应使家庭生育意愿与教育成本呈反方向变动
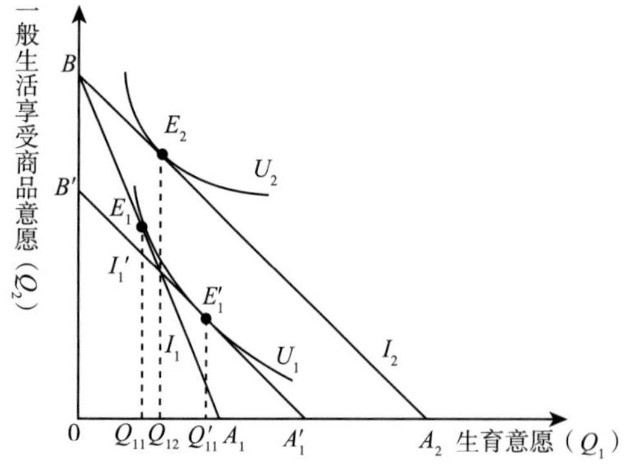 （b）		总效应使家庭生育意愿与教育成本呈反方向变动

续表

<table>
<tr><th>图形</th><th>教育成本 P_1 的变化</th><th>结论</th></tr>
<tr><td>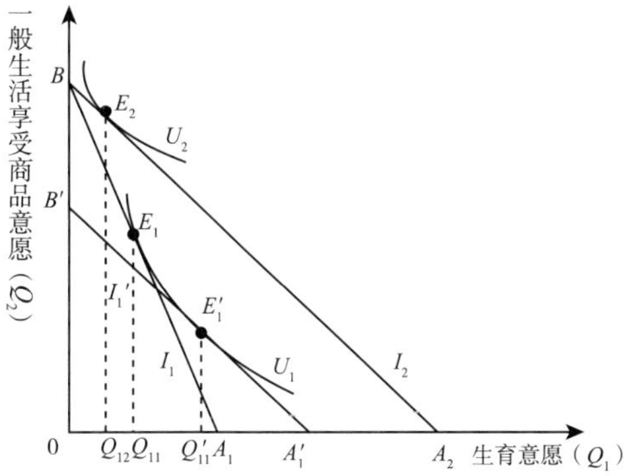

（c）</td><td>降低</td><td>总效应使家庭生育意愿与教育成本呈正方向变动</td></tr>
<tr><td>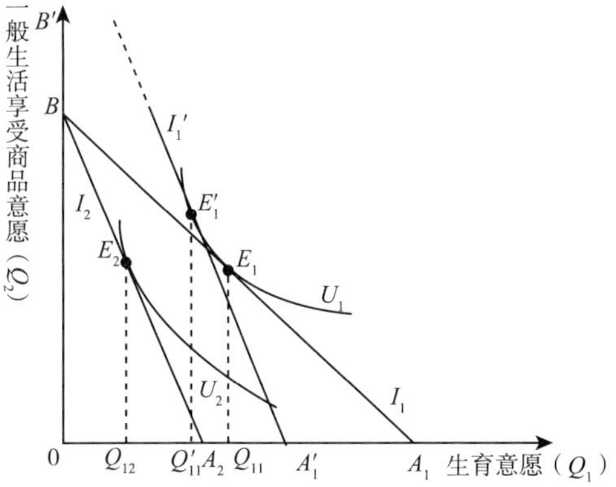

（d）</td><td rowspan="2">升高</td><td>仅教育成本变化相反分析思路同（a）</td></tr>
<tr><td>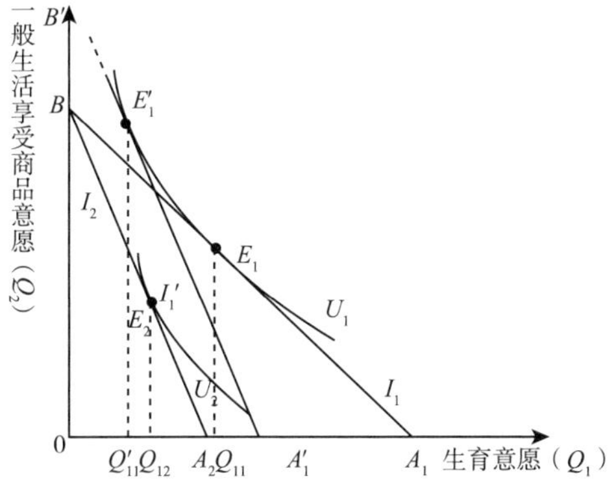

（e）</td><td>仅教育成本变化相反分析思路同（b）</td></tr>
</table>

续表

图形	教育成本 P_1 的变化	结论
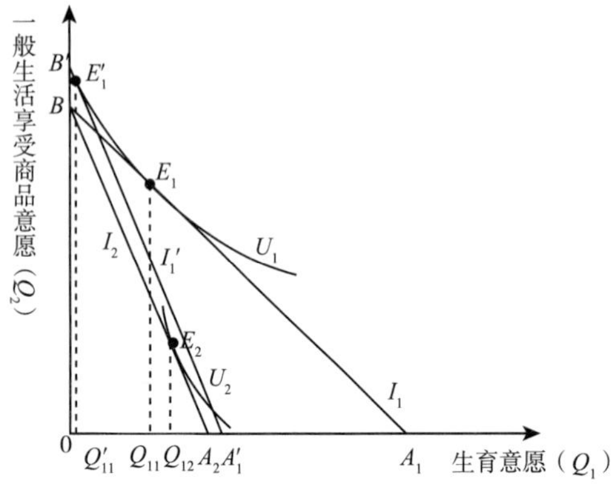 （f）	升高	仅教育成本变化相反分析思路同（c）

二、研究意义

1. 理论意义。（1）有利于补充“双减”政策下教育成本对生育意愿影响的研究空白；（2）有利于深化教育成本影响生育意愿的理论逻辑。

2. 现实意义。（1）有利于聚焦育龄人群的养育成本，让生育权回归家庭自主；（2）有利于深思教育“剧场效应”现状，让减负真正落到实处。

3. 政策意义。（1）有利于把握“双减”政策实施面临的问题，提高政策合理性；（2）有利于在宏观层面上为实现“双减”政策的效用最大化提供借鉴。

4. 社会意义。（1）有利于正视人口问题，完善建立“生育友好型社会”；（2）有利于重视基础民生，防止进入低生育陷阱。

三、文献综述

（一）人口负增长的原因研究

人口因素是负增长的关键，社会因素对人口的自然变动间接促进了负增长。人口因素中的低生育率最能够导致人口负增长，随着生育率下降的速度加快，人口规模减少的速度也在加快①。社会因素中的政策因素最为重要②。现在，物质生活越来越丰富，心理因素对低生育率的作用凸显，对生育意愿造成影响③。生育意愿作为心理因素中的一种，是影响生育的行为和水平最重要的因素④。

（二）影响生育意愿的因素研究

1. 国内研究。生育成本以及收入是生育意愿影响因素中最重要的两部分。随着市场经济的发展，子女费用增加，这直接地影响了家庭的生活质量，必定会产生减少生育的作用⑤。在教育方面，学者们普遍认为高昂的教育成本加重了家庭的经济压力，使得生育意愿降低。择校、经济支出、“三点半”等问题依旧十分突出⑥。一直以来学前教育被视作一种“选择性”的儿童福利，财政投入少，一定程度上也导致了家庭负担加重⑦。

教育的机会成本作为最显著的机会成本之一，它存在很大的下降空间⑧。

2. 国外研究。日本、韩国的状况跟我国比较相近，因此特别查阅研究这两个国家的相关文献。

对于日本，过高的育儿成本最能加重日本的少子化，它为家庭增加了经济负担，导致日本女性少育甚至不育⑨。

对于韩国，其人口危机的主要原因是高昂的子女费用、人们对未来的预期缺乏信心等⑩。

（三）家庭经济学相关研究和政策评估理论

经济研究理论文献整理如表 4 所示。

---

① 陆杰华．人口负增长时代特征、影响与应对专题研究［J］．中共福建省委党校（福建行政学院）学报，2020（01）：18.

② 陆杰华．人口负增长时代：特征、风险及其应对策略［J］．社会发展研究，2019，6（01）：21－32，242.

③ 张霁雯．浅析我国生育率降低的原因及其社会后果［J］．经济研究导刊，2019（16）：38，45.

④ 陈蓉，顾宝昌．低生育率社会的人口变动规律及其应对——以上海地区的生育意愿和生育行为为例［J］．探索与争鸣，2021（07）：70－79，178.

⑤ 郭志刚．中国的低生育水平及其影响因素［J］．人口研究，2008（04）：1－12.

⑥ 国务院发展研究中心“中国民生调查”课题组，张军扩，叶兴庆，葛延风，金三林，朱贤强．中国民生满意度继续保持在较高水平——中国民生调查 2019 综合研究报告［J］．管理世界，2019（10）：1－10.

⑦ 陈秀红．影响城市女性二孩生育意愿的社会福利因素之考察［J］．妇女研究论丛，2017（01）：30－39.

⑧ 邓鑫．子女数量、生育政策与家庭负债：来自 CHFS 的证据［J］．中央财经大学学报，2021（05）：80－93.

⑨ 董佳佳．日本少子化的因素分析——家庭育儿支出对少子化的影响［J］．日本问题研究，2007（04）：57－59，64.

⑩ 金万甲，仇佩君．韩国面临的断崖式人口萎缩危机及其主要原因分析［J］．当代韩国，2018（01）：101－111.

表 4　　经济研究理论文献整理

学者	研究对象	研究内容	具体内容或关系
莱宾斯坦（1957）	家庭经济	家庭经济影响生育决策	家庭经济→孩子的成本和效用→生育决策
	孩子成本	孩子成本效用理论	孩子效用的负效用包括养育成本和机会成本。夫妇生育孩子的意愿取决于家庭最大效用这一原则
贝克尔（1960）	孩子需求	家庭对孩子需求理论	孩子质量的替代效应
	生育水平	三效应论	生育水平受收入效应、替代效应、物价效应的制约
伊斯特林（1985）	孩子需求	生育率的供给和需求理论	孩子需求受家庭收入、市场商品和孩子价格制约
穆光宗（1994）	生育决策	生育决策的效用优化原则	生育主要取决于效用而不是成本
叶文振（1997）	孩子需求	“三三式”理论	孩子需求的三种水平、三维内容、三个发展阶段

四、调研背景

（一）武汉的总体生育情况

图 8 显示，尽管“全面二孩”政策下对出生率有短期的拉动作用，但出生率下降将成为当地的长期趋势。

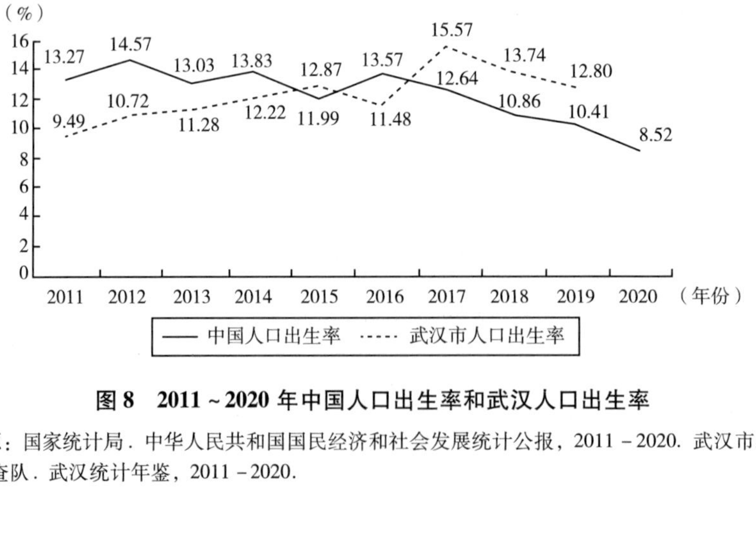

图 8　2011～2020 年中国人口出生率和武汉人口出生率

资料来源：国家统计局．中华人民共和国国民经济和社会发展统计公报，2011－2020．武汉市统计局．国家统计局武汉调查队．武汉统计年鉴，2011－2020．

（二）武汉的教育负担情况

《武汉市居民家庭教育开支及教育负担状况的调查报告》显示，感到教育开支负担沉重的家庭超过40%。

五、实证报告

（一）问卷描述性统计分析

1. 问卷回收情况（见表5）。

表5　问卷发放与回收情况

发放地区	发放问卷数	回收问卷数	回收率（%）	有效问卷数	有效率（%）
中小学门口	205	205	100	200	97.56
小区门口	101	101	100	100	99

2. 调查对象基本信息概括（见表6）。

表6　调查对象信息整理

基本方面	详细数据
性别	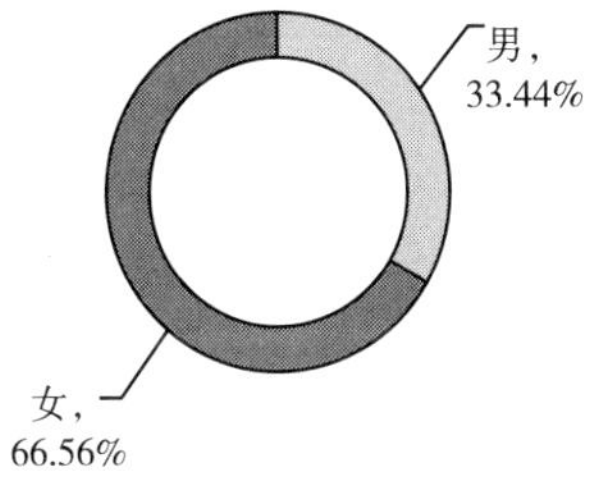
年龄	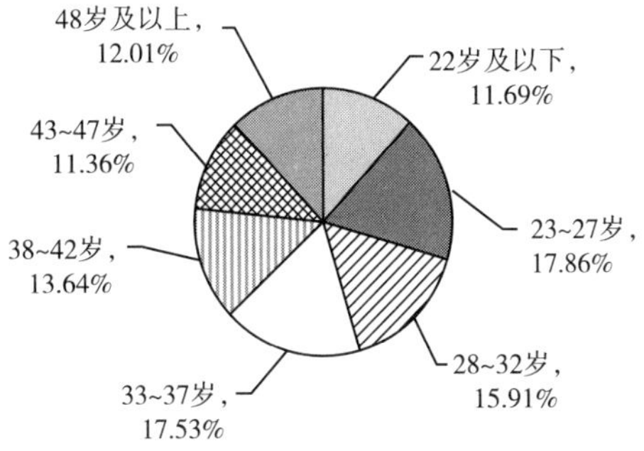

续表

<table>
<tr><th>基本方面</th><th>详细数据</th></tr>
<tr><td>学历</td><td>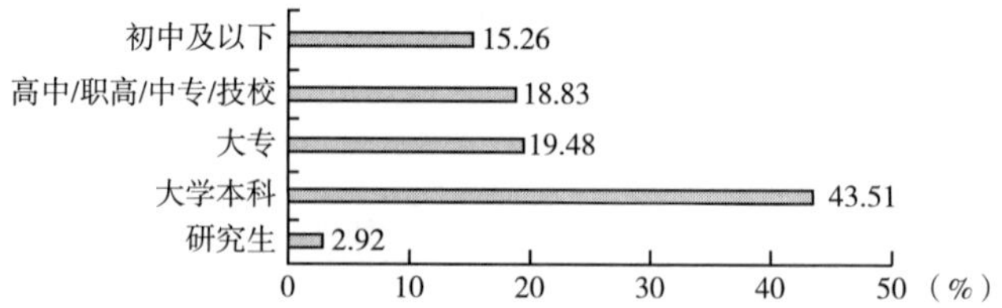
</td></tr>
<tr><td>月收入</td><td>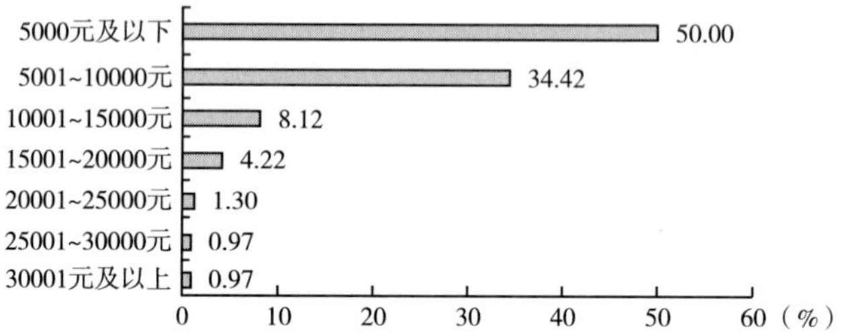
</td></tr>
<tr><td>职业</td><td>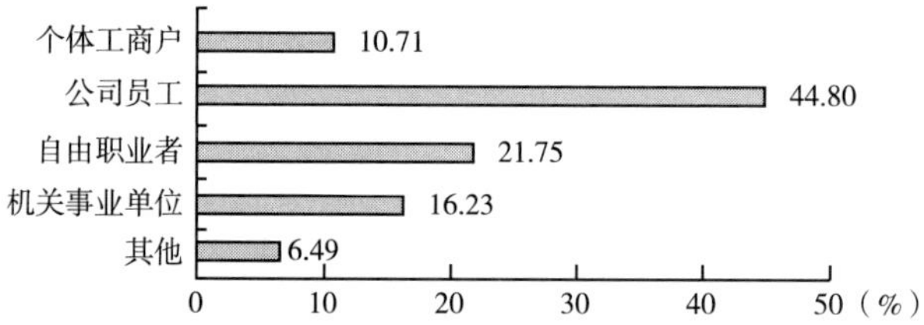
</td></tr>
<tr><td>工作时间</td><td>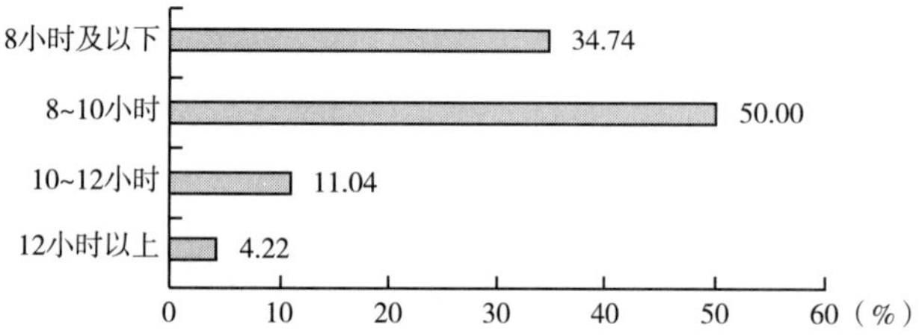
</td></tr>
<tr><td>已育子女数目</td><td>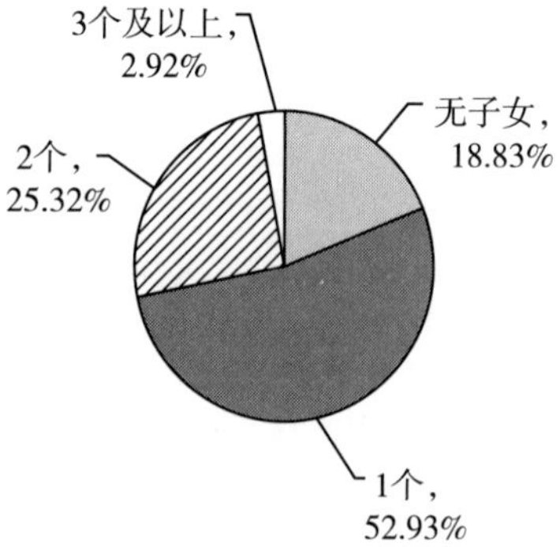
</td></tr>
</table>

续表

基本方面	详细数据
家庭结构	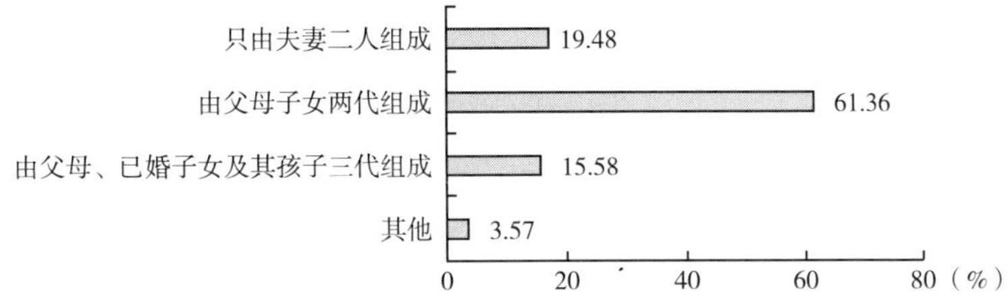

3. 对“双减”政策的认识与评价。

（1）“双减”政策为家长减轻的负担（见图9）。

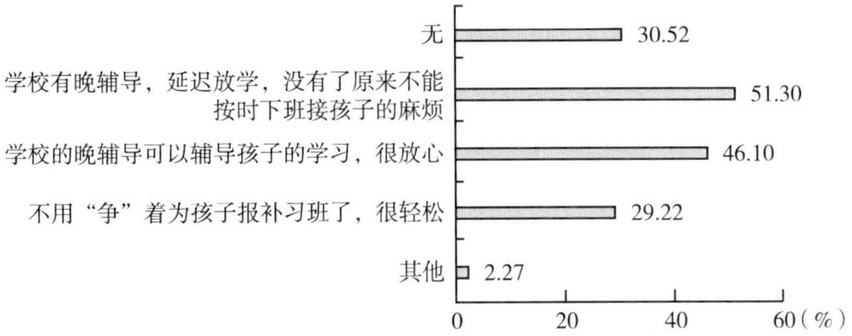

图9 “双减”后家长负担减轻情况

资料来源：本小组成员通过中小学门口、小区门口等地方发放问卷共306份，回收问卷306份，其中有效问卷300份，本小组成员通过问卷整理。

（2）“双减”政策给家长带来的困扰（见图10）。

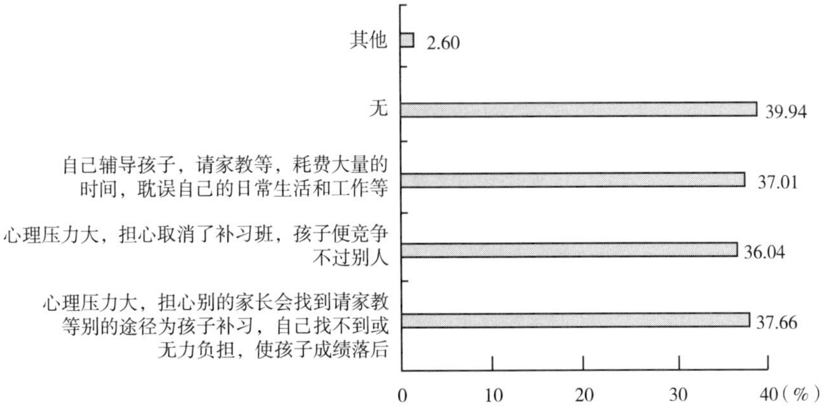

图10 “双减”政策给家长带来的困扰情况整理

资料来源：本小组成员通过中小学门口、小区门口等地方发放问卷共306份，回收问卷306份，其中有效问卷300份，本小组成员通过问卷整理。

（3）对“双减”政策的满意度（见图11）。

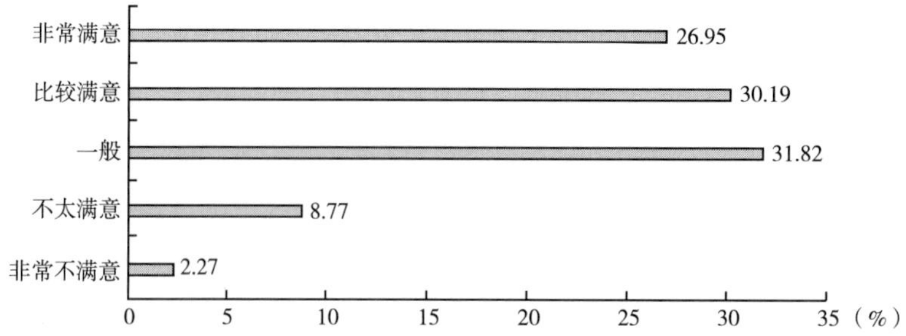

图11　家长对“双减”政策满意度情况整理

资料来源：本小组成员通过中小学门口、小区门口等地方发放问卷共306份，回收问卷306份，其中有效问卷300份，本小组成员通过问卷整理。

（4）认为“双减”政策的不足之处（见图12）。

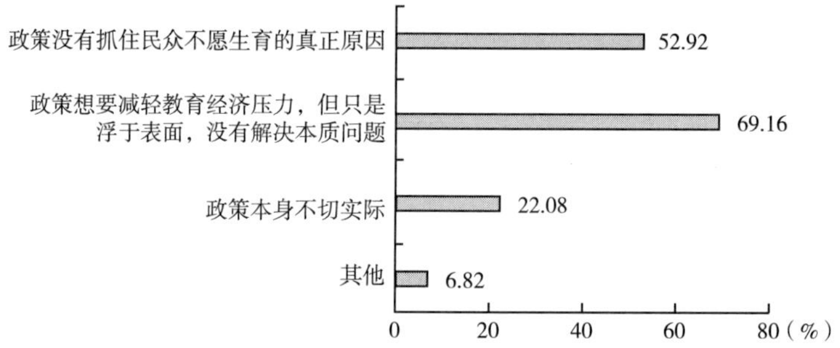

图12　家长认为“双减”的不足之处整理

资料来源：本小组成员通过中小学门口、小区门口等地方发放问卷共306份，回收问卷306份，其中有效问卷300份，本小组成员通过问卷整理。

（5）“双减”政策实施前后，教育支出的变化（见图13）。

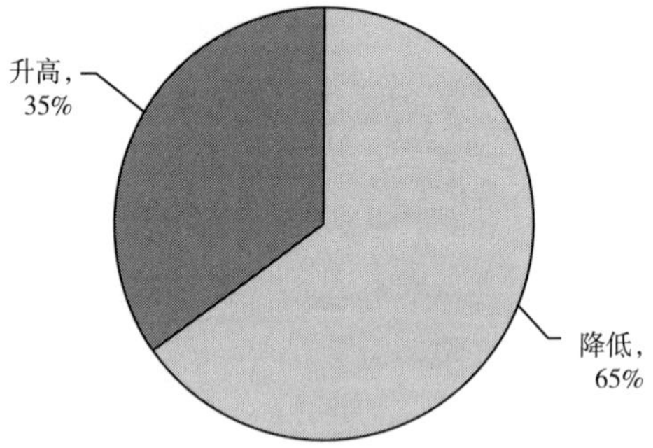

图13　“双减”政策前后教育支出变化情况

资料来源：本小组成员通过中小学门口、小区门口等地方发放问卷共306份，回收问卷306份，其中有效问卷300份，本小组成员通过问卷整理。

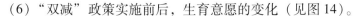

（6）“双减”政策实施前后，生育意愿的变化（见图 14）。

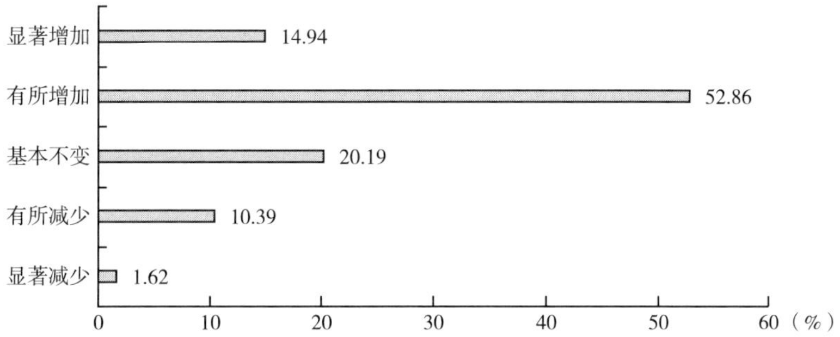

图 14　“双减”政策前后生育意愿变化情况

资料来源：本小组成员通过中小学门口、小区门口等地方发放问卷共 306 份，回收问卷 306 份，其中有效问卷 300 份，本小组成员通过问卷整理。

（二）访谈内容描述性分析

1. 针对相关学者的访谈记录。

Q1：您如何看待“三孩”政策？

A1：“三孩”政策并非一个简单的生育政策，它需要配套的经济政策、社会政策加以辅佐，否则政策的作用并非能够得到完全的发挥。

Q2：您是否有预想到国家会出台“双减”政策？

A2：对“双减”政策的出台我并不感到意外。

Q3：您对“双减”政策的前景是怎样看待的？

A3：“双减”政策的前景取决于未来义务教育、中等教育和高等教育之间的衔接。

Q4：您认为“双减”是否能够真正地规范教育生态、缓解家庭经济负担并纠正生育行为的外部性呢？

A4：我认为是有这种可能的。

Q5：请问您认为新出台的“双减”政策可以作为生育补贴，从而影响人们的生育意愿吗？

A5：同上一个问题类似，不同家庭有着不同的响应，“双减”政策对生育意愿的影响某种程度上取决于收入效应和替代效应之间的权衡。

2. 针对教育部门领导的访谈记录。

Q1：在落实“双减”政策的这近一年内，您认为其落实的整体效果怎么样呢？

A1：整体来讲，不论是精力负担还是经济负担都有所减轻。

Q2：“双减”出台后您在督导检查义务教育阶段学校教学质量时有没有一些新

的发现?

A2：当然有。

Q3：请问校内课后服务的学生参与率如何呢?

A3：课后服务学生参与率超过了九成。

Q4：请问本地政府本年度的财政教育类支出相比过去有没有明显变化呢?

A4：我市教育经费坚持做到两个只增不减。

Q5：请问本地义务教育阶段学科类培训机构的整改情况怎么样？是否存在线上培训、黑班黑校、公司类违规培训等违规办学问题呢?

A5：整体还是很令人满意的。存在，已整改。

3. 针对义务教育阶段学生的采访记录。

Q1：在“双减”政策出台之前，你的父母每周为完成学校布置的任务大概要付出多少时间？政策出台后，你父母的教育负担是否减少?

A1：辅导作业差不多都是每天，具体多长时间不太清楚。我个人来说，感觉负担小了一点。

Q2：你的作业变少了吗?

A2：是变少了，以前都三四项，现在都是一两项了。

Q3：具体是什么作业呢?

A3：作业主要是语文、数学，以前数学最多是四项，语文也最多是四项，但是只要有一项是四项的，另一项就不可能是四项。

Q4：请问在“双减”出台前你是否参与过学科类课外培训?

A4：英语，到现在也有。

Q5：是课外机构吗?

A5：是。

Q6：现在还在给你上课吗?

A6：是啊，但是现在放假了。

Q7：你觉得家庭是否面临一些经济上的压力?

A7：是的。

Q8：现在也是吗?

A8：是的。

Q9：没有被“双减”?

A9：没有。

Q10：培训班是不是有点贵?

A10：是有点贵。

Q11：你的父母支持你参加课外培训班吗?

A11：家里说只要喜欢的都可以坚持。

Q12：你是说喜欢的是一些……？

A12：我喜欢的是一些编程之类的课。

Q13：那像英语、数学这种，你父母有没有强制你上这些课？

A13：当然。

Q14：还是看你愿意上，愿意上的话就去。

A14：是的。但是有些还是想让我强制上的，就比如说家里说想要学会编程就必须学会英语。

Q15：你认为“双减”政策还有什么亟待改进之处？

A15：现在语文老师说，“双减”不统一考试，但是现在还是有统一考试。

Q16：就是小学升初中？

A16：是的。

Q17：还是有统一考试，选拔学生？

A17：是的。

Q18：“双减”之后你的父母有没有为你请过家教之类的？

A18：只是请了老师来教我作业，没有太严格。

Q19：是有偿的吗？

A19：有的是有的不是。

Q20：老师到你的家里来为你辅导作业吗？

A20：是的。基本上来的老师语数外都会。

Q21：在“双减”之前就为你请过这些老师来教你作业吗？

A21：不是。

Q22：是“双减”之后才请过来的？

A22：是的。

（三）模型数据推断性分析

以“双减”政策前后生育意愿的变化为因变量，以可能的影响因素为自变量，建立有序 logistic 回归模型（见表7）。

表7　　变量说明

变量类别	变量名	变量符号	变量类型	变量取值
被解释变量	生育意愿	*Willingness*	顺序变量	（1 = 显著降低，2 = 有所降低，3 = 基本不变，4 = 有所提高，5 = 显著提高）

续表

变量类别	变量名	变量符号	变量类型	变量取值
控制变量	性别（女）	*Gender*	分类变量	（男，女）
	年龄	*Age*	顺序变量	（22 岁及以下，23 ~ 27 岁，28 ~ 32 岁，33 ~ 37 岁，38 ~ 42 岁，43 ~ 47 岁，48 岁及以上）
	学历	*Education*	顺序变量	（初中及以上，高中，大学专科，大学本科，研究生）
	月收入	*Income*	顺序变量	（5000 元及以下，5001 ~ 10000 元，10001 ~ 15000 元，15001 ~ 20000 元，20001 ~ 25000 元，25001 ~ 30000 元，30001 元以上）
	工作性质	*Work_Class*	分类变量	（个体工商户，公司职员，自由职业者，机关事业单位，学生）
	工作日的工作时间	*Work_Hours*	顺序变量	（8 小时及以下，8 ~ 10 小时，10 ~ 12 小时，12 小时以上）
	目前育有的子女数量	*Children*	顺序变量	（0，1，2，3 个及以上）
	家庭结构	*Family*	分类变量	（只有夫妻二人组成，有父母子女两代人组成，有父母、已婚子女及其孩子三代组成）
解释变量	学费（例如将孩子转入私立或国际学校）	*x*1	顺序变量	（1 = 显著减少，2 = 有所减少，3 = 基本不变，4 = 有所增加，5 = 显著增加）
	教育机构补课费用	*x*2	顺序变量	（1 = 显著减少，2 = 有所减少，3 = 基本不变，4 = 有所增加，5 = 显著增加）
	私教或其他费用	*x*3	顺序变量	（1 = 显著减少，2 = 有所减少，3 = 基本不变，4 = 有所增加，5 = 显著增加）
	课内书本费用	*x*4	顺序变量	（1 = 显著减少，2 = 有所减少，3 = 基本不变，4 = 有所增加，5 = 显著增加）
	课外教辅费用	*x*5	顺序变量	（1 = 显著减少，2 = 有所减少，3 = 基本不变，4 = 有所增加，5 = 显著增加）
	教育支出感知	*x*6	顺序变量	（降低、升高）

结果表明，在个人特征方面，（1）女性的生育意愿提高幅度低于男性；（2）年龄越大，生育意愿提高幅度越低；（3）学历水平越高，生育意愿提高幅度越高；（4）月收入越高，生育意愿提高幅度越低；（5）职业为公司职员、机关事业单位、个体工商户的被调查者的生育意愿提高幅度较低，职业为自由职业者的被调查者生育意愿提高幅度较高。在教育成本方面，部分家长感知到教育支出的增加，会在一定程度上造成

生育意愿的降低，其中影响程度从高到低分别为学费、教育机构补课费用、私教或其他费用、课内书本费用、课外教辅费用。

六、影响机制

根据报告得知教育成本的降低，会使得生育意愿升高。以图 15 为例进行分析。

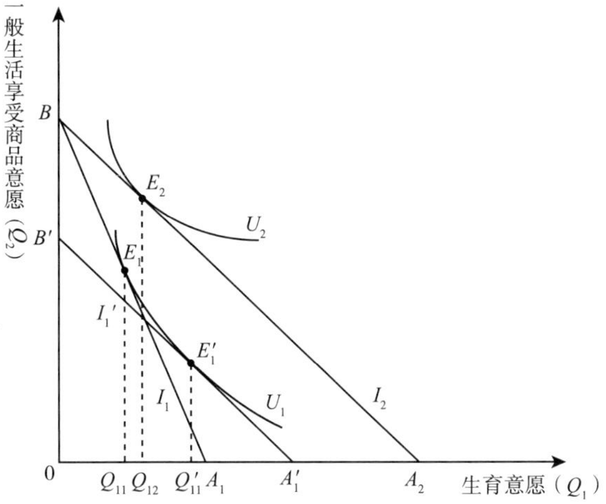

图 15　收入替代效应模型

注：对应变量及含义与前述一致。

（一）总体情况

子女价格 P_1 降低，生育意愿升高，总效应 $Q_{12}-Q_{11}$。

（二）单独分析

1. 替代效应。替代效应为 $Q_{11}'-Q_{11}$。

2. 收入效应。收入效应为 $Q_{12}-Q_{11}'$。

3. 总效应。子女价格变动所产生的替代效应使得生育意愿与子女价格呈反方向变动，收入效应也使之呈正方向变动，替代效应和收入效应的总效应使之呈反方向变动。

（三）归纳分析

在替代效应和收入效应的共同作用下，生育意愿升高。这也证明了孩子是非吉芬低档品。非吉芬低档品的收入效应与价格呈同方向变动，替代效应与价格呈反方向变动，替代效应的作用大于收入效应，总效用与价格呈反方向变动。

七、结论与建议

（一）结论

1. 家庭层面。（1）教育负担减轻，生育信心提高；（2）教育焦虑仍存，生育顾虑明显；（3）不同家庭生育意愿变化情况不同。

2. 政策层面。（1）减负成效初显，整体评价较高；（2）政策组合拳尚未完善，生育潜力未完全释放；（3）“双减”政策的全部影响以及对生育意愿潜在作用仍待观察发现。

3. 社会层面。（1）校外教育培训监管力度不足；（2）社会教育生态改善效果不佳。

（二）建议

1. 家长建议整理汇总（见表8和图16）。

表8　　武汉部分家长建议的分类汇总

不同角度的建议	家长的具体回答
落实“双减”政策	不要只流于形式；双减落到实处；落实政策下达文件
“双减”地区适用性问题	双减政策地方执行太“一刀切”，不适合农村地区
“双减”也需配套措施	出台更多的政策；实施全方面托管政策；鼓励托儿育儿机构，平衡师资；增加辅导的类别；双减政策的相关内容能真正落到实处，与双减政策相关的配套措施也要出台，譬如，对学生双减的同时，对教师的升学率考核也要取消；可能需要更多结构性配套的措施，而不是单单只在教育方面改革，而其他的还保持原样
进一步降低教育成本	支持免费；教育的费用也许还得下调；降低幼儿园费用；全免；加大减免教育费用的力度；教育补贴、生育补贴；教育、医疗免费，把房价控制在人均收入范围内；从幼儿开始，减少家长的教育负担；建议免费看病，免费上学；减少费用；教育成本减轻了有利于提高生育意愿；幼儿园教育免费
教育制度改革	高中纳入义务制，减少在学年限，以缓解子女初中分流的压力和家长的焦虑；扩大义务教育到高中毕业；义务教育到孩子高中结束最好；把学前教育纳入义务教育阶段，会为家长减轻许多负担，高中也纳入义务教育阶段，人们会有多生育意愿；把幼儿教育和高中教育纳入义务教育阶段；改革教育体制，普及高中，推行从小学到高中全阶段义务教育；大学全国统招
提升教育质量	提高教育质量；加强管理孩子学习
平衡教育资源	教育资源向基层倾斜，从而逐步实现均衡化

续表

不同角度的建议	家长的具体回答
改善女性生育主体处境	已婚女性在家庭里的合法权利需要真的落实保护；合理维护女性权益；保障女性生育津贴以及职业发展；解决女性职场问题；承认家庭主妇的付出；产假带薪且不比工资低，保护生育期及哺乳期（一年）妇女不被开除；改善女性工作环境；提升女性各方面地位，做到真正的工作男女平等，减少某些方面对女性的贬低歧视
减轻住房、学区房压力	解决住房压力；降低房价，让大家不为住房发愁；取消学区房
经济补贴/奖励	养育孩子妈妈完全失业，影响收入，经济压力大，望国家能给两孩以上的家庭有所帮扶补贴；国家应加大力度补贴资金给一些贫困学生；政府补助生育金；提高大龄产妇们的生活补贴；增加补贴

资料来源：通过问卷整理。

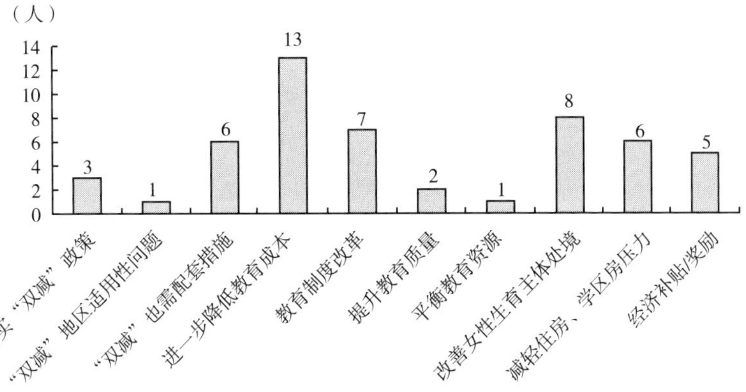

图 16　不同类别建议具体人数

资料来源：本小组成员通过中小学门口、小区门口等地方发放问卷共 306 份，回收问卷 306 份，其中有效问卷 300 份，本小组成员通过问卷整理。

2. 本小组基于调研提出建议。

（1）学校层面。①提高作业设计质量，减轻家长课后负担；②完善教学链条，提高教学效率。

（2）社会层面。①社区单位设立托管中心，解决孩子假期安置问题；②整合社会育人资源，鼓励文化场馆共享。

（3）制度层面。①改善教育选拔制度，引导良性教育竞争；②督查结果纳入考核，建立责任追究机制。

参考文献

[1] 罗淳．贝克尔关于家庭对孩子需求的理论［J］．人口学刊，1991（05）：18－23.

[2] 张丽萍，王广州．全面二孩政策下的中国人口年龄结构问题——基于稳定人口理论的思考

[J]. 华中科技大学学报（社会科学版），2018，32（03）：21－27.

[3] 王广州，张丽萍. 中国低生育水平下的二孩生育意愿研究［J］. 青年探索，2017（05）：5－14.

[4] 陆杰华. 人口负增长时代特征、影响与应对专题研究［J］. 中共福建省委党校（福建行政学院）学报，2020（01）：18.

[5] 陆杰华. 人口负增长时代：特征、风险及其应对策略［J］. 社会发展研究，2019，6（01）：21－32，242.

[6] 张霁雯. 浅析我国生育率降低的原因及其社会后果［J］. 经济研究导刊，2019（16）：38，45.

[7] 陈蓉，顾宝昌. 低生育率社会的人口变动规律及其应对——以上海地区的生育意愿和生育行为为例［J］. 探索与争鸣，2021（07）：70－79，178.

[8] 陈字，邓昌荣. 中国妇女生育意愿影响因素分析［J］. 中国人口科学，2007（06）：75－81，96.

[9] 郭志刚. 中国的低生育水平及其影响因素［J］. 人口研究，2008（04）：1－12.

[10] 马小红，侯亚非. 北京市独生子女及“双独”家庭生育意愿及变化［J］. 人口与经济，2008（01）.

[11] 贾志科. 影响生育意愿的多种因素分析［J］. 南京人口管理干部学院学报，2009，25（04）：27－30，44.

[12] 陈秀红. 影响城市女性二孩生育意愿的社会福利因素之考察［J］. 妇女研究论丛，2017（01）：30－39.

[13] 李子联. 收入与生育：中国生育率变动的解释［J］. 经济学动态，2016（05）：37－48.

[14] 邓鑫. 子女数量、生育政策与家庭负债：来自 CHFS 的证据［J］. 中央财经大学学报，2021（05）：80－93.

[15] 罗维，刘欣，何静. 生育成本估计对二孩生育意愿的阻碍研究［J］. 西安文理学院学报（自然科学版），2017，20（06）：15－18.

[16] 国务院发展研究中心“中国民生调查”课题组：张军扩，叶兴庆，葛延风，金三林，朱贤强. 中国民生满意度继续保持在较高水平——中国民生调查 2019 综合研究报告［J］. 管理世界，2019（10）：1－10.

[17] 谭雪萍. 成本—效用视角下的单独二胎生育意愿影响因素研究——基于徐州市单独家庭的调查［J］. 南方人口，2015，30（02）：1－12，22.

[18] 史爱军，张翠玲，史卓. 子女教育成本对我国生育意愿的制约与优化建议［J］. 人口与健康，2021（07）：46－48.

[19] 张新洁，郭俊艳. 对中国不同收入阶层居民的生育差异分析［J］. 统计与决策，2017（04）：102－106.

[20] 大淵寛，阿藤誠. 少子化の政策学［M］. 日本：原書房，2005.

[21] 佐藤一磨. 夫の失業は出産を抑制するのか［J］. 経済分析，2018（03）：70－92.

[22] 小池司郎. 人口移動と出生行動の関係について——初婚前における大都市圏への移動者

を中心として［J］. 人口問題研究，2009（09）：3－20.

［23］施锦芳. 日本人口少子化问题研究［J］. 日本研究，2012（01）：20－26.

［24］权彤，郭娜. 日本“超少子化”问题研究——基于女性就业的视角［J］. 山西高等学校社会科学学报，2015，27（05）：35－38.

［25］胡澎. 日本人口少子化的深层社会根源［J］. 人民论坛，2018（21）：112－114.

［26］董佳佳. 日本少子化的因素分析——家庭育儿支出对少子化的影响［J］. 日本问题研究，2007（04）：57－59，64.

［27］阿藤誠，赤地麻由子. 日本の少子化と家族政策：国際比較の視点から［J］. 人口問題研究，2003（03）：27－48.

“洗绿”风险下绿色信贷对企业环境信息披露的影响

——基于 PSM - DID 模型的实证分析

龙书迪　安　妮　李伊龙　赖　星

一、研究背景

（一）绿色金融的持续发展依赖于环境信息的高度披露

环境信息披露不仅是促使企业承担环保责任的重要方法，而且为公众对企业进行环境监督提供了有效途径，更是打下了环境治理发展的良好基础。建立环境信息披露制度有助于提升企业发展质量、推动资本市场稳健发展、促进我国生态环境改善。近年来我国对企业环境信息披露高度重视，并且落到实处，制定相关政策并出台相关文件，如表 1 所示。

表 1　　环境信息披露的相关政策

年份	政策	印发单位	意义
2015	《环境保护法》	生态环境部	非强制性环境信息披露转变至部分行业强制性，从法律角度明确要求重污染企业公开详细环境信息
2016	《关于构建绿色金融体系指导意见》	中国人民银行、财政部等七部委	明确表示国家将逐渐建立和完善上市公司和发债主体的强制性环境信息披露制度
2017	《关于共同开展上市公司环境信息披露的合作协议》	证监会与原环境保护部	共同推动和完善上市公司强制性环境信息披露制度，督促上市公司履行环境保护社会责任

续表

年份	政策	印发单位	意义
2020	《关于构建现代环境治理体系的指导意见》	中共中央办公厅、国务院办公厅	排污企业应公开环境治理信息，并对信息真实性负责
2021	《环境信息依法披露改革方案》	生态环境部	落实企业法定义务，加强法治化建设。到2025年基本形成环境信息强制性披露制度
2022	《企业环境信息依法披露格式准则》	生态环境部	对企业关键环境信息提要和环境信息披露内容表述规范性进行了要求

对于企业，进行披露环境信息是让非企业核心人员了解自身环境绩效的有效途径，一定程度反映了污染减排责任。环境绩效优良的企业披露自身环境信息，从而向公众传递环境友好型经营的信息，可以树立良好的声誉，从而吸引投资者，提高企业业绩，提升竞争实力。

对于金融机构，掌握企业的环境信息，才能更好地了解企业情况，有效识别金融风险。由于环境风险的非线性和周期性长的特点，其在日常中对金融机构的影响并不明显。但环境风险一旦发生，影响之深远是不可控、不可逆的，会给金融机构资产负债端带来严重冲击，甚至导致金融风险在整个金融体系中的扩散。

对于投资者，关注企业的环境表现已越来越成为共识，企业真实有效的环境信息披露有利于投资者做出正确的投资决策，获得投资收益，促进投资市场的高效发展。

总的来说，环境信息披露对于我国绿色金融体系发展具有不可或缺的重要作用，规范的企业环境信息披露制度将是“双碳”目标下必然的发展方向。

（二）我国环境信息披露仍面临一系列问题

我国环境信息披露相关政策发展已经实施近20年，但当前企业相关信息披露质量参差不齐。有关报告显示，2020年沪深300企业中，有超九成的企业披露了环境管理目标，但温室气体排放管理体系以及节能减排体系披露数量过少。由于企业所披露的环境信息大多为相关的定性描述，企业环境风险难以量化。相较于发达国家，我国相关的法律体系仍不成熟。这主要表现在针对环境信息披露内容、格式的规定缺乏统一规范的标准，政策的制定仍不够精细。在执行上存在责任分散、监管不足的问题。这都导致了环境信息披露定量信息数量少、质量差、内容不全面、信息难验证等问题。

同时，“洗绿”风险随着绿色信贷规模的扩大而不断提高。企业用虚假的环境信息获取贷款，但并未用在节能环保或新能源开发等绿色领域。“洗绿”风险会给贷款人带来严重损失，扭曲金融资源配置，不利于我国绿色信贷市场和环境保护事业的可持续发展。由于企业的逐利性，单纯的道德约束难以促使企业进行积极主动的环境披露。因此，规范企业环境信息披露还需相关政策和法规的强制性约束。

可以看出，企业环境信息披露是环境治理体系高效发展的基础。尽管目前我国环境信息披露体系发展较为稳健，但企业的环境信息披露仍处于不断完善与发展的阶段，对于企业执行效果的及时评估能有效促进企业发展和政策体系完善。

（三）绿色信贷政策能促进企业进行环境信息披露

2012 年出台的《绿色信贷指引》对企业信贷制定了严格的环保准入标准，金融机构在信贷审批过程中会考虑企业的环境责任评分并实行“环保一票否决制”。绿色信贷具有严格的审核标准，企业披露的环境信息被纳入风险的相关指标中。一方面，面临融资约束的企业为了拓宽融资渠道，会积极主动地进行环境信息披露，提高环境责任评分。另一方面，环境规制能给企业带来压力，促使企业承担环境责任，减少企业的污染行为，企业环境污染的行为可能减少，在这种情况下，企业环境绩效提升，企业将有进行环境信息披露的动力。

但是目前绿色信贷政策对于企业环境信息披露的促进效果到底如何？仅从理论上进行分析不能完全解释这一问题，还需要从实证分析层面进行严谨深入的研究。本项目将基于企业层面的数据进行大量样本的实证分析，并对银行和企业进行实地走访和调查，丰富对这一问题的研究，为绿色信贷政策对于企业环境信息披露的促进效果提供经验证据及政策参考。

二、项目内容

（一）研究思路概述

项目组通过关注时事了解到目前由于企业环境信息披露不足导致绿色信贷具有“洗绿”风险。小组首先通过网上的数据和对相关报道的查看，收集到目前绿色信贷和企业环境信息披露的现状，在查阅相关文献和文章后，经过小组的谈论研究及通过相关的理论分析，提出绿色信贷能够促进企业环境信息披露的假设，并构建 PSM - DID 模型。其次，在通过实地调研和相关文件的查阅得到数据，利用模型进行实证分析，研究绿色信贷的影响效果和作用机理。并以走访的形式了解绿色信贷和环境信息披露的发展，对相关的学者和银行经理进行访谈，对绿色信贷与环境信息披露的现状和关系有更加完整的认识，并提出针对相关部门提出建议，减少“洗绿”风险。

（二）研究思路（见图 1）

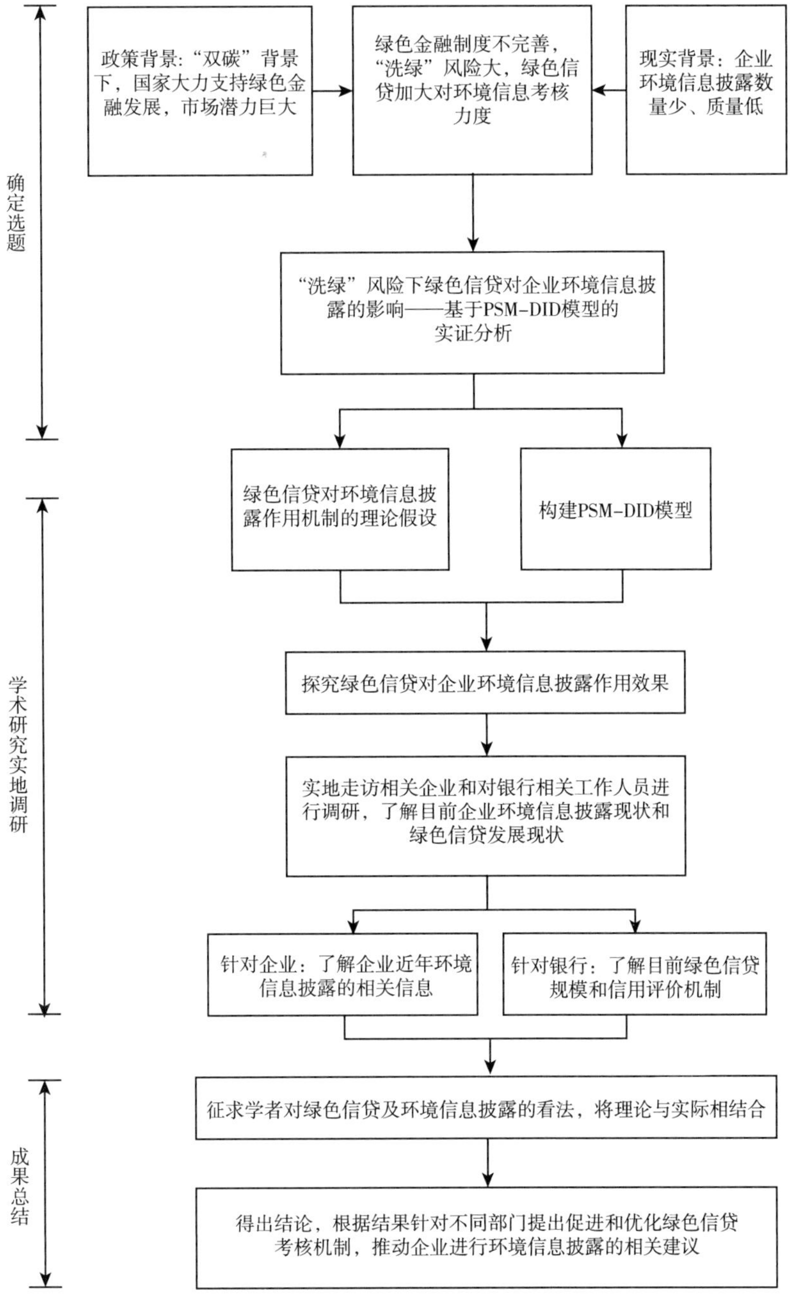

图 1　研究思路

三、现论分析与研究假设

研究问题见图 2。

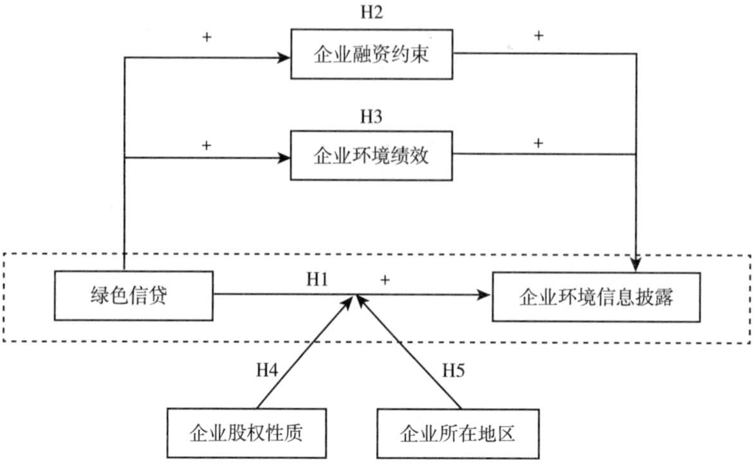

图 2　研究问题

（一）绿色信贷与企业环境信息披露

污染博弈理论认为，由于企业的最终目标是利益，在不被政府或公众监督监管的情况下，企业将会以牺牲环境为代价来获取利益。企业制定并披露高质量的环境信息需要一定的成本，而其目标是获得经济利益而非保护环境，故进行环境信息披露与企业的目标相悖，企业天然缺乏进行高质量环境信息披露的动力。但是在相关政策的驱动下，企业会采取低污染的策略组合。国家推动绿色信贷的激励政策，通过优惠利率的手段降低了企业绿色项目的融资成本，若降低的融资成本大于进行高质量制定并披露环境信息的成本，在利润的促使下，企业有可能会主动披露环境信息。并且，银行发放绿色信贷前会对企业的环保信息进行严格审批，无法达到标准的企业将无法获得贷款，因而企业有动力进行环境信息披露以获得融资。基于此，提出假设：

H1：绿色信贷能够有效促进企业进行环境信息披露行为。

（二）绿色信贷对企业环境信息披露影响的作用机制分析

1. 融资约束理论。《绿色信贷指引》对“两高一剩”企业贷款发放做出了严格的规定，要求银行以高利率放贷甚至对不符合环保标准的企业不予发放贷款。在发放贷款前银行需要对企业的环保信息进行审查并进行风险评估，为了尽可能降低信息不对称带来的风险，从根本上缓解融资约束（Myers and Majluf，1984），银行更倾向于向环境信息披露较完善的企业发放贷款，从而对企业形成融资约束（韩美妮，2016）。企业为了获得足够的资金开展经营活动，降低融资成本，则会披露环境信息以达到获得贷款的要求。基于此，提出假设：

H2：绿色信贷政策的实施会对重污染企业形成融资约束，从而促进企业进行环境信息披露。

2. 环境绩效理论。绿色信贷政策通过制定特殊的优惠政策手段，将资源较多地向绿色企业倾斜，从而对绿色企业和非绿色企业进行激励和约束，来促进企业整体进行绿色发展。在这种情况下，节能减排项目以较低的成本获得较多的资金，并将其投入到绿色项目的发展和绿色技术的创新中，实现绿色项目的可持续发展，从而提高企业整体的环境绩效。由于良好的环境绩效能提高企业声誉并带来一系列益处，因而环境绩效好的企业更有可能进行环境信息披露。基于此，提出假设：

H3：绿色信贷政策的实施会改善企业的环境绩效，使企业有动力进行环境信息披露。

（三）绿色信贷对企业环境信息披露影响的异质性分析

1. 企业股权性质与环境信息披露。预算软约束理论表明，国有企业更有可能获得政府提供的补贴和其他优惠（宁宇新，2021）。绿色信贷也带有优惠政策的性质，所以国有企业获得绿色信贷的困难程度可能较低，融资约束不甚明显。而对于融资较为困难的民营企业，提高环境信息披露的数量和质量是缓解融资约束的有效途径（韩金红，2015）。而对于国企来说，由于较易获得政府提供的绿色信贷或其他种类的补贴及优惠政策，通过主动进行环境信息披露来减缓融资效应的动力较小（钱明，2016）。基于此，提出假设：

H4：绿色信贷政策的执行更有利于非国有企业环境信息披露水平的提升。

2. 企业所在地区与环境信息披露。目前我国东部地区市场化程度较高，绿色信贷管理水平较高，相关标准及考核规定统一，企业发生“洗绿”事件时，通过“寻租”其被处罚的概率和处罚的严重程度要高于其他地区（何贤杰，2012）。而西部地区等市场化程度较低的地区自身环保意识不强（祁怀锦，刘儒昞，2013），自身没有进行环境信息披露的动力；相关部分政策制定、法律执行落实不到位，绿色信贷发展滞后，无法促进企业进行充分的环境信息披露。基于此，提出假设：

H5：绿色信贷政策的执行更有利于经济较为发达的东部地区企业环境信息披露水平的提升。

四、调研结果分析

问卷结果如下：

1. 企业所有制形式（见图3）。调查了438家企业，其中国有企业占74.05%，民营企业占25.95%。根据调研结果如下，说明调研对象存在不均衡现象，但因为由于目前绿色信贷辐射面不够广，国有企业接收绿色信贷较多，对国有企业调研能够更加充分地了解到目前与绿色信贷和企业环境信息披露的相关现状。

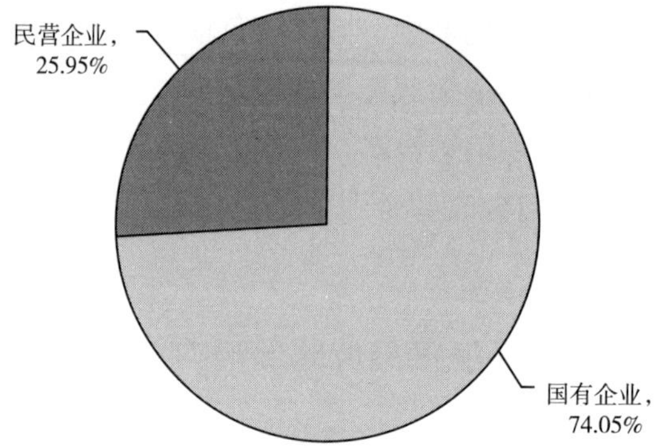

图3　调研企业所有制形式

2. 企业污染罚款现状。图4可以看到所调研的大部分企业都缴纳过一定罚款，说明大部分企业都并未重视环境保护，也从侧面反映目前政府部门处罚力度不够或企业环境信息披露不完全。该结果的产生可能与调查对象中重污染企业占比较多有关，但考虑到目前企业的环保意识普遍不强，所以该调研结果具有一定合理性。

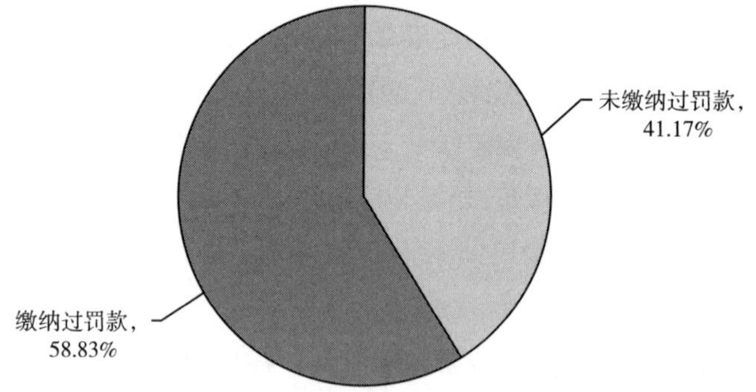

图4　调研企业污染罚款现状

3. 企业环境信息披露变化。如图5所示，绝大多数企业认为相比成立初期，企业目前进行环境信息披露次数增多，可以说明随着绿色信贷政策出台，相关部门监管力度的加大及企业自身环保意识的增强，企业进行环境信息披露的水平有所提高。

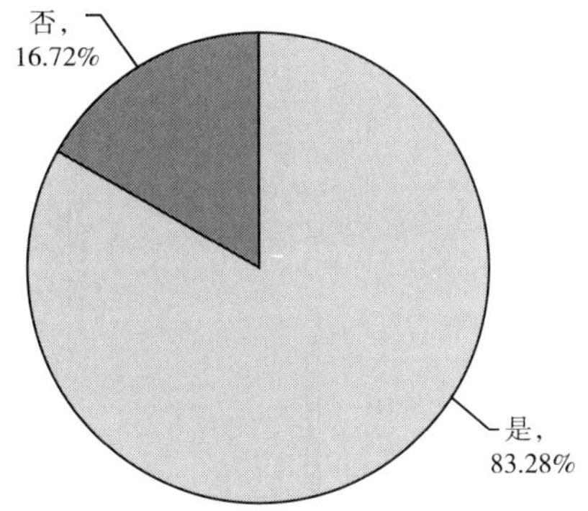

图 5　调研企业环境信息披露变化

4. 企业对绿色信贷利率评价。图 6 可以看到目前大多数企业都认为绿色信贷的利率较低，体现了绿色信贷的利率优惠政策。但也有部分企业认为绿色信贷利率与普通信贷持平甚至超过普通信贷。由于企业的环境信息披露会纳入银行提供贷款利率的评价体系，调研结果反映了目前大多数企业环境信息披露程度都远低于绿色借贷标准，反映了目前企业普遍环境信息披露不足的严重问题。

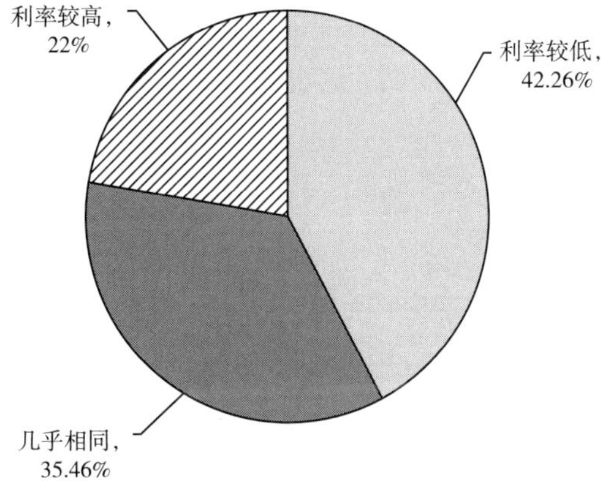

图 6　调研企业对绿色信贷利率评价

5. 绿色信贷投入项目。图 7 可以看到大部分绿色贷款大多用于绿色交通运输项目中，排名第二的是可再生能源项目，可以看到目前大多数企业主要将绿色信贷用于新能源或可再生能源的挖掘中，结合实际，可以判断目前绿色信贷投入最多的应为新能源电动车的相关项目。

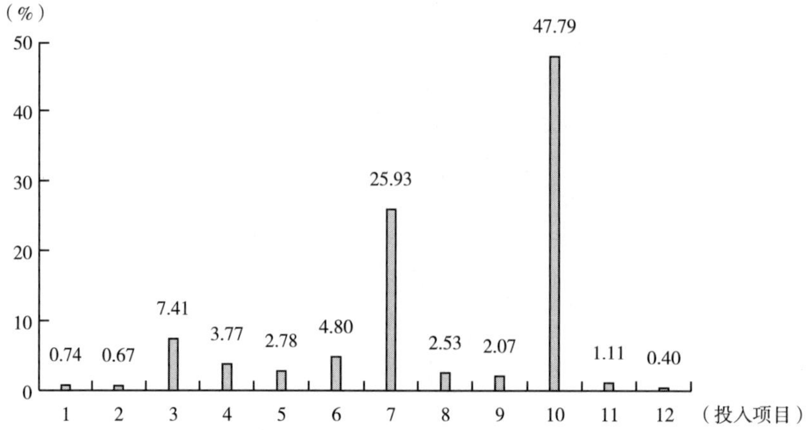

图 7　绿色信贷投入项目

注：图中序号代表：1－绿色农业开发项目；2－绿色林业开发项目；3－工业节能节水环保项目；4－自然保护、生态修复及灾害防控项目；5－资源循环利用项目；6－垃圾处理及污染防治项目；7－可再生能源项目；8－农村及城市水项目；9－建筑节能及绿色建筑；10－绿色交通运输项目；11－节能环保服务；12－采用国际惯例或国际标准的境外项目。

6. 企业环境信息披露方式。图 8 可以看到目前企业进行环境披露的主要方式仍为财务报表，其次是报表附注，目前看来只有较少公司采用独立报表进行环境信息披露。由此也可以看到目前大部分公司仍采用原有环境信息披露的方法，并未进行新的披露体系改革。没有标准统一的披露标准和制度，这也许也是企业环境信息披露不足的原因之一。

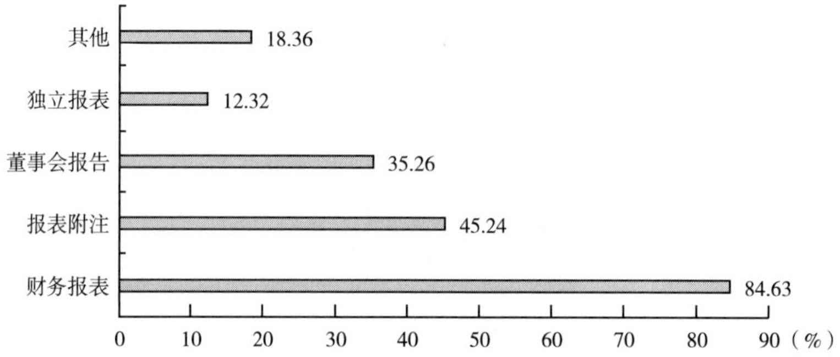

图 8　调研企业环境信息披露方式

7. 企业环境信息披露内容。图 9 可以看到目前企业进行披露的环境信息主要有环保支出及环保投入，而对于环境负债则披露较少。说明部分企业有选择性地对环境信息进行披露，只披露了有利于建立企业形象，使企业获得绿色信贷的相关信息，而对于环境负债等负面信息，企业则披露较少。这一调研结果显示目前企业环境信息披露透明度较低，部分企业有发生“洗绿”事件的可能性，这说明本项目的研究具有一定的现实意义。

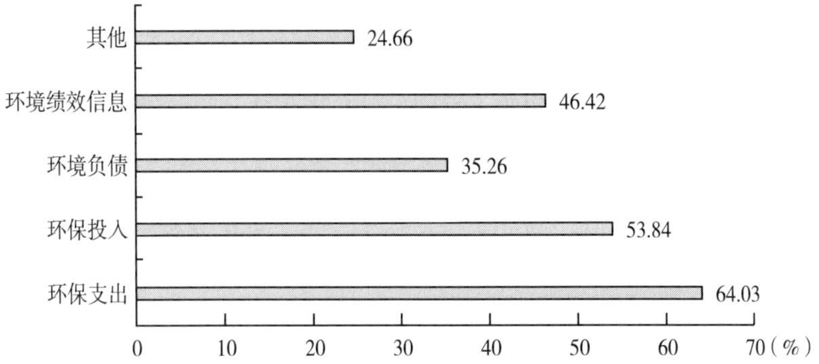

图 9　调研企业环境信息披露内容

8. 企业环境污染度。如图 10 所示，调研结果显示，目前大部分企业都造成了一定的环境污染，但也有部分环境友好型的环保企业或新能源企业，且对环境造成极度污染的企业数量较少，说明目前绿色信贷政策对于遏制企业造成严重环境污染这一行为起到一定效果，大多数企业只对环境造成了轻微污染。

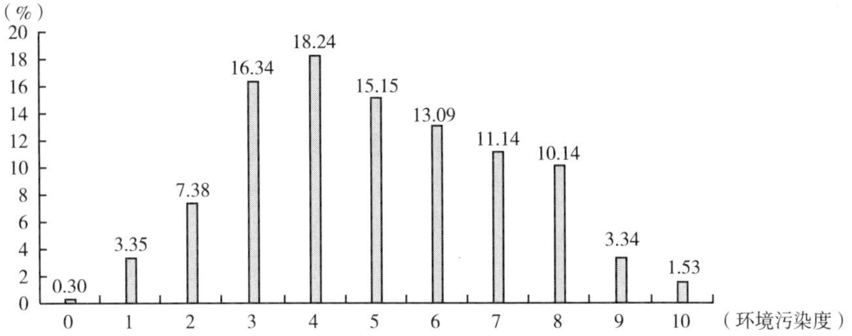

图 10　调研企业环境污染度

9. 企业媒体关注度。如图 11 所示，通过调查我们得知，目前大部分企业对媒体报道关注度较高，说明企业对媒体报道重视程度大。媒体披露和企业环境信息披露之间可能会存在一定的关系。这为之后构建 PSM - DID 模型引入媒体报道变量提供了基础。

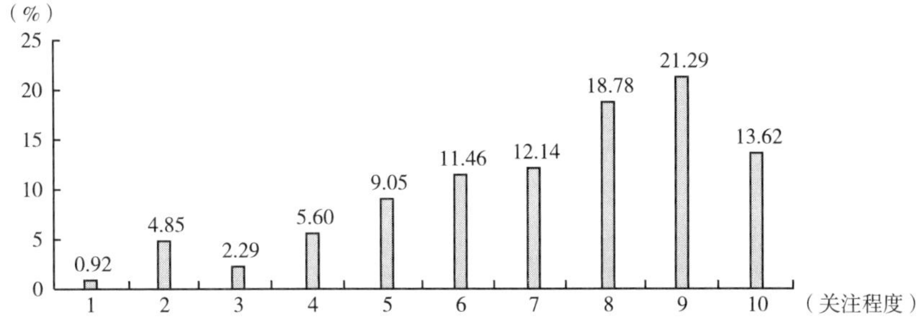

图 11　调研企业媒体关注程度

10. 企业自身环境信息披露水平评价。如图 12 所示，目前大部分企业都认为相较于其他企业，自身环境信息披露处于中等偏上的水平，这说明部分企业已经在进行积极的环境信息披露行为，但更有可能是因为目前大部分企业并未意识到本企业环境信息披露不足这一现状，这可能是因为目前出台的政策不够有效，企业所处的各个行业环境信息披露程度都不高，导致企业无法认清自身环境信息披露现状。

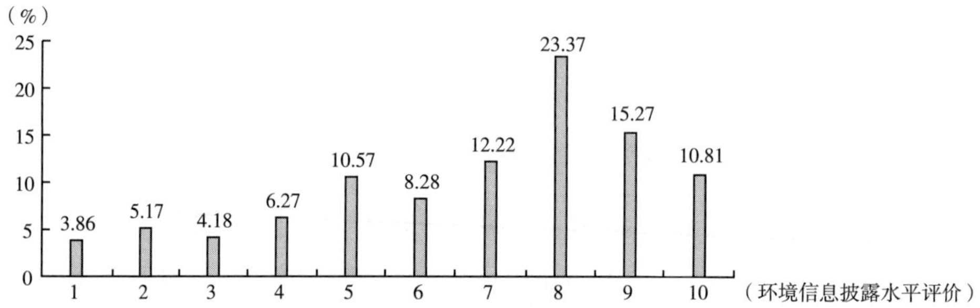

图 12　调研企业自身环境信息披露水平评价

11. 企业进行环境信息披露频率。图 13 反映了目前企业进行环境信息披露频率仍然不够，环境信息披露频率较低甚至不披露的企业也占比不少，说明目前相关部门未将环境信息披露系统化，形成有效的激励机制，导致企业自身缺乏环境信息披露的内在动力，存在企业进行环境信息披露数量不足的问题，为本文提供了意义来源。

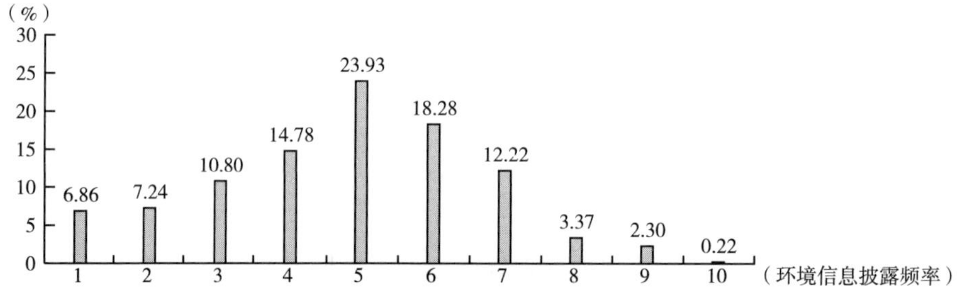

图 13　调研企业进行环境信息披露频率

五、实证结果分析

（一）数据预处理

选取 2008 ~ 2016 年上市企业的非平衡面板数据作为初始研究数据，剔除研究期间保险与金融类、部分数据严重缺失、“ST” 与 “ * ST” 类等存在财务状况异常以及企业注册地不在PITI（中国污染源监管信息公开指数）年报中披露的公司，并进一步对模型中的连续变量在1%和99%的水平上进行Winsorize缩尾处理，消除异常值对研究结果的影响。

根据研究设计，参照生态环境部发布的官方标准文件对重污染行业进行界定，最终选取了438家上市企业的3942个样本，并将其中的287家重污染企业作为实验组，151家其他企业作为对照组。数据预处理部分均使用Stata 13.1进行完成。

（二）描述性统计分析

运用Stata 13.1对主要变量进行描述性统计，结果如表2所示。

表2　　主要变量描述性统计结果

变量	观测数	均值	标准差	最小值	最大值
edi	4508	5.6471	5.8563	0	23
size	4508	22.6602	1.3769	19.9597	26.4873
roa	4508	0.0390	0.0444	-0.0949	0.1905
pgdp	4508	9.9758	0.4614	9.0099	10.9024
piti	4508	53.9121	16.2131	15.8	93.3
media	4508	4.5425	1.0862	1.9459	7.5570

其中，环境信息披露指数的均分仅为5.6471，且最大值为23，最小值为0，说明我国各上市企业的环境信息披露情况差异较大，环境信息披露总体工作仍有待加强；企业规模和地区环境监管力度的数据存在较大差异，这也意味着样本企业所在地分布较广，在环境信息披露工作中面临着不同程度的政府监管压力；媒体监督的均值为4.5425，标准差为1.0862，各样本企业均有负面新闻报道，可见媒体关注对企业信息披露的影响广泛存在。

（三）相关性分析

在进一步探究绿色信贷政策对于企业环境信息披露的影响效应之前，首先需要对各变量进行相关性分析，揭示各变量之间的关系，以保证控制变量的合理性。

各变量的Pearson相关系数如图14所示，结果表明，企业规模与媒体监督之间的相关系数为0.579，地区经济发展水平与环境监管力度之间的相关系数为0.640，其他变量之间的相关系数均低于0.5，即各控制变量之间一般不存在较强的相关关系，可以根据它们对样本数据进行PSM倾向得分匹配。

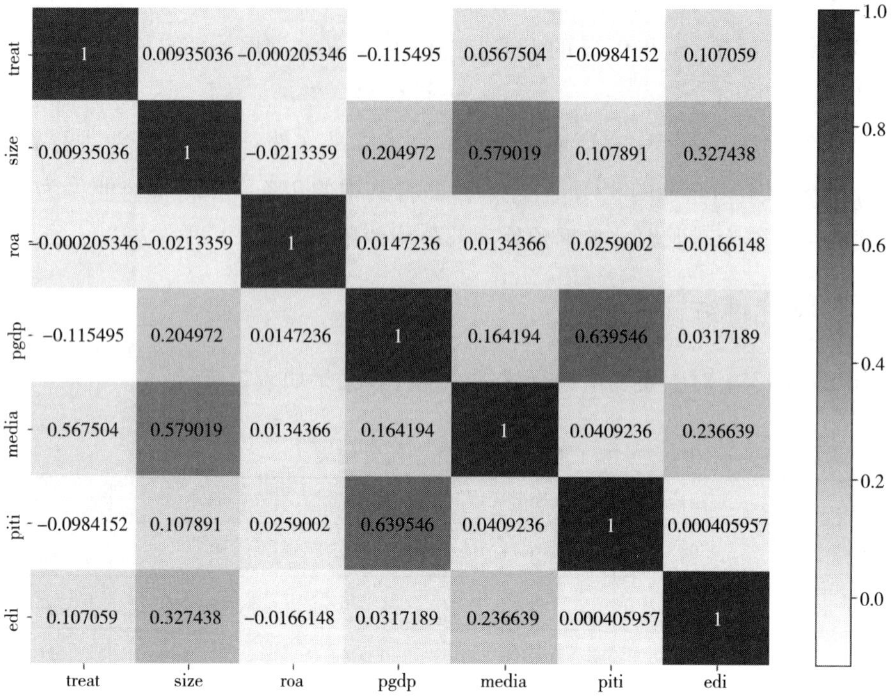

图 14　主要变量 Pearson 相关系数

（四）倾向得分匹配结果

为克服内生性问题及样本选择性偏差，首先对数据样本进行 PSM 倾向得分匹配，使用 Logit 模型估计各样本的倾向得分值，并根据该倾向得分对实验样本进行匹配。由于本文中实验组样本数多于对照组，故采用 1∶2 近邻匹配法，利用各控制变量在共同取值范围内为实验组寻找得分最为邻近、合适的对照组。结果表明，PSM 匹配后实验组的平均处理效应 ATT 的估计值为 6.5128，对应的 t 值满足 $|t| = 6.72 > 2.58$，在 1% 的水平上显著。

为检测匹配效果是否良好，对经匹配后的数据样本进行平衡性检验，确保对照组及实验组在可观测变量上不存在显著性差异。由表 3 及图 15 平衡性检验结果可知，经匹配后所有变量的 P 值均大于 0.5，说明实验组与对照组在各控制变量间基本不存在显著性差异；匹配前部分变量的标准化偏差达到 20% 以上，匹配后则除企业规模外，盈利能力、地区经济发展水平、媒体监督及地区环境监管力度的标准化偏差均得到大幅下降，并且所有变量的标准化偏差在匹配后均显著小于 10%，通过平衡性检验，说明本文选取的匹配变量及匹配方法是合理的，匹配后的两组样本在各特征中具有很好的一致性。

表 3　　**PSM 倾向值匹配结果**

变量	类型	均值		标准化偏差（%）	标准化偏差变化（%）	*t* 值	*p* > |*t*|
		实验组	对照组				
size	匹配前	22.671	22.655	1.2	-103.1	0.38	0.704
	匹配后	22.671	22.704	-2.4		-0.67	0.505
roa	匹配前	0.0395	0.0388	1.4	70.2	0.47	0.638
	匹配后	0.0395	0.0397	-0.4		-0.12	0.906
pgdp	匹配前	9.9023	10.014	-24.5	99.6	-0.78	0.000
	匹配后	9.9023	9.9028	-0.1		-0.03	0.977
media	匹配前	4.6297	4.4967	12.4	92.0	3.91	0.000
	匹配后	4.6297	4.6403	-1.0		-0.28	0.782
piti	匹配前	51.711	55.07	-20.7	95.4	-6.64	0.000
	匹配后	51.711	51.866	-1.0		-0.26	0.794

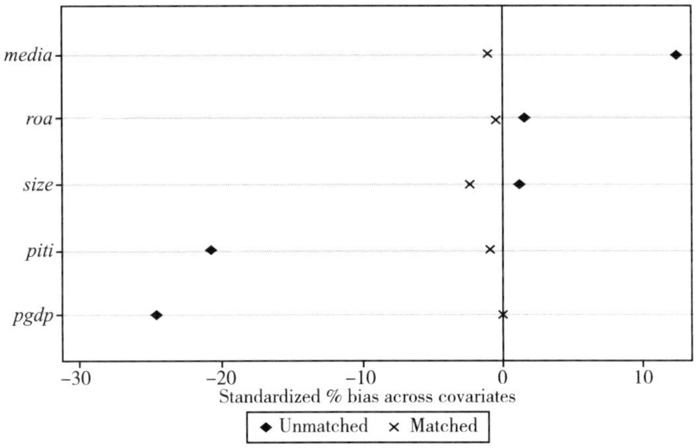

图 15　各变量标准化偏差

图 16 表明经匹配后大多数样本均位于共同取值范围内，样本匹配率达到 97.02%，满足共同支撑假设，匹配质量很好。图 17 的核密度曲线显示，匹配前实验组与对照组之间的倾向得分值存在一定差距，而匹配后两组间的密度差异显著降低，且能够保持共同趋势，取得了理想的匹配结果。

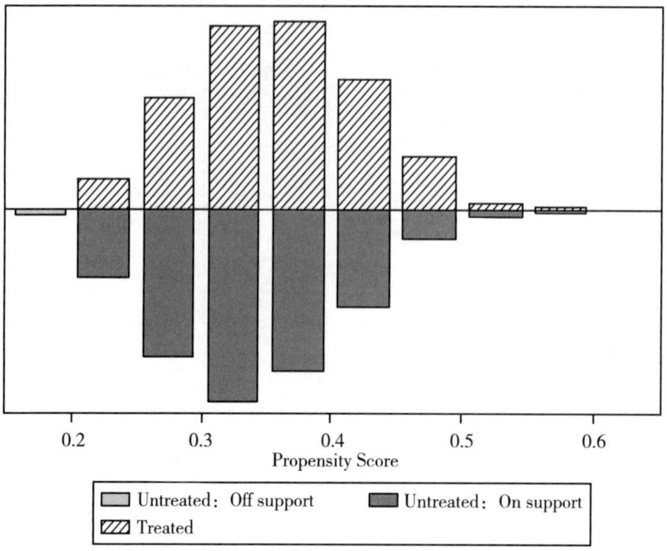

图 16　倾向得分的共同取值范围

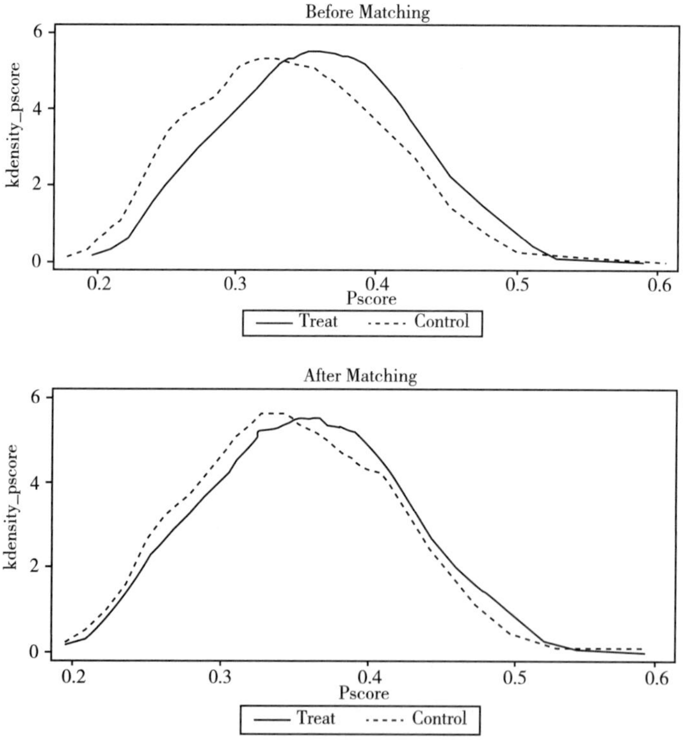

图 17　倾向得分值概率分布密度函数

（五）双重差分模型实证分析

进一步消除数据内生性，分析绿色信贷政策冲击对企业环境信息披露水平所产生的净影响效应，并且不同类型企业收到绿色信贷影响的原因不同以及同一类型企业在政策实施前后的差异，得出对照组与实验组的政策净效应为：

$$E(EDI \mid Treat = 1) - E(EDI \mid Treat = 0) - E(EDI \mid Time = 1) - E(EDI \mid Time = 0) \tag{1}$$

基于以上模型思路，构造具体方程模型如下：

$$EDI_{it}^{PSM} = \beta_0 + \beta_1 Treat_{it} + \beta_2 Time_{it} + \beta_3 Treat_{it} \times Time_{it} + \beta_4 Controls_{it} + \delta_i + \mu_t + \varepsilon_{it} \tag{2}$$

各变量意义见表4。

表4　变量意义

变量符号	变量意义	变量符号	变量意义
EDI_{it}	企业环境信息披露指数	$Time$	时间虚拟变量
i	企业	$Controls_{it}$	本文引入的控制变量
t	时间	δ_i	个体固定效应
β_i	模型回归系数	μ_t	时间固定效应
$Treat$	企业虚拟变量	ε_{it}	随机扰动项

在经过PSM倾向得分匹配处理后，根据式（2）分别对经匹配后的PSM样本及全样本进行双重差分检验，并与OLS简单线性回归结果进行对比分析。其中，重点关注两虚拟变量交互项 $Treat_{it} \times Time_{it}$ 的回归系数 β_3，其有效捕捉了绿色信贷政策对环境企业环境信息披露的净影响效应。

表5展示了绿色信贷政策与企业环境信息披露的回归结果。显然，无论采用何种回归模型、无论是否引入控制变量，$Treat_{it} \times Time_{it}$ 交互项系数在1%水平上显著为正，说明绿色信贷政策能有效促进企业更好地进行环境信息披露，对于区域环境高质量发展具有重要意义。该结果说明H1假设成立。

表5　绿色信贷政策对上市企业环境信息披露的平均影响效应

变量	OLS	DID		PSM－DID	
		未加入控制变量	加入控制变量	未加入控制变量	加入控制变量
$Treat \times Time$	0.954*** (3.85)	0.859*** (3.48)	0.919*** (3.72)	0.856*** (3.48)	0.917*** (3.72)

续表

变量	OLS	DID		PSM - DID	
		未加入控制变量	加入控制变量	未加入控制变量	加入控制变量
size	0.958 *** (8.93)	—	0.430 ** (2.56)	—	0.465 *** (2.78)
roa	-1.924 (-1.09)	—	-2.381 (-1.26)	—	-2.390 (-1.27)
pgdp	-0.587 (-1.50)	—	-6.137 ** (-2.28)	—	-5.973 ** (-2.22)
piti	0.001 (0.30)	—	0.001 (0.14)	—	0.002 (0.31)
media	0.281 *** (3.23)	—	0.077 (0.79)	—	0.096 (0.98)
_cons	-12.069 *** (-3.12)	4.399 *** (26.57)	53.228 ** (2.06)	4.402 *** (26.69)	50.754 * (1.96)
R^2	0.025	0.035	0.038	0.036	0.039
固定效应	—	Yes	Yes	Yes	Yes

注：***、**、* 分别代表1%、5%、10%的显著性水平。

此外，在其他控制变量方面，盈利能力、地区监管力度分别与企业环境信息披露呈正相关、负相关，两者的回归系数均不显著。企业规模则对于企业环境信息披露具有显著的促进作用，公司规模越大，企业环境信息披露的质量越高；媒体监督在一定程度上也有利于企业环境信息披露情况的改善，随着媒体行业的不断发展，信息公开更加透明、迅速，大量存在信息披露缺陷的企业吸引了更多利益相关者的关注甚至行政干预，故因此规范了企业行为（廖文婷，邱卫林，2019）；地区经济发展水平的回归系数在5%水平上显著为负，说明上市企业所在地区的经济水平越高，环境信息披露情况可能越为糟糕，这也印证了乔美华等的观点，经济发展一直面临着日趋严峻的环境约束和高质量发展要求的两难格局，各地方政府在大力发展经济的同时也必须关注环境效益，深化环境信息披露制度。

（六）稳健性检验

1. 更换匹配方法。本实验中采取了1∶2近邻匹配的方法进行PSM匹配，证明了绿色信贷政策的实施对于企业环境信息披露具有显著促进作用，为进一步证明这一实验结果的稳定性，这里分别更换为核匹配、卡尺距离为0.05的卡尺匹配法为实验组及对照组进行重新匹配，并基于匹配后的样本进行双重差分回归，观察交互项系数是否仍然显著。

回归结果如表6所示，更换匹配方法后，回归模型中 $Treat_{it} \times Time_{it}$ 交互项系数在1%的水平上仍然显著为正，这一检验结果与使用1∶2近邻匹配方法得到的结论一致，由此可以说明回归结果是稳健的。

表6 更换匹配方法后的稳健性检验回归结果

变量	核匹配	卡尺匹配
Treat × *Time*	0.916*** (3.72)	0.917*** (3.72)
size	0.464*** (2.77)	0.465*** (2.78)
roa	-2.382 (-1.26)	-2.390 (1.27)
pgdp	-6.066** (-2.25)	-5.973** (-2.22)
piti	0.002 (0.32)	0.002 (0.31)
media	0.096 (0.98)	0.096 (0.998)
_cons	51.667** (2.00)	50.754* (1.96)
R^2	0.039	0.039
固定效应	Yes	Yes

注：***、**、*分别代表1%、5%、10%的显著性水平。

2. 安慰剂检验。根据研究设计，现将绿色信贷政策执行的时间提前两年，即用2010年代替真实政策执行年份2012年，构造虚拟时间、虚拟变量并进行PSM-DID处理，根据交互项系数的显著性，考察虚拟的绿色信贷政策冲击时间是否会影响企业环境信息披露。

回归结果如表7所示，将政策执行时间提前后，无论是在全样本中还是经PSM处理后的样本中，交互项系数在5%的显著性水平上均不显著，排除了除绿色信贷政策之外的其他事件对企业环境信息披露的影响，证实了前文的回归结果是稳健的。

表7 更换政策执行时间后的稳健性检验回归结果

变量	DID	PSM-DID
Treat × *Time*	0.601 (1.63)	0.615* (1.67)
size	0.414** (2.47)	0.450*** (2.68)
roa	-2.392 (-1.26)	-2.394 (-1.27)

续表

变量	DID	PSM - DID
pgdp	-5.579* (-2.07)	-5.418** (-2.01)
piti	0.001 (0.21)	0.003 (0.39)
media	0.076 (0.78)	0.094 (0.97)
_cons	48.233* (1.86)	45.790* (1.77)
R^2	0.035	0.037
固定效应	Yes	Yes

注：***、**、*分别代表1%、5%、10%的显著性水平。

（七）影响机制分析

1. 融资约束。

在实证分析出绿色信贷对企业环境信息披露的影响效果后，进一步研究具体的作用机制，其中，融资约束与环境绩效是影响效应传导的可能中介变量。基于此，本文将中介变量引入基准回归模型，来做进一步的影响机制检验，具体模型如下：

$$EID_{it}^{PSM} = \alpha_0 + \alpha_1 Treat_{it} \times Time_{it} + \alpha_2 Controls_{it} + \delta_i + \mu_t + \varepsilon_{it} \quad (3)$$

$$med_{it} = \beta_0 + \beta_1 Treat_{it} \times Time_{it} + \beta_2 Controls_{it} + \delta_i + \mu_t + \varepsilon_{it} \quad (4)$$

$$EID_{it}^{PSM} = \gamma_0 + \gamma_1 Treat_{it} \times Time_{it} + \gamma_2 med_{it} + \gamma_3 Controls_{it} + \delta_i + \mu_t + \varepsilon_{it} \quad (5)$$

其中，*med* 表示中介变量，包括企业融资约束 *debt* 与环境绩效 *cep*，分别用企业负债与固定资产投资比、企业环境资本支出 +1 的自然对数来衡量。

通过引入融资约束这一中介变量，考察绿色信贷政策是否通过影响上市企业的融资约束而对其环境信息披露产生作用。使用企业负债与固定资产投资比来衡量融资约束，通过式（3）~式（5）分别对经 PSM 处理后的样本企业进行双重差分回归，根据相关变量回归系数的显著性，判断中介效应是否显著。

表 8 展示了三个模型的回归结果。在 PSM 处理后的样本中，模型（1）和模型（2）中，被解释变量环境信息披露、中介变量融资约束与 $Treat_{it} \times Time_{it}$ 交互项系数均在 1% 的水平上显著，但在模型（3）中，环境信息披露与融资约束的系数并不显著，若需进一步确定融资约束的中介作用，还需做进一步的 Sobel 检验。因此参考钱雪松、杜立（2015）在研究中国货币政策利率的传导机制时所采用的检验程序，对融资约束做进一步的中介检验。

表 8　融资约束影响机制

变量	(1) *edi*	(2) *debt*	(3) *edi*
Treat × Time	0.917*** (3.72)	-0.002*** (-3.51)	0.915*** (3.71)
debt	—	—	-0.771 (-0.12)
size	0.465*** (2.78)	0.001*** (3.31)	0.466*** (2.78)
roa	-2.390 (-1.27)	0.003 (0.63)	-2.387 (-1.27)
pgdp	-5.973** (-2.22)	-0.011 (-1.64)	-5.981 (-2.22)
piti	0.002 (0.31)	0.000 (0.81)	0.002 (0.31)
media	0.096 (0.98)	0.000 (0.52)	0.096 (0.98)
_cons	50.754* (1.96)	0.079 (1.22)	50.815* (1.96)
R^2	0.039	0.012	0.039
固定效应	Yes	Yes	Yes

注：***、**、*分别代表1%、5%、10%的显著性水平。

Sobel中介检验结果表明，Z统计值为2.924（$p>|z|=0.003$），在1%的水平上显著，通过t检验，说明融资约束在绿色信贷的政策效应与企业环境信息披露之间发挥着显著的中介作用，故H2假设成立。

2. 环境绩效。在绿色信贷政策影响企业环境信息披露的过程中，继续考察环境绩效的中介效应。使用企业排污费来衡量环境绩效，通过式（3）~式（5）对经PSM处理后的样本企业进行双重差分回归，对环境绩效进行中介效应检验。

表9展示了三个模型的回归结果。同样地，在式（5）中，环境信息披露与环境绩效的系数并不显著，两者之间无明显的相关性，因此仍需进行sobel检验，以验证环境绩效的中介效应。

表 9　环境绩效影响机制

变量	(1) *edi*	(2) *cep*	(3) *edi*
Treat × Time	0.917*** (3.72)	-0.047*** (-2.65)	0.932*** (3.78)
cep	—	—	0.326 (1.46)

续表

变量	（1）*edi*	（2）*cep*	（3）*edi*
size	0.465*** (2.78)	0.042*** (3.46)	0.451*** (2.69)
roa	-2.390 (-1.27)	0.264* (1.94)	-2.476 (-1.31)
pgdp	-5.973** (-2.22)	0.184 (0.95)	-6.033** (-2.24)
piti	0.002 (0.31)	-0.000 (-0.48)	0.002 (0.31)
media	0.096 (0.98)	0.002 (0.30)	0.002 (0.32)
_cons	50.754* (1.96)	-1.779 (-0.95)	51.335** (1.99)
R^2	0.039	0.019	0.040
固定效应	Yes	Yes	Yes

注：***、**、*分别代表1%、5%、10%的显著性水平。

Sobel 检验结果显示 Z 统计值为 2.211（$p>|z|=0.027$），在 5% 的水平上显著，即拒绝原假设，表明企业环境绩效在绿色信贷政策与企业环境信息披露之间也会产生部分中介效应，故 H3 假设成立。

（八）异质性分析

1. 企业股权性质差异。由于企业内部股权性质的不同，绿色信贷政策的影响效应也存在差异。因此将样本公司划分为国有企业与其他企业两组样本，按照企业股权性质进行分组回归，进一步探究绿色信贷政策对上市企业环境信息披露的作用机制。为方便简洁，这里仅展示基于经 PSM 处理后的样本并引入控制变量的双重差分检验结果。

表 10 回归结果表明无论在国有企业还是非国有企业的样本中，$Treat_{it}\times Time_{it}$交互项的回归系数在 1% 的水平上都显著为正，可见绿色信贷对不同股权性质的上市企业环境信息披露情况均有显著的促进作用。同时，国有企业的交互项系数为 0.770，小于其他非国有企业的回归系数 1.283。由此可知，绿色信贷政策的执行更有利于非国有企业环境信息披露水平的提升，故 H4 假设成立。

表 10　企业股权性质差异下绿色信贷政策对上市企业环境信息披露的检验

变量	国有企业	其他企业
Treat × Time	0.770*** (2.68)	1.283*** (2.65)

续表

变量	国有企业	其他企业
size	0.866*** (4.04)	-0.179 (-0.65)
roa	-0.970 (-0.42)	-3.573 (-1.12)
pgdp	-6.828** (-2.27)	-1.791 (-0.28)
piti	0.005 (0.66)	-0.005 (-0.37)
media	0.183 (1.59)	-0.081 (-0.44)
_cons	49.554* (1.72)	25.208 (0.682)
R^2	0.036	0.069
固定效应	Yes	Yes

注：***、**、*分别代表1%、5%、10%的显著性水平。

2. 区域差异。绿色信贷政策对企业环境信息披露的影响在地区层面上可能会表现出异质性特征，故根据样本企业所在地，进一步将其划分为东部、中部及西部地区三组子样本，根据式（2）进行分组回归。

表11展示了绿色信贷政策对不同地区的样本企业环境信息披露的影响。结果表明，东部地区的$Treat_{it} \times Time_{it}$交互项系数在1%的水平上显著为正；西部地区的交互项系数在5%的水平上显著为正；而中部地区的交互项系数并不显著。由此可知，H5假设成立，区域差异将会影响绿色信贷政策对企业环境信息披露的作用效果，且该正向促进作用更集中于东部地区；西部地区次之；而绿色信贷政策对于中部地区企业的环境信息披露制度则没有明显的促进作用。

表11　　区域差异下绿色信贷政策对上市企业环境信息披露的检验

变量	东部地区	中部地区	西部地区
Treat × Time	0.832*** (2.71)	0.950 (1.58)	1.461** (2.43)
size	0.274 (1.27)	1.703*** (3.79)	0.282 (0.82)
roa	-4.306* (-1.84)	4.134 (0.97)	-3.026 (-0.62)
pgdp	-3.443 (-1.84)	-13.191 (-1.31)	-4.722 (-0.99)

续表

变量	东部地区	中部地区	西部地区
piti	0.003 (0.32)	0.006 (0.37)	-0.003 (-0.19)
media	0.153 (1.29)	0.085 (0.34)	-0.061 (-0.26)
_cons	31.539 (0.65)	86.539 (0.94)	41.567 (0.95)
R^2	0.041	0.066	0.044
固定效应	Yes	Yes	Yes

注：***、**、*分别代表1%、5%、10%的显著性水平。

六、结论与建议

（一）结论

项目组通过收集公司年报、实地调研、文献分析等方法收集了大量数据，以438家上市企业为研究样本，实证分析了绿色信贷对企业环境信息披露的促进效果及作用机制，并针对不同企业进行了异质性分析。通过实证分析，主要得到以下结论：

1. 实证结果显示，绿色信贷能够有效促进企业进行环境信息披露，上述结论在经过一系列稳健性检验后未发生实质变化，说明该结论有效性较高。

2. 中介模型效应表明，融资约束在绿色信贷促进企业进行环境信息披露中具有重要作用，环境绩效在绿色信贷促进企业进行环境信息披露中起到了一定作用。

3. 异质性分析表明，绿色信贷对于不同企业环境信息披露的促进效果不同，主要表现为地域差异和股权性质差异。从股权性质来看，绿色信贷更能够促进民营企业进行环境信息披露。从地区差异来看，绿色信贷更能促进东部地区的企业进行环境信息的披露。

（二）政策与建议

1. 从企业角度。

（1）企业应加强自身环保意识，将ESG用于实际之中，积极进行环境信息披露。企业是环境信息披露的主体，在进行环境信息披露的过程中，企业拥有很大的自主权。企业应积极响应国家提出的“碳中和”目标，自觉承担起环境保护的责任，制定企业绿色发展战略，让环保理念深入人心。同时要减少环境信息不披露、少披露、披露质量低的情况。

（2）优化企业内部结构，加强信息披露质量。企业内部权益相关人，包括股东大会、管理层、经营层，三方的利益要更好地权衡，在有关信息披露的事项上，充分考虑各方的利益可以更好地突出信息披露的公允性与全面性，可以有效减少管理层、董事会、经营层的纵向信息传输披露；也可以更好地疏通各层级之间横向的信息协调综合效果。由内而外，从企业内部结构优化入手，加强信息披露质量。

（3）将绿色信贷落到实处，降低“洗绿”事件发生频率。得到银行绿色贷款的企业应结合国家政策，制定企业可持续发展战略，将绿色信贷用于绿色技术研发、节能减排项目、绿色创新项目中。切实做到“绿款专用”，将绿色信贷用于减少污染，开发新能源的环保项目上，从而减少二氧化碳及其他污染物的排放，尽早实现“双碳”目标。

2. 从政府角度。

（1）政府应健全企业环境信息披露的相关制度，加强执法。绿色信贷是政策指导意义很强的一项融资措施，把握好源头的组织形式，从权力端最大化、最综合化去提高企业环境信息披露制度的适用性、有效性，加强执法力度，有效沟通政府、银行、企业三端，从立法端打通绿色信贷实施的任督二脉，更好地指导银行、企业参与绿色信贷的融资活动；另外，促进企业主动、积极地承担社会责任。

（2）政府要重视对非国有企业的扶持，扩大绿色信贷企业辐射面。面对中小企业、民营企业融资难、融资贵的顽疾，绿色信贷是对非国有企业发展壮大的又一福音，企业通过自身个性化良性发展，积极主动地配合政府绿色信贷的扶持制度，形成非国有企业内部、企业与政府双循环的良性竞争与发展。例如，给非国有企业展开绿色信贷融资活动专业帮扶、开通绿色通道以提高高质量非国有企业快速有效融资。

3. 从银行角度。

（1）积极主动探索赤道原则本土化路径。赤道原则（EPS）是目前被全球众多银行及部分其他金融机构所广泛采用的一种原则，但目前赤道原则在我国遇到“水土不服”，目前未广泛应用于银行进行相关融资决策中。银行业应针对我国国情，结合我国经济发展的现状，积极主动探索赤道原则本土化路径，将绿色信贷相关业务的流程、规定细则、利率调节、考核标准、风险控制等体系化、统一化、标准化，努力实现绿色信贷产品化、普遍化。

（2）在内部设立相关部门，提高绿色信贷管理水平，降低“洗绿”风险。银行业可以在银行内部设立绿色信贷专项部门，并选拔培训专门的绿色信贷相关人才，结合“互联网+”等技术建立企业环境信息平台。同时，银行业也可以细化绿色信贷审批程序，做到多道关卡不重复、不冗杂，促进绿色信贷申请审批流程一体化高效发展。

（三）未来展望

综上所述，绿色信贷对于企业进行环境信息披露能够起到一定效果，但目前绿色信贷仍在发展阶段，企业环境信息披露数量不大、质量不高的问题依然存在，“洗绿”风险依然较高。为降低绿色信贷的“洗绿”风险，确保绿色金融市场稳中向好发展。企业、银行、相关政府部门要共同发力，打造环境信息披露有效激励机制，为绿色信贷的发展创造良好条件。

参考文献

[1] 崔秀梅，温素彬，李冰冰．环境信息披露与企业创新：促进抑或挤出——基于“波特假说”条件下的环境规制调节效应［J］．财会通讯，2021（18）：30－35.

[2] 朱新玲，蔡颖．环境信息披露影响银行的信贷决策吗？——来自重污染行业的经验证据［J］．武汉金融，2017（11）：63－69.

[3] 黄蓉，何宇婷．环境信息披露与融资约束之动态关系研究——基于重污染行业的检验证据［J］．金融经济学研究，2020，35（02）：63－74.

[4] 占华，后梦婷．环境信息披露如何影响企业创新——基于双重差分的检验［J］．当代经济科学，2021，43（04）：53－64.

[5] 谢芳，李俊青．环境风险影响商业银行贷款定价吗？——基于环境责任评分的经验分析［J］．财经研究，2019，45（11）：57－69，82.

[6] 张彦明，陆冠延，付会霞，董淑兰．环境信息披露质量、市场化程度与企业价值——基于能源行业上市公司经验数据［J］．资源开发与市场，2021，37（04）：435－444.

[7] 任力，洪喆．环境信息披露对企业价值的影响研究［J］．经济管理，2017，39（03）：34－47.

[8] 付浩玥，王军会．上市公司环境信息披露的影响因素研究——来自100家重污染企业的经验证据［J］．会计之友，2014（29）：15－18.

[9] 占华．绿色信贷如何影响企业环境信息披露——基于重污染行业上市企业的实证检验［J］．南开经济研究，2021（03）：193－207.

[10] 沈洪涛，黄珍，郭肪汝．告白还是辩白——企业环境表现与环境信息披露关系研究［J］．南开管理评论，2014，17（02）：56－63，73.

[11] 李晓文．强化环境信息披露提升金融机构环境风险管理能力［J］．现代金融导刊，2021（01）：13－15.

[12] Ben W. Lewis，Judith L. Walls，Glen W. S. Dowell. Difference indegrees：CEO characteristics and firm Environmental disclosure［J］．Strategic Management Journal，2014，35（05）：39－52.

[13] KePeng，Tong TongXu，Guo FangNing. Impact of Corporate Governance on Environmental Information Disclosure－Evidence from China［J］．Applied Mechanics and Materials，2014（2808）：448－453.

[14] P. L. Han，S. H. Kim H. Sustaining Competitive Advantage Through Corporate Environmental Performance［J］．Business Strategy and the Environment，2017（3）：345－357.

[15] Du X.，Weng J.，Zeng Q. et al. Do Lenders Applaud Corporate Environmental Performance？Evidence from Chinese Private－Owned Firms［J］．JBus Ethics，2017（143）：179－207.

依法治校背景下高校校园交通安全管理的实践困境与策略路径研究

——以武汉部分高校为例

王保山　李奕南　蔡　昶　陈衍年

一、引　言

高校扩招政策实施以来，随着高校在校大学生人数剧增，伴随而来的高校社会服务网点、后勤保障人员陡然增长，高校校园安全管理问题因而变得异常突出，已引起全社会的广泛关注。从现实中看，我国高校校园内通行的车辆越来越多，交通状况日益复杂，给校园安全带来了极大的隐患；从法律与政策角度看，全国高校基本都执行属地法治环境的相关政策，但是没有赋予高校享有社会交通管理机构所加持的“法治处理权”。

基于此，本课题组认为，应当从更广阔的视域进行考察，立足于界定高校和被管理者法律关系的高度，追溯分析高校交通管理的权力来源，而不应仅仅局限于私主体权限与公行政职能之间，纠缠或止步于二者的矛盾分析上。因此，本课题研究的新意或创新贡献可能在于，通过武汉部分高校实际情况的调查，运用调查数据的统计分析结果，再结合民事领域的法律关系分析以及对于校内交通制度的解释，试图破解高校校园交通安全管理的实践困境，进而探索出高校校园实现交通有序自治的新路子、新策略与新建议。

二、武汉部分高校交通管理的制度现状

（一）考察目的

通过对中南财经政法大学（南湖校区）、中国地质大学（武汉）、华中科技大学交

通状况的实地调查分析，发现机动车，校车乱停乱放、超速、占道、鸣笛等交通问题日益凸显。因此，通过线上分析研究中南财经政法大学、武汉理工大学、中南民族大学、武汉大学、华中师范大学、华中农业大学、江汉大学关于校园道路交通安全的制度规定，发现高校在治理交通问题时的实践困境。

（二）调查结果

1. 机动车辆超速规定。通过制度分析发现，七所高校关于机动车在校内主干道上限速都是不得超过30公里/小时，而它们关于车辆超速的处罚规定都是按照时速的不同划分为三个等级，处罚的程度也随车速增大而加大，但处罚方式略有不同。武汉理工大学、中南民族大学、江汉大学采取的方式是：将超速信息录入违章处理系统，向授权车辆车主发送超速违章警告短信；向非授权车辆处以警告教育；严重时纳入门禁黑名单禁止入校并交由公安部门管理。中南财经政法大学、武汉大学、华中师范大学则采取处以警告、通报、记录交通违规次数的方式，有针对性地进行管制。

2. 机动车辆乱停乱放规定。通过制度研究发现，武汉上述七所高校都要求机动车辆在划定的停车位或者停车场内停放，并且明文禁止机动车辆停放在某些特定的路段上比如学校主干道、非机动车道、路口等位置。这七所高校对于违章停车的处罚措施都无一例外都是：在车辆违停时警告、通报、张贴违停告知单等警示并记录交通违规，严重的时候可采取锁车或者牵引车辆等处置措施，由此造成的损失由车主承担。

3. 校园巴士相关运行制度。通过对武汉各个高校制度的查阅发现，高校校内交通管理办法对于校园巴士的规定都采用了留白的方式，“校园巴士、校属机动车由使用部门负责管理，依法依规进行车辆安全检查，及时维修保养，保持车况良好。”以及类似表述在文件中频繁出现。然而此种规定方式对于使用部门的界定不明确，对于规定的内容也不加限制，存在一定漏洞。为进一步了解情况，本组前往校园巴士管理部门进行走访，了解到使用部门对校园巴士的行驶规则进行了相关规定，但相应的处罚措施较少。

三、高校校园交通管理的实践困境与成因探析

根据以上对校内交通情况的调查以及对高校交通制度的分析比较，重点考察两类研究对象：制度上规定较为详细但存在落实困境的车辆以及校内制度规定存在空白的校车，以高校对这二者安全管理政策与实践运行情况为分析的主线，对高校交通安全管理的实践困境加以描述，从中探析高校校园交通乱象生成的根本原因。

（一）校内制度落实存在争议的车辆

1. 制度执行的困境。针对高校校园内道路交通存在的如校园内车辆超速、闯红灯、不打转向灯、乱停车等问题，各高校自行制定的交通安全管理规定中都对此类问题进行了规定，但是制度运行的实际结果仍然无法达到制度制定的预期。

这类问题的出现，可以被简单总结为制度本身效力不够和制度难以执行两个方面的原因。如各大高校对校园内闯红灯等行为的处罚多为禁止入校等“软处罚”，这和高校本身只能采取这类较轻微的管理措施有关。部分制度的执行可行性本身即存在疑问，高校校园交通安全管理的部分制度本身即存在难以落实的问题。

2. 私主体与公行政的矛盾。不论是制度效力不够还是制度本身难以执行，其根源都是一致的，即高校本身欠缺行政处罚权与高校内部管理对惩戒权的需求之间的矛盾。对这一问题的制度分析，需要清晰界定高校管理行为的法律性质，在此基础上探求高校交通安全管理的制度困境。

（1）高校校园交通安全管理：内部自治权的范畴。高校对校园交通安全的管理，不属于行政法意义上的公行政范畴，只是事业单位内部自治权的体现。高校对校园交通安全管理，既不是国家行政，也不是社会公行政，不属于行政法的调整范畴。这种事业单位的执行、管理活动，无法获得行政法的赋权与限制，仅仅是一种内部自治权的体现。高校根据章程制定的内部管理规定，原则上其效力应当仅及于高校内部人员，如学校教职工、学校学生等。

（2）高校校园交通安全管理：无法采取行政处罚措施。高校在校园交通安全管理方面不具有行政处罚主体资格，无法采取行政处罚措施。高校不是行政机关或者社会公权力组织，而获得的行政授权也仅限于学术自治的范畴，在对于内部交通的管理方面未获得法律法规的授权。故高校无法对公民采取行政处罚措施，只能制止校内危害交通安全的行为。

（3）高校校园交通安全管理：制度难以奏效的归因分析。高校本身欠缺行政处罚权与高校内部管理对惩戒权的需求之间的矛盾，是高校校园交通安全管理制度难以取得实效的重要原因。在实践中，各大高校确实恪守了自身职能界定，并未在相关校内规范中规定罚款等行政处罚。因此，实践中各大高校在实施交通安全管理的时候，往往会出现一些不作为、乱作为的问题。比如，由于权责界定不清，权限相对较小，部分高校的保卫部门出现了管理怠惰的情况，并未很好地执行学校的交通安全管理规定，对于校园内闯红灯、超速等行为，这些高校常常并未真正实施较为有效且常态化的管理措施；部分高校所采取的措施又会造成被管理人的损害，侵犯被管理人的权利。这些情况都表明，在高校校园交通安全管理实践中，提高高校惩戒权限的实际需求是存在的。

（二）校内制度规定存在空白的校车

1. 管理主体不明。在上述查阅各个高校文件的过程中，发现各校保卫部门对于校园巴士的管理方面规定非常相似，常表述为“由使用部门负责管理”乃至于没有规定。校园巴士与职工车辆和外来车辆相比，在校内循环运营，有其特殊性。对于校内行驶规则等大面积留白，以及对于“使用部门”的规定不明确，可能会导致管理人员相互推诿，无法保障对于校车合法合理的规章制度。

2. 相关管理机构缺乏沟通协调机制。通过调查走访发现，校车在实际运行过程中，有两种组织架构。第一，校车直接受到其公司的管理并受后勤保障部门监督；第二，校车直接受后勤保障部门所属交通运输管理中心的管辖，由管理中心直接进行人员招聘。由于校车与保卫部门之间并无直接的沟通交流，因此运营公司或管理中心的内部规定与校内交通管理办法中对于机动车的行驶规定存在不接洽的情况。实践中存在校园巴士的司机只知公司文件，而不知校内交通管理办法。

四、高校校园交通管理的策略路径

通过对武汉部分高校的实地调查和高校校园相关交通管理制度分析，进而在有针对性地剖析高校校园现行制度的实践困境与策略路径后，给出了研究发现与研究结论。

（一）车辆行政管理权缺失的私法化解决路径

高校校园交通安全管理制度的现实问题，需要通过法治化的手段来加以解决，这既是现实的需要，也是依法治校理念的要求。法治化的解决思维和手段，首先要求明确界定高校和被管理人之间的法律关系，明确高校的权利义务，并在此基础上通过制度解释和创新，来解决这些现实存在的问题。

1. 厘定高校交通管理的权力来源。从更广阔的视域界定高校和被管理者的法律关系，明确高校交通管理的权力来源。在高校的交通管理过程中，主要涉及高校与内部人员、高校与校外人员的关系。过往学者的研究仅仅把目光着眼于“高校无行政处罚权”这一点上，但是并未揭示高校与被管理者之间的法律关系全貌。本文认为，应当在更广阔的视域上界定高校和被管理者之间的法律关系，明确权利义务，才能真正运用法治思维来解决现实中的具体问题。

（1）高校对内部人员的内部管理自治权。高校与内部的教职工、学生之间的关系，是事业单位与其成员的关系。这种内部管理自治权，是一种组织内部管理的自由。从这个层面上说，高校管理内部人员，当然是于法有据的。实践中高校也往往采取批评教育、警告等惩戒措施，实施对内部人员的管理，收效较好。

（2）高校与校外人员的民事合同关系。校外人员可能只是由于偶然原因需要入校一次，离开后可能就不再来校，流动性大，偶然性强，既有的常态化解决方式无法有效取得惩戒和预防的作用。对高校与校外来校人员法律关系的分析，不能仅仅停留于行政处罚权的范畴。应当看到，校外来校人员取得高校入校许可在校内行驶、活动时，高校与校外来校人员间即存在一个民事合同关系。这一合同自校外人员通过线上或线下的平台预约取得入校许可时成立，在校外人员通过门禁进入学校时生效。高校基于相对的自治权，在合同关系中允许校外来校人员入校，相应地，校外来校人员必须负有接受校方管理的义务。校方所规定的针对校外来校人员的交通管理规则、惩戒措施等，均成为合同的条款。校外人员若违反学校的管理规定、扰乱学校正常的交通秩序，即属于违反合同约定，需要承担违约责任。在这一层面上，校方所规定的各种惩戒措施，即属于一种违约救济措施，是校方所享有的第二性的权利。由此可见，校方根据违反规定的程度所进行的各种措施，实际上是一种基于债权的救济。其中，当校外来校人员违反交通安全管理规定的行为对学校公共秩序造成了一定的影响，如违规停车导致校内交通拥堵等情形，校方完全可以根据我国《民法典》关于民事自助行为的规定，在必要范围内采取扣留校外来校人员财物等合理措施，但是应当立即请求有关国家机关处理。

2. 廓清高校交通安全管理责任主体。明确高校交通安全管理责任主体，解决管理过程中的“不作为”“乱作为”问题。根据有关校车困境的论述可以看出，应当统一、明确高校在管理校园交通安全时的负责部门，也即高校保卫部门。值得注意的是，高校采取交通安全管理的措施，必须遵循比例原则，即行为的做出要适合于目的的实现、行为不超越实现目的之必要程度，任何干涉措施所造成的损害应轻于达成目的所获得的利益。以此为前提，才能做到兼顾高校交通安全秩序的管理目标和被管理人自身的权益，实现管理效益的最大化。

3. 构建高校交通安全管理的协调机制。建立健全高校保卫部门和公安交通管理部门的内在协调机制，已是当务之急。上文指出，高校针对校外来校人员违反校内交通安全管理规定的行为，可以依据《民法典》有关规定，采取必要措施，自力救济。但是《民法典》同时要求，在采取相关措施的同时，必须立即请求有关国家机关处理。这里所说的国家机关，在校园交通安全管理中，主要是公安机关。因此，学校和公安机关有必要根据《民法典》的要求，建立起关于校园交通管理的协调机制，在需要公安机关及时处理的时候，先由学校保卫部门采取必要的强制性措施，再交由公安机关处置。

（二）校内制度的体系解释路径

1. 明确责任主体。基于以上相互推诿的现象，明确对于校园巴士的管理和责任主体，从而使运营公司的内部文件与校内交通管理办法适配，成为依法依规管理校园巴士的核心。要明确管理校园巴士的责任主体，首先要厘清高校与校园巴士司机之间的法律关系。

（1）委托管理问题。高校对校园巴士的管理，可以基于委托合同或劳动合同，确立正式关系。各个高校与校园巴士运营公司之间的法律关系，可以通过委托合同关系加以呈现和明晰。校园巴士是学校为进一步落实教育部 2017 年 2 月 4 日发布的《普通高等学校学生管理规定》，不断提高管理和服务水平，而通过招标、委托的方式将自身承担的校园管理职责转交给社会组织和企业行使，从而更好地为师生学习生活提供便利。因此，若校园巴士司机由运营公司负责管理和招聘，而由后勤保障部门进行监督，则学校与运营公司之间属于委托合同关系。若高校通过后勤保障部门直接招聘司机，则高校与司机之间属于劳动合同关系。

（2）分工协调机制。保卫部门和后勤保障部门共同作为高校法人的职能部门，在关于交通方面的工作范围上相互配合又相互区分。明确校车运营公司与学校之间的关系后，需要分辨保卫部门与后勤保障部门在交通运营与管理方面的职权界限。根据《高等学校校园秩序管理若干规定》，参照《企业事业单位内部治安保卫条例》，结合各高校对于保卫部门的定义，保卫部门的职能集中于保障学校安全，包括制定和执行交通安全管理制度、消防安全管理制度、内部案件报告制度等。而后勤保障部门代表学校负责后勤保障工作的各项规划、协调、管理等工作，通过日常检查，与后勤下属实体签订契约合同等方式对其服务质量进行监督、考核。从以上分析可以看出，保卫部门和后勤保障部门共同作为高校法人的职能部门，在地位上平等，在关于交通方面的工作范围上有着相互配合的关系。后勤保障部门负责与运营公司接洽并对其进行监督；而保卫部门在保障交通安全方面对校内行驶的校车有管理权限。

2. 校内制度空白的解释路径。基于以上对于校车、保卫部门与后勤保障部门关系的明晰，可以发现校车并不应当成为保卫部门对于校园交通管理的真空地带，两个职能部门之间的职责交叉也不能成为推诿的理由。保卫部门仍然承担对于校车运行安全的管理，校车运营公司也应当在制定内部章程时，参照适用保卫部门关于校内交通管理办法的规定。那么首先要解决的问题就是保卫部门文件对于校园巴士的适用问题。

（1）高校校园交通安全管理：管理权的让渡范围。将校园制度规定对管理权的让渡解释为：仅限于校车的资格审查。各高校关于校园巴士管理权让渡的部分都被规定在“车辆管理”的部分，而非“道路管理”部分。基于以上，可以通过体系解释的方法，将保卫部门对于校车管理权限的让渡，局限在对于车辆行驶和出入的资格审查部分，而不包括路上行驶的管理权。因此，校园交通管理办法中对于车辆行驶部分的规定，对于校车也具有和机动车同等的约束力。

（2）高校校园交通安全管理：寻求三方主体的合作机制。校车行驶过程中的管理责任主体仍然应当为保卫部门，故运营公司内部规定应当与保卫部门关于道路行驶规定相接洽。结合前文的陈述，发现运营公司规定与保卫部门文件相抵触、校车司机对于保卫部门文件知之甚少等情况，本组认为校车运营公司应当主动了解校内交通管理办法的相关规定，通过如在校车内部张贴交通管理办法、公司内部开会讲解等方法，增进校车司机对于校园交通制度的了解；并且保卫部门应当积极行使道路安全监督管理职能，对校车违反规定的行为予以警示，并与后勤保障部门接洽，力求将校车的运行过程整体纳入监管。

五、研究结论

（一）高校校园解决交通安全乱象的策略路径

校内交通制度规定难以有针对性地解决交通乱象的主要原因，分为两个层面：（1）对于车辆的规定虽然详细，但高校管理校内外车辆的权限范围不同，导致对于相同规定的适用存在合法性和有效性的争议；（2）对校车的规定存在空白，在对校车的管理方面存在职能部门权力的交织，导致可能出现推诿的现象。

（二）高校校园实现交通有序自治的新策略

应当从更广阔的视域进行考察，立足于界定高校和被管理者法律关系的高度，追溯分析高校交通管理的权力来源，而不应仅仅局限于私主体权限与公行政职能之间，纠缠或止步于二者的矛盾分析之上。另外，在对于校车的管理层面，应当摆脱立法角度的干扰，尝试运用解释的方法，使制度更加贴近现实。因此，本文研究的新意或创新贡献可能在于，通过武汉部分高校实际情况的调查，运用调查数据的统计分析结果并结合民事领域的法律关系分析，以及对于校内交通制度的解释，从而初步破解了高校校园交通安全管理的实践困境，探索出高校校园实现交通有序自治的新策略与实施路径。

（三）公行政私法化的解决机制

建立健全高校保卫部门和公安交通管理部门的内在协调机制，这是解决高校校园交通安全问题的妥适路径。一方面，从更广阔的视域界定高校和被管理者的法律关系，明确高校交通管理的权力来源。另一方面，明确高校交通安全管理责任主体，解决管理过程中的“不作为”“乱作为”问题。

(四) 对管理权让渡的体系解释

将保卫部门对于校车管理权限的让渡，局限于对于车辆行驶和出入的资格审查部分，从而使校园交通管理办法中对车辆行驶部分的规定，对校车也具有和机动车同等的约束力，解决推卸责任的问题。

参考文献

［1］张明楷．刑法学（第五版）［M］．北京：法律出版社，2016：718 – 728.

［2］周光权．刑法各论（第四版）［M］．北京：中国人民大学出版社，2021：215 – 225.

［3］任海涛．论教育法法典化的实践需求与实现路径［J］．政治与法律，2021（11）：17 – 29.

［4］黄海华．新行政处罚法的若干制度发展［J］．中国法律评论，2021（03）：48 – 61.

［5］董立山．高校行使学生身份处分权的行政法治问题——由当前高校集体退学事件引出的思考［J］．行政法学研究，2006（04）：49 – 54.

［6］秦惠民．高校管理法治化趋向中的观念碰撞和权利冲突——当前讼案引发的思考［J］．现代大学教育，2002（01）：69 – 74.

［7］朱金阳．公共交通管理范围内外车辆肇事定罪量刑差异：源起、变化及问题［J］．法律适用，2019（24）：52 – 57.

［8］曾思超．交通肇事罪的认定［D］．长沙：湖南师范大学，2014.

［9］刘灵辉，田茂林，李明玉．多中心治理理论下“双一流”高校内部治理体系再造研究［J］．湖北经济学院学报（人文社会科学版），2021，18（11）：108 – 112.

［10］刘晓峰．高等教育治理体系现代化建设的战略构想探析［J］．黑龙江教育（理论与实践），2021（09）：48 – 49.

［11］陈莹莹，葛春凤．从法治角度探讨高校学生管理面临的问题与对策［J］．法制与社会，2021（21）：169 – 170.

［12］李超毅．自媒体时代高校学生管理法治化研究［J］．就业与保障，2021（13）：173 – 174.

［13］张继红，蒋冰晶．大学生参与高校治理的法治路径研究［J］．河北工业大学学报（社会科学版），2021，13（02）：45 – 49.

［14］张华，王立兵．建设高质量教育体系——基于高等教育公共性法律保障机制建设的维度［J］．渭南师范学院学报，2021，36（06）：72 – 77.

［15］文达．关于我国校园安全立法和校园警察制度的思考［J］．法学杂志，2009，30（12）：139 – 141.

［16］宋远升，陈熙．解构与比较：校园警察制度及安全立法探究［J］．青少年犯罪问题，2007（01）：41 – 44.

［17］渠滢．高校对学生的安全保障义务范围探析［J］．青少年犯罪问题，2017（05）：80 – 85.

［18］李革伟．依法治国视域下高校保卫工作问题研究［D］．石家庄：河北师范大学，2016.

［19］胡肖华，徐靖．高校校规的违宪审查问题［J］．法律科学（西北政法学院学报），2005

(02)：20－26.

[20] 刘标. 高校规章制度的行政法学分析 [J]. 苏州大学学报，2004 (04)：122－125.

[21] 余立. 高校规章制度的法治化思考 [J]. 北京教育（高教版），2009 (04)：39－41.

[22] 李晓衡，刘均匀. 论高校规章制度建设 [J]. 当代教育论坛（上半月刊），2009 (03)：70－73.

[23] 杨蕴彤，陈福胜，刘丹丹. 法治视野下公立高校规章制度研究 [J]. 哈尔滨职业技术学院学报，2008 (02)：39－40.

[24] 钱晓红. 我国高校规章的法治化选择 [J]. 中国高等教育，2007 (06)：58－60.

[25] 田小平. 高校规章制度的法律问题研究 [D]. 西安：西安理工大学，2007.

[26] 裴虎，彭希林. 论高校管理规章制度制定的影响因素及原则 [J]. 科技信息，2006 (09)：237－238.

[27] 梁亚荣，陈立根. 高校规章制度定权初探 [J]. 中国农业教育，2006 (05)：10－11.

[28] 李功强，孙宏芳. 高校规章制度：问题、分析与建议 [J]. 清华大学教育研究，2005 (05)：59－63.

网络时代以精神控制为核心的非法PUA行为的刑事责任定性

李云清　丰诗萌　张雨轩　王梓钰　王楷浩

一、概　述

（一）调研目的

1. 在法律层面对非法 PUA 行为进行刑事定性和归责。PUA 在中国的传播背离了本意，导致其从最初的交友技巧分享发展成了现在的犯罪亚文化。更严重的是，他们采用各种手段对异性进行精神折辱和身体折磨，枉顾世俗人伦和法律规定。更为严重的是，有人通过精神控制，唆使他人自杀、自伤，从中获得一些满足感，尽管这一系列非法行为在司法实务中很难进行取证，在定罪方面也有诸多困难，但其影响十分恶劣，不应该再允许它被排除在刑事处罚的范围之外。

2. 探究精神控制在犯罪中的归属并对刑法中关于非法 PUA 行为的空缺进行立法探讨。当前研究对精神控制行为致人自杀死亡结果的危害性，以及两者之间是否具有在刑法意义上的因果关系已有论述，但大多聚焦在网络游戏涉及的精神控制和网络暴力致人自杀死亡结果之间的因果关系，却较少关注亲密关系中精神控制致人自杀的情况，特别对当前 PUA 致人自杀的严重后果尚未提出有效规制的法理依据，还有待完善。

我国现有法律体系对于精神控制的规定明显极度缺乏，不足以应对现实生活中各类精神控制的情况。其中很重要的原因在于因果关系的难以认定及证据收集的困难，以及精神控制手段自身的无形性。然而，PUA 中出现的违法行为已经导致众多受害者的合法权益受到严重侵害，我国刑法学界和实务界有必要对 PUA 中相关行为与“教唆自杀”等结果发生之间是否存在因果关系作进一步研究和界定，构建 PUA 精神控制致人死亡的刑法规制模型。

3. 根据入罪探究和立法探讨提出如何预防 PUA 犯罪。目前，PUA 犯罪已经逐渐与一系列罪行紧密相结合，有效的预防措施尚未正式出台。应通过相关案件分析探究出其犯罪心理及其犯罪模式源头，再通过立法进行干预或是禁止。通过完善相关法律法规，将不良 PUA 行为与普通网络交友区分开来。详细界定非法 PUA 行为与普通婚恋行为和网络交友行为的区别，针对此行为设定契合的处罚，这样才能更好地发挥法律的警示教育作用。

PUA 的社会危害性不可忽略，应进行相关宣传并采取一系列预防措施。目前，社会各阶层暂未普及 PUA 犯罪等对社会产生不良影响的规模性宣传，因此还无法聚集当今大多数人的焦点。我们进行 PUA 刑事责任认定和精神控制入罪的研究，将着眼于人民的人身财产权益，提出预防 PUA 犯罪的有效措施。

4. 意义。呼吁社会各界重视 PUA 问题的存在，促进相关部门对 PUA 问题的管控能够得到有效加强，尽快出台相关约束性法律文件，使其对社会的危害最小化。

（二）调研地点和内容

1. 调研地点为中南财经政法大学南湖校区，地理位置为湖北省武汉市洪山区南湖大道 182 号。

2. 调研方法。

（1）文献研究法。运用信息检索的方法，从中国知网等网站上搜索研究所需的相关信息数据，从国内外有关 PUA 精神控制犯罪的文献中了解和研究与侮辱、教唆自杀、虐待相关的内容，以便深入地了解古今国内外关于 PUA 精神控制的事实和观点，弥补信息的不足增强研究结论的理论性、科学性。

（2）问卷调查法。通过设计针对广大网络用户群体的问题，进行问卷的分发回收，了解最广大人民群众对于 PUA 的了解及其解决方法的看法。通过对问卷结果的总结，了解当前 PUA 发展的现状，进行切实的可行性分析，也可加深问题的剖析，对扩大相关司法解释的实施有重要参考意义，从而使调研结论更真实可靠。

（3）访谈法。通过对相关专家学者的采访，以便了解现今对非法 PUA 行为研究和实务的相关情况，为研究提供较为权威的材料。通过对司法实务者的采访，了解其对于非法 PUA 行为的取证诉讼问题的看法，从另一个方面了解有关 PUA 行为入罪的情况，拓展研究思路。

（4）多维度交叉分析法。综合运用多个学科的知识进行分析探讨，有利于多维度把握主题，学科的交叉可以使研究结论更具有科学性和可信赖性，以刑法学为主，综合运用法医学、心理学、比较法学、婚姻法知识进行学科交叉研究，多维度分析调研。

（5）比较分析法。通过对相关信息的检索，时间上对比通过精神控制进行非法行为在我国不同阶段的相关规定，空间上对比国内、国际对于精神控制的法律责任认定的相同点和不同点，以及学习国际上的一些经验，通过借鉴一系列的实践经验并结合我国当前的实际情况求同存异、取长补短，丰富研究的方向和材料，深化对于这个课题的认识，以便得出更加完善合理的成果。

3. 调研思路（见图1）。

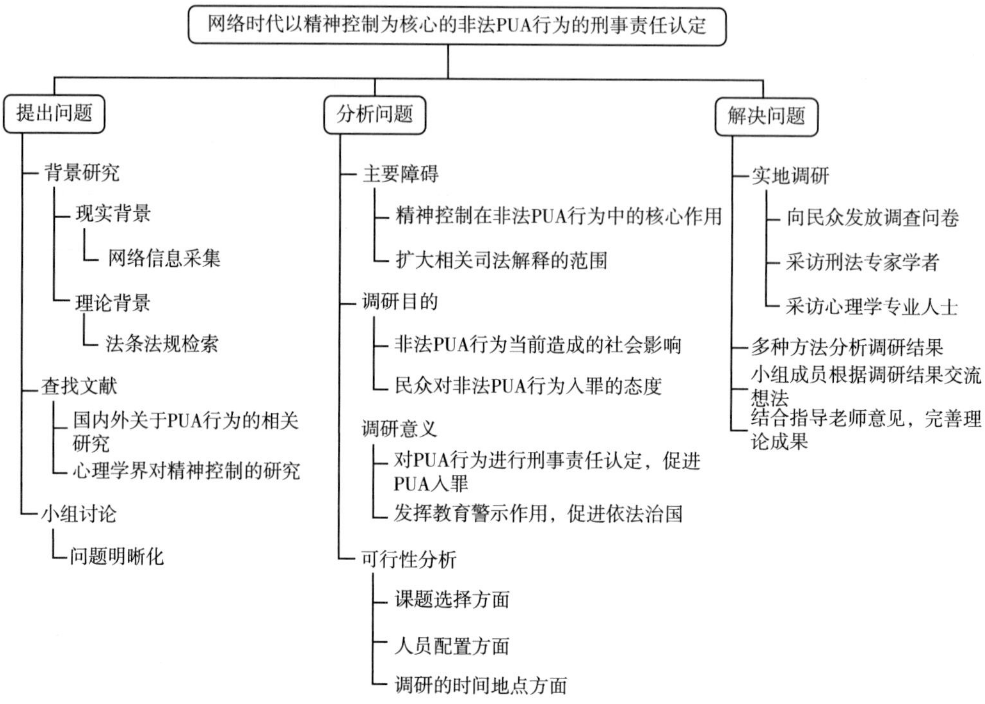

图1　调研思路

二、调研设计

（一）前期准备

1. 资料准备。充分利用中南财经政法大学图书馆内种类齐全、数量众多的纸质与电子刊物，进而收集有关咨询和信息，并通过中国知网查阅和参考了大量专家学者的相关学术论文及文献，其中包括国外的一部分文献也作为理论参考依据。

2. 问卷准备。调查问卷等相关访谈或是其他调查工具前期已制定好，问题设置恰当合理，既不过分涉及个人隐私信息又能够确保得到每一位调查者的真实想法。通过网络调查研究、进行问卷调查和开展实地访谈相结合的调研方法，广泛地了解了普通居民对 PUA 这一词汇的了解程度及其涉及的问题是否有相关看法，同时也对一些对此问题有着深刻认识的民众进行了二次调查，使得到的数据更加精确、内容更有深度。在对调研所得信息和数据进行汇总整理后，最终通过对比分析法得出调研结果，使结论更加专业可靠。

3. 调研方案。针对选题，制订了合理详细的调研计划，整个调研过程分为前期准备阶段、中期实地调研阶段、后期总结分析和撰写调研报告阶段，在整个过程中都会通过周密完善的协调、组织和分配，从而让整个调研项目容易着手，也更容易调动成员的积极性，发挥成员的优势，为项目的顺利完成提供保障。

（二）研究进度安排（见表 1）

表 1　研究进度安排

阶段	日程	具体事项
准备	10 月 28 日～11 月 2 日	组建小组，小组一起讨论，分析社会关注度较高的问题，结合当前学界讨论的现状，确定课题，并分工分别收集相关资料
	11 月 3 日	小组邀请指导老师，交流并得到指导，紧接着小组讨论，确定调研方向和方法
申报	11 月 4～15 日	各组员汇总所得资料并进行修改，根据各方面情况确定调研方法、调研地点，小组合作完成申请立项书
调研	2021～2022 年寒假	（1）采取线上线下相结合的方式在线上发放问卷，同时线下请过往市民填写调查问卷，小组收集结果，对材料进行统计分析； （2）对法学教授，心理学专家等进行访谈，了解他们对该类事件的看法
后期总结	2021～2022 年下半学年	整理分析调查资料，并将后期和前期调查阶段得出的初步结果进行对比分析，检验原有的保护方案是否可行，得出最后结论，完成项目

三、调查对象构成情况简介

（一）主要调查对象

（1）司法实务人员；（2）中南财经政法大学法学专家教授，心理学相关学者；（3）社区居民和网民。

（二）问卷调查对象及调查内容分析

考虑到社会群体的不同会导致对 PUA 现象以及非法 PUA 刑法认定问题的观点的差异，为了使问卷调查更具严谨性，设置了年龄、性别以及学历的选择项，准确获悉性别、年龄、知识教育水平等因素对观点的影响。

调查各个群体对于PUA现象的认知也极为重要。人民群众的观点是社会进步发展的重要参考，对于PUA的认识以及定性在很大程度上影响了非法PUA现象应否进入刑法评价的观点。因此，为了掌握参与问卷的人们对于PUA的了解情况而设置了三个问题，分别为“您对PUA的了解程度”“是否知晓PUA中的情况”“您印象中有关PUA引发的相关社会事件大概有几件”。

就PUA现象能否或应否进入刑法评价设置了相关的问题。为了广泛而深入地了解参与调查问卷的人们对于PUA刑事定责的各方面问题的观点，分别从PUA刑事定责是否有意义、没有刑事定责时遭受侵害是否会维护自己的权益、有刑事定责时遭受侵害是否会维护自己的权益、PUA中的精神伤害是否有必要刑事定责、PUA造成的自杀应否被刑事定责和是否应用虐待罪来定责等几个方面来进行提问。在这些问题的回答中，除了解参与问卷的群体对于PUA定责问题的粗略倾向，还能认识到部分社会群体对于PUA这一现象发生在自己身上时的反应。当人们的视角从旁观者转换为当事人时，对于PUA现象和PUA应否被刑事定责的观点是否有转变也值得进行更深入的研究。

总体而言，问卷题目的设置的逻辑主线是：身份群体、对于PUA现象的看法和PUA应否被刑事定责。

（三）访谈对象及访谈内容分析

鉴于对PUA现象的研究仍处于不成熟的阶段以及PUA刑事定责问题的专业性较强，分别邀请心理老师、律师和公安机关工作人员就PUA的定性和PUA刑事定责的相关问题进行了访谈。

由于三位专业人员的职业与PUA现象的联系较为紧密，所以在从业中遇到PUA现象事例的可能性较大。因而向三位专业人士询问是否在从业经历中遇到过类似的案例，这对于了解现实中PUA问题的普遍情况有所帮助。

三位专业人士的职业对于认知、解决PUA问题也具有较强的借鉴意义。因此，向三位专业人士询问PUA是否有必要被刑事定责和适用的罪名、如果能够被刑事定责该项法律实施的阻碍是什么、受害者是否会运用法律武器保护自己和调查取证的相关问题。以专业人士的视角给出关于PUA问题的观点不仅有利于扩大调研的基数，也有利于增加更加科学、客观地审视“PUA应否被刑事定责”这一问题。

四、调研结果

（一）问卷调查结果

1. 调查对象对非法PUA行为的认知。对于PUA现象的了解情况主要集中于“略有耳闻”和“比较熟悉”，而对相关社会事件的了解主要集中在“知道一两件”和“虽然记不清相关事件，但认为该类事件频发”，这说明参与调查的群体对于 PUA 现象的了解处于社会性广泛认知的程度，进一步可以理解为 PUA 已经作为一种社会性现象进入人们的视野。从以上数据可以分析，本次调查的集中受众为青少年，其对非法 PUA 行为的本身及作为方式以及后果都只有一个粗浅的认知（见图 2）。该认知多来自网络、具体事例等。这表明对该问题缺少关注度，更证明调查的必要性。只有完整呈现该行为将会带来的恶劣后果，才能推动社会关注、警惕此类行为。

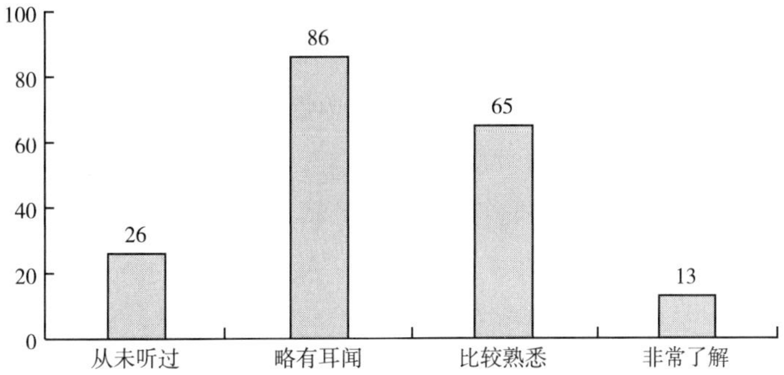

图 2　对非法 PUA 行为的了解程度

但是，在缺乏深入了解的情况下，有较多人知晓一两件以上 PUA 行为的案子，即使对此类案件不清楚，也认为其在社会上应该较为普遍（见图 3）。由此可见，目前非法 PUA 行为虽然尚未发展到普遍严重的地步，但是基本此类案件的发生，都会得到较大的社会关注，产生较大的社会影响。

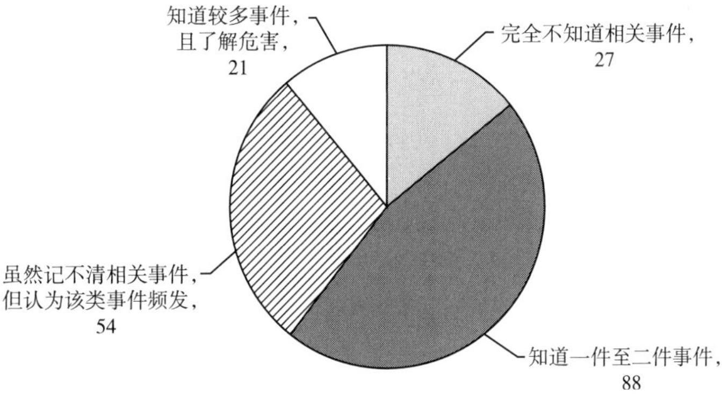

图 3　对相关社会事件的了解

2. 关于是否有必要将非法 PUA 行为追究刑事责任。在是否将 PUA 系列行为中的部分内容进行刑事责任认定的问题上，由调研结果可知，绝大部分受众表达了应当将其纳入刑法法律规制的愿望。一方面应当听取我国人民对保护自身合法权益建设法治社会的美好愿景；另一方面也应当考虑目前我国在民事、行政领域对相关问题的规定、法律体系及现实需求，从多角度考虑对其进行刑法规制的必要性。

在 PUA 能够被刑事定责的情况下，接近九成的参与者选择积极诉诸法律；而对于 PUA 造成精神伤害和受害者自杀的情况，超过八成的参与者认为非常有必要进行刑事定责。由此看来，参与问卷调查者多数认为严重的 PUA 的刑事定责很有必要。同时支持 PUA 造成自杀进行刑事定责的人数高于 PUA 造成精神伤害的人数。

3. 关于非法 PUA 行为应当在原有刑法范围内进行规制还是建立新的法律。在进一步的关于 PUA 的部分行为是否划入原有的虐待罪、侮辱罪等罪名的探讨中，多数人认为有必要对此类罪名的范围进行扩充，囊括 PUA 中某些独特的行为。在 PUA 定性中最具有特殊性的精神控制方面，部分认为，有必要对因非法 PUA 行为对受害人造成的严重精神损害进行刑事处罚。在此调研的基础上，我组认为，基于精神控制后果的特殊性，应当对造成的精神伤害进行限定，同时利用非诉讼手段更好地保护受害者的权益。

4. 在遭遇非法 PUA 行为后将如何应对的探究。为探究受众遭遇非法 PUA 行为后的应对措施方面，设定了两个问题，提供较多选项进行调研。在关于受到侮辱等 PUA 行为时，较多人的意愿是诉诸法律，通过法律维护自身的合法权益。在设定法律无法对非法 PUA 行为进行专门的新规制的前提下，多数人的意愿是通过社交媒体曝光等社会救济手段来维护自身的权益或者是利用现有的民事、行政条文进行法律上的维护。

（二）访谈结果

经过访谈与信息收集，粗略地从三位专业人士的访谈交流内容中总结得到以下的信息：

1. PUA 这一现象虽然已经进入社会大众的视野，但是 PUA 的受害者对于寻求社会帮助的概率仍然较低，且寻求帮助的方式也有一定的局限。

2. 人们对 PUA 现象在潜意识中会按其程度进行区分：对于较轻程度（如语言上的侮辱、否定）的 PUA，人们倾向于通过社交媒体进行道德审判；而对于较为严重（如肢体暴力、虐待、教唆自杀）的 PUA 行为，人们更倾向于寻求司法审判。

3. 对于 PUA 现象的刑事定责中适用何种罪名的问题，考虑到修改刑法典的成本和以往刑法修订的惯例做法，以及 PUA 行为本身的特性，为此专门设立新的罪名显然有失科学性，而选择司法解释的方式进行更为合理。

4. 受害者在精神受到控制和打压的情况下无法进行有效的反抗和自卫。对此，心理老师进一步指出，如果 PUA 的受害者在接受了较为完整专业的心理治疗后，再次面对 PUA 的现象具有一定的能力进行辨别。

5. PUA 中精神伤害的取证非常困难，但是公安机关工作人员认为伴随着现代社会科技的发展，线上聊天记录或许将成为精神伤害鉴定的一种证据。

五、调研结论

在调研的数据中，70%以上的人认为需要进行刑事规制。对其进行刑事方面的规制，可以通过刑罚的严厉性达到教育、警示、预防的目的，本次调研认为应当对非法 PUA 行为进行刑事归责，并注重对其中的侮辱、虐待、教唆自杀、精神控制等核心问题进行规制。对非法 PUA 行为的刑事追责是当代法律发展必须适应社会来满足保护法益、保障人权的需要的经典实例，在此种情况下，为了兼顾刑法规范的稳定性，需要进行法律解释，才能使刑法规范更加真实有效。

参考文献

[1] 韩赤风．德国精神损害赔偿制度的新发展及其意义［J］．中国律师，2007（07）：54－56．

[2] 胡洁人，梅书琴．精神控制致人自杀死亡的刑事规制——以 PUA“教唆自杀”为例［J］．四川警察学院学报，2021，33（05）：9－17．

[3] 周文，杨东．家庭教育中的 PUA 现象对青少年心理健康的影响［J］．中国德育，2020（24）：44－47．

[4] 王冠玺，张慧．论精神控制或情绪勒索的民事损害赔偿责任——以中日比较为基本路径［J］．学术交流，2020（11）：57－71．

[5] 陈振干．浅谈 PUA 引领下的“杀猪盘”的自我防范［J］．中国防伪报道，2021（07）：90－95．

[6] 赵心荷．网络空间教唆自杀行为的法教义学分析［J］．法律方法，2019，27（02）：318－334．

[7] 郑淑珺．网络时代非法 PUA 行为的刑事定性［J］．河北青年管理干部学院学报，2021，33（05）：76－80．

[8] 张晨．自杀参与之可罚性新论——以 PUA 致死为例［J］．四川警察学院学报，2021，33（05）：18－28．

[9] 顾成成．青少年蓝鲸游戏参与行为的心理学解析［J］．新闻研究导刊，2018，9（12）：66－67．

[10] 郑泽善．日、韩刑法中的暴行罪与伤害罪［J］．法治研究，2016（03）：65－75．

[11] 吴之欧．网络时代精神控制行为的刑法规制——以“蓝鲸死亡游戏”案件为切入点［J］．江西社会科学，2018，38（10）：200－208．

[12] 马皑．“法轮功”练习者受精神控制的心理分析［J］．政法论坛，2000（03）：147－156，160．

[13] 赵心荷．网络空间教唆自杀行为的刑法规制问题探究［D］．济南：山东大学，2020．

用户参与产品创新对企业IP产品声誉的“双刃剑”影响机制研究

——以迪士尼IP产品“玲娜贝儿”为例

戴智慧　韦璐瑶　刘雅欣

一、研究背景

（一）用户参与心理：时代压力下的情感需求

观照世界各国现代化进程，社会转型时期巨变的时代环境与快节奏的生活方式往往使得公民心理健康状况频出问题。

在我国不断深化市场化改革的背景之下，社会不确定性因素与社会生活风险增加。而青年群体具有需求与能力不匹配、充满理想但又前途渺茫的本体性特征，因此当代青年普遍在生存与发展、人际关系与社交、身份认同、两性关系等方面存在巨大压力，如图1所示。

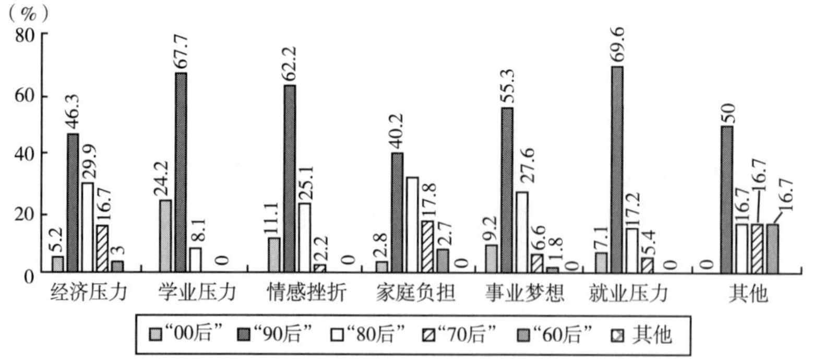

图1　各年龄段群体压力来源分布及压力负担程度

而身处互联网与新媒体时代中的青年，常在网络虚拟平台中寻求压力的释放和宣泄，寻找有趣的图文与富有娱乐性的视频放松身心。而在消费主义影响下，人们常利用购物过程提升自尊感、分散对压力的注意力，如图 2 所示。

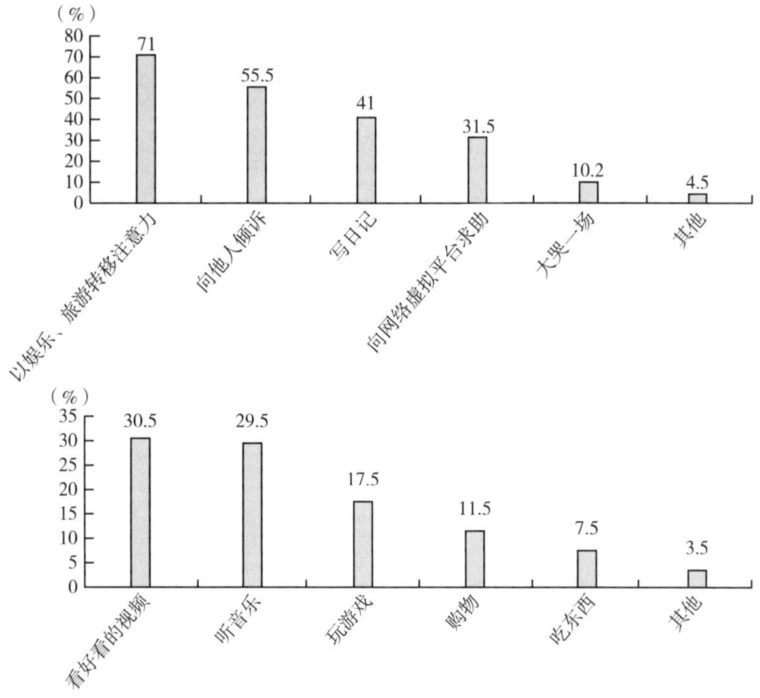

图 2　青年群体（“00 后”“90 后”）调节压力途径

而在繁杂的现实事务外，梦幻纯真风格的迪士尼品牌为人们营造了远离现实压力、无忧无虑、充满着童话般浪漫的“避难所”。于是在迪士尼推出新的角色形象“玲娜贝儿”后，用户就积极主动地从这只小狐狸身上提炼治愈心灵的力量，并且在相关的周边产品上寄予和投射了自身需要被陪伴的感情需求。

（二）用户参与途径：新媒体数字技术正当时

由于网络的不断普及与互联网技术的广泛应用，在新媒体时代下，信息传播效率高、传播范围与覆盖面广，从而能够迅速形成网络热点；传播过程中的交互性强，信息传播者与接收者之间的互动、讨论氛围热烈；同质化与多参与特征显著，用户在解读与二次传播信息的过程中能够加入大量主观内容，并且情绪感染在人与人间交互产生并加深，煽动与吸引更多受众，因而能掀起模仿与跟随的热潮；可视化传播掀起热潮，图片与视频等传播方式富有趣味性且“颜值效应”高；传播的内容与媒介呈现碎片化特征，使得特定信息的获取快捷便利。

新媒体传播的以上特点，一是提高了用户参与和自生成内容的可行性与积极性，使得信息传播不再由媒体主导，而是由用户接过主动权，主动参与内容创作与价值创造，进而在用户间形成链条式与群体式的参与行为；二是促进了如“玲娜贝儿”、雪王等大 IP 热度的不断提高，从而形成现象级话题。

（三）产品 IP 时代：迪士尼 IP 运营的成功之道

在当今时代，产品 IP 化是大势所趋，IP 有着巨大的商业价值，同一个 IP 能够在不同的领域被反复地开发利用，从而形成庞大的产业链，为企业带来更大的利益、更多的利润。

华特迪士尼公司被网友们戏称为“版权狂魔”，可见其手握 IP 数量之多。并且市场上的大多数影视形象面临着短期内拥有高热度但后劲不足的挑战，而迪士尼的超级 IP 却能长期地进行跨媒介与跨行业的开发经营。如图 3 和图 4 所示，迪士尼之所以能够拥有大量高质量的 IP，与其成熟的 IP 设计与运营模式紧密相关。

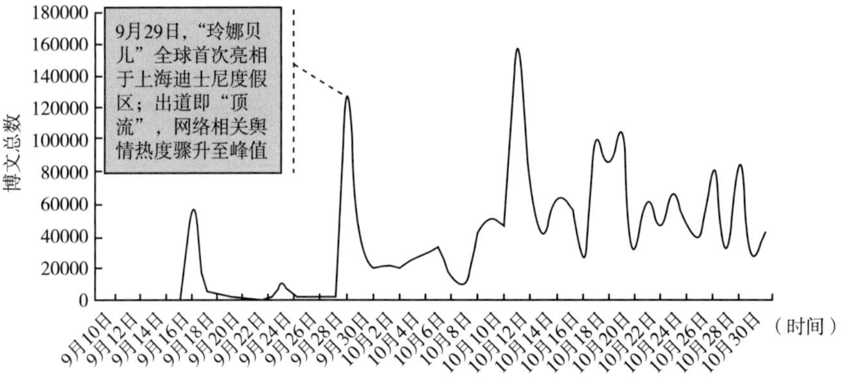

图 3　2021 年 9 月中旬～10 月底 IP 产品“玲娜贝儿”网络舆情热度趋势

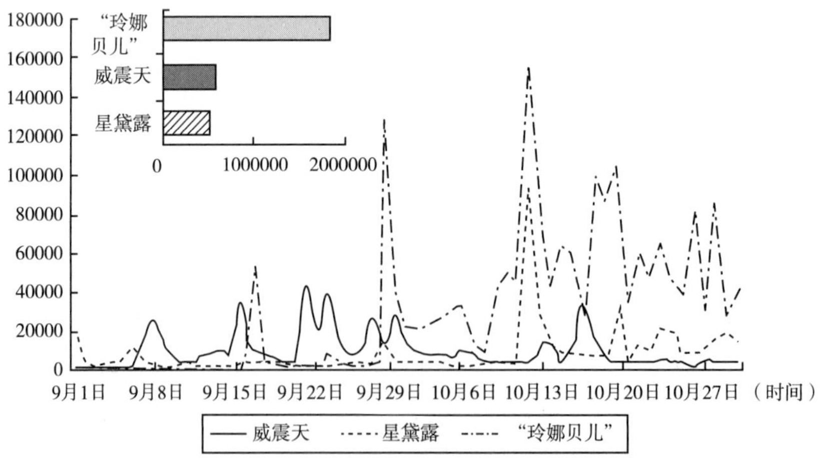

图 4　2021 年 9～10 月“玲娜贝儿”与同类 IP 产品网络舆情热度对比

从 IP 设计的角度看，迪士尼自身打造的经典 IP 形象，一是简单浅显，为跨界广泛传播提供了必要条件；二是具有独一无二的“梦幻”“童真”风格。而迪士尼对于新推出的 IP 产品“玲娜贝儿”角色背景的有意留白设计，为顾客亲自参与产品创新提供了巨大空间。

从 IP 运营的角度看，迪士尼自始至终贯彻“以顾客体验为先”的战略，为用户提供别具一格的 IP 互动体验。迪士尼通过影视作品打造童话世界观，再凭借大型主题建筑和演职人员将虚拟的世界观落地，加上实体周边产品，全方位为顾客打造真切可信的体验环境，为顾客能够真切地与产品互动提供了良好条件。

二、研究意义

（一）理论意义

用户参与产品创新是工商管理领域理论研究的重要内容，本文以最近的消费热点“玲娜贝儿”IP 产品为切入点，通过观察与讨论相关该 IP 产品价值创新与实现的过程以及用户参与产品创新对企业 IP 产品的影响，补充与开拓工商管理领域企业与用户亲密合作完成产品创新生产从而促进消费的理论研究。

（二）现实意义

1. 助力企业发展，提供产品运营与市场营销策略参考。通过分析迪士尼如何调动用户参与产品创新的积极性，进而在产品声誉创收环节获得链条式收益，为企业在产品运营与市场营销战略实现创新、预防相关风险、提高运作效率、收获更多利润、实现长远发展提供借鉴和参考。

2. 探究市场现象，促进消费新热点培育与消费升级。通过具体分析 IP 产品“玲娜贝儿”在用户间掀起热潮的现象并得出结论，为提高社会消费活力、培育消费热点、促进消费升级提供思路参考。

三、调研方案

（一）调研计划

1. 问卷调查。调研过程中会对各类人群发放问卷调查。为达到较好的数据分析结果，问卷对象会全面覆盖不同年龄、性别的群体，力求问卷调查对象的多样性和全面性，保证抽取样本的合理性，以便得出的结论具有普遍性、客观性。

2. 个体访谈。面向不同类型的受众，针对研究项目中的问题进行访谈，访谈过程中注意语气用词，耐心询问解释，随机应变，准确记录其观点，力求结果真实可靠。

（二）访谈要点分析

1. 具体调研目标如图 5 所示。

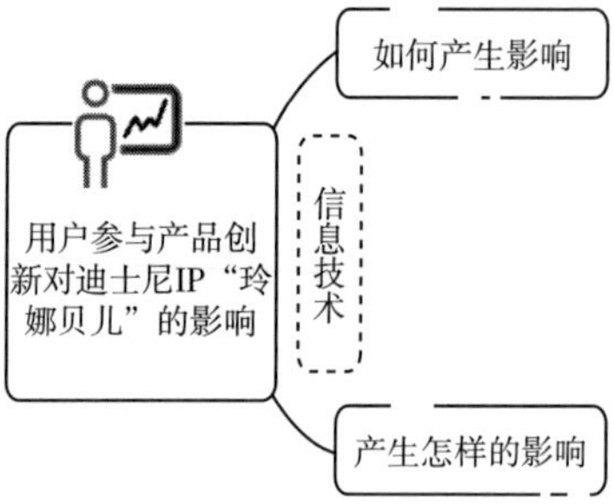

图 5　调研目标

2. 在对 10 名用户进行调研之后，大致可以总结出以下要点。(1) 由于“玲娜贝儿”IP 产品受众有限、普通用户参与其人设创新意愿有限，用户参与产品创新有限。(2) 用户群体大多依赖多媒体平台提供的已有功能支持（如视频图片的制作与上传、讯息的传播）进行人设创新，新颖信息技术在“玲娜贝儿”产品创新过程中使用有限。(3) 用户群体对“玲娜贝儿”IP 产品整体评价积极，但由于人设创新停留在较为浅薄的程度，用户黏性较低。

四、项目研究内容

（一）概念界定

1. 用户参与产品创新概念界定。用户参与是指用户在参与产品创新过程中根据自身需求为企业产品创新提供知识或创新资源的模式。本文中，用户参与产品创新就是指顾客通过短视频和表情包等方式，丰富、完善迪士尼 IP 产品“玲娜贝儿”的人设，对其进行价值共创（见图 6）。

2. IP 概念界定。IP（intellectual property）就是智力的所有权或知识的所有权，简称为知识产权，主要包括工业产权和版权（著作权）。但人们通常所讲的 IP 特指文化产业中泛娱乐化的版权（著作权）。总的来说，IP 具有人设、圈层化和可全产业链开发三大特性。

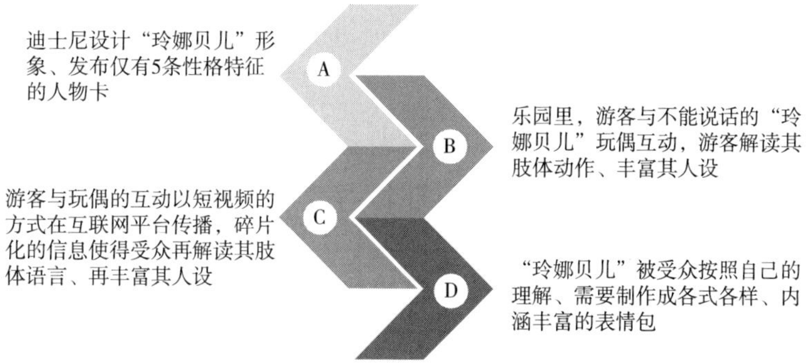
迪士尼设计“玲娜贝儿”形象、发布仅有5条性格特征的人物卡
A
乐园里，游客与不能说话的“玲娜贝儿”玩偶互动，游客解读其肢体动作、丰富其人设
B
游客与玩偶的互动以短视频的方式在互联网平台传播，碎片化的信息使得受众再解读其肢体语言、再丰富其人设
C
“玲娜贝儿”被受众按照自己的理解、需要制作成各式各样、内涵丰富的表情包
D

图 6　顾客参与丰富“玲娜贝儿”人设的过程

我们所要讲述的 IP 是迪士尼的“玲娜贝儿”。在人设方面，“玲娜贝儿”的形象由迪士尼设计，然后其人设由顾客完善；在圈层化方面，在各个社区平台上“玲娜贝儿”的饭圈小团体数不胜数；在全产业链开发方面，“玲娜贝儿”的周边琳琅满目。

3. 信息技术概念界定。信息技术可以从广义上定义，即充分利用与扩展人类信息器官功能的方法、工具与技能的总和；亦可以从狭义上定义，即利用网络、广播、计算机、电视等各种软件工具及硬件设备与科学方法，对信息进行处理的技术之和。基于现当代五次信息技术革命发生的研究背景，本项目侧重于从狭义语境上对信息技术进行概念界定，强调信息技术的现代化与高科技含量。

（二）顾客参与对迪士尼 IP 产品“玲娜贝儿”声誉“双刃剑”影响机制的现状分析

1. “双刃剑”之利。2021 年 9 月 29 日“玲娜贝儿”在上海迪士尼乐园首次亮相，由“玲娜贝儿”微信指数图 7、百度指数图 8 可见，由于用户积极地参与丰富其人设，“玲娜贝儿”曾一度成为顶流。

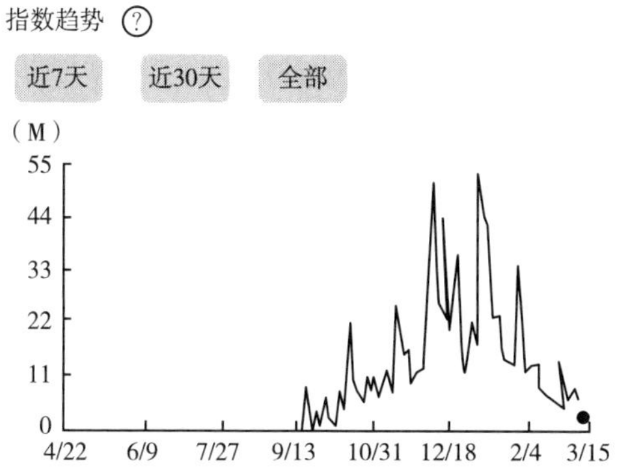

图 7　“玲娜贝儿”微信指数

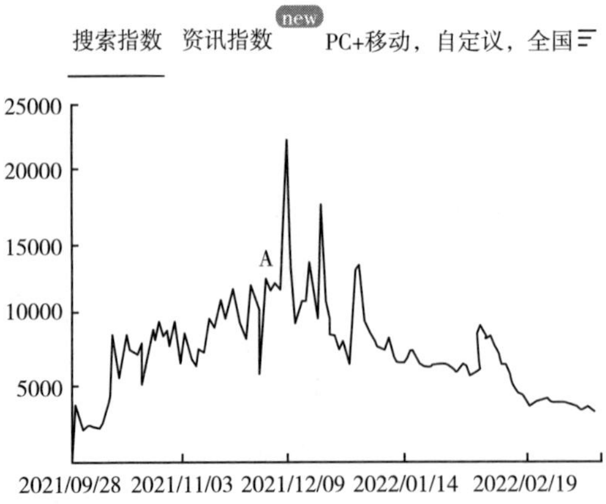

图 8 “玲娜贝儿”百度指数

（1）迎合个性，提升好感。用户参与产品创新使得顾客按照自己的期望解读、丰富其人设，所以这些人设格外地贴合大众的心理需要，完美地迎合了用户的个性化需求，从而提高了用户对“玲娜贝儿”的好感度。

（2）圈层特性，情感寄托。“玲娜贝儿”是迪士尼的一个 IP、有圈层化的特性，用户参与 IP 人设的丰富，一定程度上会形成圈层，从而提高用户对“玲娜贝儿”的忠诚度，使得用户对“玲娜贝儿”产生情感寄托。这种情感认同，不仅能使参与价值共创的用户忠诚地喜爱“玲娜贝儿”，还能促使这部分用户自发地推广“玲娜贝儿”、提升其知名度。

2. “双刃剑”之弊。

（1）过度营销，反感反逆。自“玲娜贝儿”首次亮相，相关资讯、推送层出不穷，加之顾客参与丰富“玲娜贝儿”人设，更是将其热度推上顶峰。这种强度高、密度大、范围广、洗脑式的营销、推送，在一定程度上引起了部分路人的反感，引起了部分粉丝的担忧，还导致了部分粉丝的逆反。

（2）圈层乱象，声誉受损。由于用户参与丰富“玲娜贝儿”这一 IP 的人设，“玲娜贝儿”也出现了圈层化，其饭圈小团体数不胜数，如百度贴吧、微博上的超话、豆瓣上的小组等。圈层化的乱象弊端凸显，饭圈中的部分粉丝盲目地攻击讨伐不喜欢“玲娜贝儿”的“异己”，不仅危害网络秩序，还让旁观者对“玲娜贝儿”产生抵触甚至厌恶心理，使其声誉受损。

（3）盗版猖獗，消减信任。用户参与丰富“玲娜贝儿”人设，使得“玲娜贝儿”的热度不断攀升，一方面，代购“黄牛”大肆炒作“玲娜贝儿”正版周边的价格；另一方面，盗版猖獗、山寨横行。超乎常理的价格、参差不齐的质量，消减了消费者对“玲娜贝儿”相关产品的信赖，打击了消费者购买其周边的热情。

五、研究设计

（一）研究框架：用户参与产品创新与信息技术对企业 IP 产品声誉影响机制分析

埃里克·冯·西贝尔（Von Hippel）认为信息技术的涌现有利于用户创新的跨越式发展；解学梅等（2021）认为用户在创新和价值创造过程中发挥的作用因为新技术的使用而得到革命性发展。而由于信息技术对企业 IP 产品声誉无法产生直接影响，故本项目在模型构件中将用户参与产品创新绩效作为前置变量，企业 IP 产品声誉作为结果变量，信息技术作为调节变量，使用多元线性回归方程拟合模型。

在本节中，选定企业 IP 产品声誉为被解释变量 y，信息技术作为调节变量 m，其他因素作为自变量 X（$X = x1$，$x2$），建立多元线性回归模型。

假设：对因变量 y 有影响的因素有 2 个，分别是用户创新能力 $x1$ 和用户参与度 $x2$：$y = \beta 0 + \beta 1x1 + \beta 2x2 + \varepsilon$

即：$y = a + bX + \varepsilon$

利用多元线性回归模型可以对实证调研所取得的分类数据和数值型数据等进行定量分析。

进行参数估计，用 rcorrp. cens 比较 cox 模型的 C-index，这里采用似然比检验 LRT：可以比较函数模型在有无约束条件下的最大值，其指标似然比 LR 用于反映真实性、灵敏度和特异度。

似然比检验及计算似然比 LR 的数学公式：

$$L(\Theta) = L(x1, x2, \cdots, xn; \Theta) = \mathrm{nP}(xi; \Theta)$$

$$LR = 2 \times (\ln L1 - \ln L2)$$

求伪 R^2，伪 R^2 ［0，1］，伪 R^2 越接近 1，回归分析模型拟合越好。

本小组拟将自变量与调节变量放入上述回归方程，再将自变量与调节变量的乘积项，也就是用户参与产品创新绩效的用户创新能力、用户参与度，与信息技术的社会化媒体发展程度、技术不确定性、技术新颖性的交互作用放入回归方程。

即：$y = a + bX + cmX$

通过这两个回归方程的比较来对信息技术的调节效果进行进一步的判断。

（二）前置变量——用户参与产品创新

解学梅（2021）等认为用户创新能力是用户参与产品创新过程的起点与核心。高灵杰等（2017）认为参与度即用户与页面的交互程度，可以作为衡量用户活跃程度的指标。本项目整合上述学者的观点，以纵向上的用户创新能力、横向上的用户参与度作为用户参与产品创新绩效的两大具体变量，如表1所示。

表1　　用户参与产品创新度量

变量	维度	来源
参与度（*P*）	登录频率	温韵雅（2016）
	访问时长	
	发言与评论	
	收藏与分享	
创新能力（*I*）	个人技术能力	高锡荣，王兴蓉（2020）
	个人心理能力	
	社会制度能力	

（三）结果变量——企业IP产品声誉

本文结合格明登等（Gemünden et al.，1996）对于产品创新成功的定义，得到用户参与产品创新可以促进新产品开发与产品改进的进程，提高新产品市场成功率的结论，并将上述产品创新成功的定义概括为企业IP产品声誉的提高。

产品声誉指的是人们对某一产品的认知与评价，即知名度与美誉度的结合（符加林，2008），如表2所示。

表2　　产品声誉量

变量	维度	来源
产品声誉	产品知名度	符加林（2008）
	产品美誉度	

为了能够合理衡量不同维度的影响因素对企业IP产品声誉的影响，参考刘培培（2019）使用绝对指标作为评价模型因变量的方法，使用绝对指标来定义企业IP产品声誉，即企业IP产品声誉＝ln（产品知名度＋产品美誉度）。

（四）调节变量——信息技术

蒙特等（2014）认为社会化媒体可以为用户参与产品创新提供创造力、专长和集体智力；而常等（Chang et al.，2016）认为技术不确定性与用户参与产品创新绩效呈正相关；坎迪（Candi et al.，2016）认为技术新颖性与用户参与产品创新绩效为正相关关系。本文综合上述学者关于影响用户参与产品创新绩效因素的观点所得具体变量如表3所示。

表3　　信息技术量

变量	维度	来源
社会化媒体发展程度（S）	技术性	焦媛媛等（2017）； 姜晓萍（2017）
	功能性	
	结果性	
技术不确定性（U）		常等（Chang et al.，2016）
技术新颖性（N）	知识重组的新颖性	维尔霍芬（Verhoeven）等
	知识来源的新颖性	

六、研究结论

本文主要探讨用户参与产品创新对企业 IP 产品声誉的影响，并进一步探究了信息技术的调节作用。在对文献进行整理和分析后提出研究假设，并通过互联网平台获取实际数据以此检验假设。通过发布调查问卷、分析问卷结果，得出如下结论。

（一）用户参与产品创新对企业 IP 产品声誉影响分析

从用户参与产品创新角度出发，引入参与度 P 和创新能力 I 作为输入变量。由于创新能力 I 的 ρ 值远大于阈值 0.05，故将创新能力 I 剔除。剔除创新能力 I 后重新构建多元线性回归方程，得出用户参与产品创新对企业 IP 产品声誉影响的多元线性回归模型表达式为：

$$Y = 0.883 + 0.665P + \varepsilon \qquad (1)$$

式（1）中，P 为参与度，由此可见，用户参与产品创新对企业 IP 产品声誉影响最大的变量是参与度。

（二）用户参与产品创新和信息技术对企业 IP 产品声誉影响分析

从用户参与产品创新和信息技术角度出发，在原有多元线性回归方程中引入信息技术中的社会化媒体发展程度 S、技术不确定性 U 和技术新颖性 N 作为输入变量，发现社会化媒体发展程度 S 和技术新颖性 N 的 ρ 值远大于阈值 0.05，删除社会化媒体发展程度 S 和技术新颖性 N 后，进一步剔除创新能力 I，重新构建多元线性回归模型表达式为：

$$Y = 1.007 + 0.396P + 0.361U + \varepsilon \qquad (2)$$

式（2）中，P、U 分别为参与度和技术不确定性，由此可见，用户参与产品创新中参与度最为重要，而信息技术中技术不确定性最为重要。

七、出路与建议

探究用户参与产品创新对企业 IP 产品声誉的影响机制，能够为用户参与创新作用 IP 产品提供一定遵循，从而促进消费对经济发展的基础性作用。为此，通过资料整合与调查研究，为用户参与 IP 产品创新提出以下建议。

（一）发扬用户参与的“双刃剑”之利

1. 提升参与感，提高幸福感。问卷数据分析结果表明，参与度在用户参与产品创新促进企业 IP 产品声誉提升方面发挥着核心作用。由访谈可知，用户参与产品创新能够满足自身的个性化需求、表达个人诉求。企业可以在各大平台（哔哩哔哩、抖音等）开通官方账号，转发 IP 相关热门视频、制造热点话题、提高与用户的互动频率等，从而使用户获得高层次的满足、心灵的寄托以及情感的共鸣。

2. 推动技术发展，营造创新氛围。通过调研问卷发现，技术不确定性在信息技术促进企业 IP 产品声誉提升中发挥着核心作用。同时，由访谈可知，创新“玲娜贝儿”人设的作品同质化现象较为严重且技术含量较低。企业可以举办相关比赛活动、引导用户参与 IP 产品创新，营造良好创新氛围。此外，企业还可以积极探索区块链等创新技术、降低知识产权维护成本。

（二）规避用户参与的“双刃剑”之害

1. 打击山寨，保护版权。通过访谈及查找网络信息可知，IP 产业的盗版山寨问题较为严重，这极大消减了顾客消费 IP 相关产品的信心与热情。一方面，企业需要保证产品质量，做好防伪标识；另一方面，企业需要运用法律武器打击盗版山寨产品、保护版权，同时企业可以创新地采用区块链等技术、维护知识产权。

2. 打造作品，适度营销。由访谈可知，纯粹由用户参与产品创新所打造的产品形象终究缺少深度与内涵，无法形成广泛的受众群体，且热度不持久、无法长久地吸引用户。通过访谈及查找网络信息可知，洗脑式的过度营销反而会引起用户的厌恶情绪。企业应适度营销，需打造一定的虚拟 IP 优秀代表作品及其衍生产品，不但要做好 IP 产品开发、还要配套打造周边产业，塑造可流传数年的经典形象、打造全产业链长久不衰的 IP 产品体系。

参考文献

［1］亚伯拉罕·哈罗德·马斯洛. 人类动机理论［M］. 吉林：吉林出版集团有限责任公司，2013：12－13.

［2］解学梅，余佳惠. 用户参与产品创新的国外研究热点与演进脉络分析——基于文献计量学视角［J］. 南开管理评论，2021（03）：1－28.

［3］杜羡. 泛娱乐时代下经典 IP 产业链本土化运营刍议——以迪士尼为例［J］. 视听界（广播电视技术），2018（05）：120－123.

［4］王新业. 产品 IP 化：从“新”定义营销的身份［J］. 销售与市场（管理版），2018（02）：17－19.

［5］刘潇，周欣越. 基于新文创视角的文化 IP 体系构建研究［J/OL］. 包装工程，2022（10）：183－189.

［6］陈永召，姚元春，梁波. 大 IP 时代：IP 产品运作初析［J］. 商，2016（16）：226.

［7］杜湖湘，田斯雨. 文化 IP 视角的旅游文创产品设计——以武汉黄鹤楼景区为例［J］. 湖北工业大学学报，2021，36（03）：112－115.

［8］吴文聪. 档案文创产品 IP 化探解——基于故宫《石渠宝笈》项目的思考［J］. 档案管理，2021（01）：84－86.

［9］杜根远，张火林. 信息技术概论（第二版）［M］. 武汉：武汉大学出版社，2013.

［10］王家乐. 新经济时代下 IP 经济发展潜力与趋势［J］. 商业经济，2021（08）：140－142.

［11］威廉·H. 格林. 经济计量分析［M］. 北京：中国社会科学出版社，1998.

［12］张厚粲，徐建平. 现代心理与教育统计学（第 3 版）［M］. 北京：北京师范大学出版社，2009.

［13］周俊. 问卷数据分析——破解 SPSS 的六类分析思路［M］. 北京：电子工业出版社，2017.

［14］Von Hippel，E. Democratizing Innovation：The Evolving Phenomenon of User Innovation［J］. Journal für Betriebswirtschaft，2005，55（01）：63－78.

［15］Verhoeven D.，Bakker J.，Veugelers R. Measuring technological novelty with patent-based indicators［J］. Research Policy，2016，45（03）：707－723.

［16］The SPSSAU project. SPSSAU.（Version22.0）［Online Application Software］. Retrieved from https：//www.spssau.com，2022.

［17］Sun Dao-de. Selection of the Linear Regression Model According to the Parameter Estimation［J］. Wuhan University Journal of Natural Sciences，2000，5（04）：400－405.

［18］Eisinga R.，Te Grotenhuis M.，Pelzer B. There liability of a two-item scale：Pearson，Cronbach，or Spearman-Brown?［J］. International Journal of Public Health，2013，58（04）：637－642.

“双碳”目标、节能减排及其会计对策研究

——基于碳会计视角

刘诗琪　陈梓馨　张一萌　于倩倩

一、项目背景

“双碳”，包含“碳达峰”与“碳中和”两个概念。碳达峰是指二氧化碳排放量由增转降的历史拐点，通俗点说，就是减少二氧化碳排放，从而使年度二氧化碳排放量达到历史峰值，之后逐步回落。碳中和是指通过植树造林、节能减排以及其他技术手段抵消或储存当年所排放的二氧化碳，从而实现“二氧化碳负排放”。实现碳达峰、碳中和的两个重要目标不仅是生态文明建设的必经之路，更是经济社会全面绿色转型的重要抓手，更是坚持绿色低碳发展战略举措的重要支撑，体现了我国积极应对气候变化的大国担当。

而我国随着国家“双碳”目标的提出，不少企业纷纷响应，如华为、中国航空公司、中国建材等，效果显著，其中中国建材集团将绿色智慧基因融入传统制造行业，发展风能产业，改造水泥等勇做双碳行动先行者。当然，碳会计推行过程也有一些不足。如碳信息披露规范不明确；不符合收入费用配比原则，碳配额成本为 0，却可以卖以获得收入；监管不力等。本小组正是基于此情况展开研究。

二、研究目的

（一）对“双碳”目标进行研究并提出会计对策

气候变化是当今所有国家都必须面对的一个重大问题。碳排放量控制是中国生态文明建设中的重要一环。习近平主席在 2020 年 12 月召开的气候雄心峰会上发表了题

为《继往开来，开启全球应对气候变化新征程》的重要讲话，承诺中国将会在2030年前实现碳达峰、2060年前实现碳中和的宏远目标。“双碳”目标对会计学者与务实工作者提出了更高的要求，在碳达峰、碳中和战略的重要节点、生态文明建设的关键阶段，要弘扬绿色环保、节能减排的发展理念，实现企业走可持续发展的道路，掌握国际碳博弈的话语权，体现大国应有的碳排放相关的会计核算方法与理论体系，要多维度地拓宽碳会计的研究范畴，如对外的相关会计信息披露与对内的企业资源配置效率调控。

（二）基于碳会计视角研究碳信息披露要素与规范性

有关调查数据显示，我国碳排放主要来自加工制造业，其碳排放量占全国碳排放总量的70%。而在加工制造业中，极大一部分的碳排放来自工业，这个数字达到了惊人的98%。根据证监会披露的2020年一季度上市公司名录，加工制造业的公司占据了上市公司总数的72.8%。由此可见，上市公司碳减排对我国如期实现碳达峰、碳中和的影响不可低估。2021年5月8日，证监会修订发布的《公开发行证券的公司信息披露内容与格式准则第2号——年度报告的内容与格式（征求意见稿）》《公开发行证券的公司信息披露内容与格式准则第3号——半年度报告的内容与格式（征求意见稿）》中，明确指出了环境信息披露的主要要求。其中，碳信息披露的目的是及时、适当地向利益相关者披露企业的碳排放量、减排计划的相关信息和计划实施情况，从而扩大企业碳信息的公开度，使其更加透明化。

鉴于我国碳会计核算体系还不完善，适当借鉴国内外碳信息披露水平较高、质量较好的实例，基于我国基本国情与法规政策，对于上市公司中的碳会计信息披露，譬如明确碳信息的报告要求、划分碳排放特点等提出建设性建议。

（三）基于碳会计视角优化企业资源配置

随着《中共中央　国务院关于完整准确全面贯彻新发展理念做好碳达峰碳中和工作的意见》等一系列气候变化领域重磅文件的颁布，我国政府从不同层面和要求向世界全面介绍了中国低碳转型工作和举措。而“双碳”目标的具体落实，将会涉及产业结构的变化、能源结构的调动，以及大量的资金需求涌现。分析联合国有关机构测算数据可知，近100万亿美元是实现在《巴黎协定》中确定的全球温升控制目标的总体耗费需要。中国人民银行行长易纲表示，根据预期，中国碳减排在2030年以前需每年投入2.2万亿元；而2030~2060年需每年投入3.9万亿元。要实现这些目标，仅仅依赖于政府的资金支持是绝对不够的，需要更多的社会资本加持。

目前来看，我国的绿色金融激励约束政策与制度创新不断进步完善，例如，对绿色债券和信贷等提供贴现、进行补助、担保补贴等降低绿色金融成本政策，以及对绿色债券发行人和投资人提供税收减免的优惠政策等。这要求企业内部会计人员通过对财务信息进行收集和处理，通过对企业的生产经营活动制定相应的预算方案，提高企业内部资源的合理配置，从而实现企业利益最大化。我们将通过调研、访谈等形式，探索在“双碳”目标下如何优化企业资源配置的途径。

（四）基于碳会计视角改进企业成本控制

节能减排是节约资源的重要一环，其中包括物质资源和能量资源、降低能源消耗、减少废弃物、污染物的排放等多层面、多维度活动。节能减排包括节能和减排两个层面。《节约能源法》明确规定，节约资源是我国的基本国策。国家实施节约与开发并举、把节约放在首位的能源发展战略。在节能减排模式下，企业若想在市场中脱颖而出，必须重视自身的财务成本管理。

首先，企业必须加强财务成本管理以适应现代企业管理制度，可以说财务成本管理对于一个企业的发展进步至关重要。其次，正确的财务成本管理能发挥出资金的最大价值，采取现代化的管理方法，充分运用科学的生产技术，合理谨慎地分析运营模式、理性推测企业的未来发展，管理并控制生产成本，尽力降低资金消耗，才能有效地规避或化解存在的隐患，进一步实现企业目标的利润。我们将从健全成本管理制度、优化企业内部管理、制定节能减排的财务管理方案三个维度展开对企业成本控制管理优化的调研，从而得出结论提出建议。

三、调研概述

（一）企业对“双碳”目标的会计对策现状调查

本次调研采用文献收集的形式，通过数据归纳与分析，使用 MATLAB 软件，从四个层面总结得到 11 条企业对“双碳”目标的会计投入影响要素。

根据文献检索与分析，收集到有效文献数据如图 1 所示。

关键词：

Ⅰ：碳信息披露×（企业绩效+企业价值）

Ⅱ：（碳资产管理+碳管理会计+碳管理）×（企业绩效+企业价值）

Ⅲ：（企业绩效+企业价值）×绿色金融

Ⅳ：会计教育×（低碳+碳+双碳+碳达峰+碳中和）

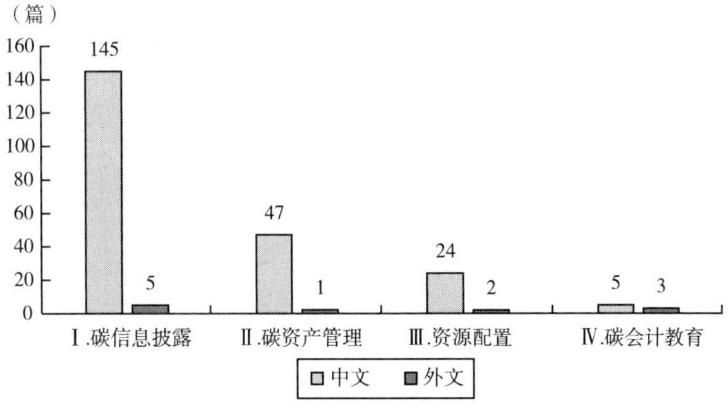

图1　企业会计应对“双碳”目标四个层面投入调查情况

（二）企业应对“双碳”目标投入解释结构模型

解释结构模型是将整个系统通过拆分解析成为许多个子系统，分析系统的复杂结构变化。

在利用解释结构模型研究企业应对“双碳”目标投入时只考虑主动性投入，故剔除“制定碳财务会计准则”和“高校碳会计教育”两个因素，将碳成本管理、碳战略管理、编制预算、计算碳足迹、绿色信贷、绿色债券投资、在职会计人员继续教育、自愿披露碳排放信息、ESG 信息披露等 9 个企业投入要素按序号 S1 ~ S9 进行排列（见表 1）。

表1　　企业会计应对“双碳”目标 11 条投入要素调查情况

碳信息披露	自愿披露碳排放信息
	ESG 信息披露
	推动制定具有适用性的碳财务会计准则
碳资产管理	碳成本管理
	碳战略管理
	编制预算
	计算碳足迹
资源配置	绿色信贷
	绿色债券投资
碳会计教育	会计人员继续教育
	在校会计专业学生进行碳会计教育

1. 建立邻接矩阵。对于因素之间相邻关系的矩阵，建立相应的邻接矩阵。当 Si 对 Sj 有影响时，则 aij 为 1；当 Si 对 Sj 没有影响时，则 aij 为 0，其中 aij 为矩阵元素，即：

$$A = aij = \begin{cases} 1, Si \text{ 对 } Sj \text{ 有影响时} \\ 0, Si \text{ 对 } Sj \text{ 无影响时} \end{cases} \quad (i,j = 1,2,\cdots,9)$$

本文通过文献查阅与数据分析，确定了当今企业为应对“双碳”目标投入因素的相互影响关系，得出一个 9×9 的矩阵，如表 2 所示。

表 2　　9×9 的矩阵

	A1	A2	A3	A4	A5	A6	A7	A8	A9
A1	0	0	0	0	0	0	0	0	0
A2	1	0	0	0	0	0	0	0	0
A3	1	1	0	0	0	0	0	0	0
A4	0	0	0	0	0	0	0	0	0
A5	0	0	0	1	0	0	0	0	0
A6	0	0	1	0	1	0	0	0	0
A7	0	1	0	0	0	0	0	1	0
A8	0	0	0	0	0	0	0	0	1
A9	0	1	1	0	1	0	0	1	0

2. 建立可达矩阵。可达矩阵是用矩阵的形式来描述有向链接图各节点之间经过一定长度的通路后可达到的程度。利用 Matlab 软件求解可达矩阵，在 Matlab 中输入程序（见图 2）。

```
A=input('输入邻接矩阵');
A=[0,0,0,0,0,0,0,0,0;
   1,0,0,0,0,0,0,0,0;
   1,1,0,0,0,0,0,0,0;
   0,0,0,0,0,0,0,0,0;
   0,0,0,1,0,0,0,0,0;
   0,0,1,0,1,0,0,0,0;
   0,1,0,0,0,0,0,1,0;
   0,0,0,0,0,0,0,0,1;
   0,1,1,0,1,0,0,1,0;]
E=eye(size(A))
AO=A+E
F=0
while 1
    AN=AO*(A+E)>0
    if isequal(AO,AN)
        AN
        F=F+1
        break
    end
    AO=AN
    F=F+1
end
```

图 2　Matlab 可达矩阵求解

可得如表3所示结果。

表3 矩阵结果

	A1	A2	A3	A4	A5	A6	A7	A8	A9
A1	1	0	0	0	0	0	0	0	0
A2	1	1	0	0	0	0	0	0	0
A3	1	1	1	0	0	0	0	0	0
A4	0	0	0	1	0	0	0	0	0
A5	0	0	0	1	1	0	0	0	0
A6	1	1	1	1	1	1	0	0	0
A7	1	1	1	1	1	0	1	1	1
A8	1	1	1	1	1	0	0	1	1
A9	1	1	1	1	1	0	0	1	1

3. 划分层级。建立可达矩阵后，利用层级划分建立企业会计投入影响因素模型。$R(Ai)\cap Q(Ai)=R(Ai)$，其中，可达集 $R(Ai)$ 表示的是 Ai 所在行中含有1的元素所对应的列的集合，前因集 $Q(Ai)$ 是 Ai 所在列中含有1元素所对应的行的集合，当这两个集合的交集等于可达集时，可以得到新的可达矩阵（见表4）。

表4 新的可达矩阵

Ai	可达集 R(Ai)	前因集 Q(Ai)	$R(Ai)\cap Q(Ai)$
A1	1	1，2，3，6，7，8，9	1
A2	1，2	2，3，6，7，8，9	2
A3	1，2，3	3，6，7，8，9	3
A4	4	4，5，6，7，8，9	4
A5	4，5	5，6，7，8，9	5
A6	1，2，3，4，5，6	6	6
A7	1，2，3，4，5，7，8，9	7	7
A8	1，2，3，4，5，8，9	7，8，9	8，9
A9	1，2，3，4，5，8，9	7，8，9	8，9

4. 建立解释结构模型。根据上述计算结果可以得到解释结果模型，如图3所示。

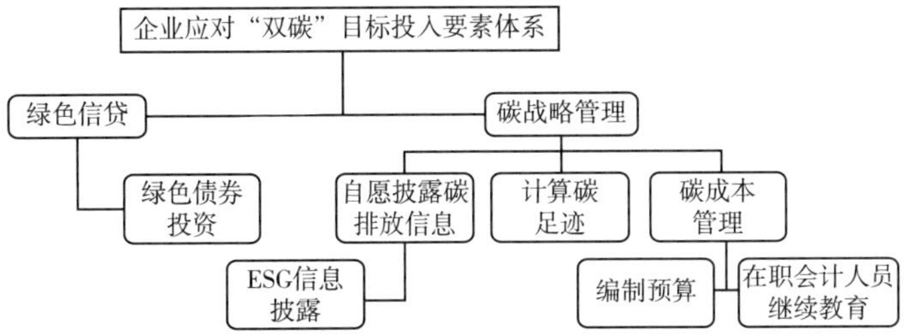

图3 解释结果模型

5. 企业应对“双碳”目标投入要素级联结构分析。从图3中可以看出，企业应对“双碳”目标投入要素体系是一个三层级联结构，每层之间反映了各个要素之间的逻辑关系：第一层为表层直接因素；第二层为中层间接因素，它们将对企业应对“双碳”目标投入造成间接的影响；第三层为深层根本因素，它是影响企业应对“双碳”目标投入最深层次的因素。可得直接性较强的影响因素所在的层级较高；概括性较强的影响因素所在的层级较低。此模型的机制可概括为直接原因（*L*1）很大程度影响或导致具体原因（*L*2）；具体原因（*L*2）汇总导致根本原因（*L*3）。

（1）根本原因（*L*3）分析。*ESG* 信息披露（*A*7）、编制预算（*A*8）、在职会计人员继续教育（*A*9）位于模型底层，没有与之对应的前因集，为 ISM 模型的传导机制奠定了基础，并基于此基础发挥着重要作用。通过对上述所有的因素进行解析，并基于此判断出每个因素影响的其他因素以及被哪些因素影响，可以得出 ESG 信息披露、编制预算、在职会计人员继续教育这三个因素是导致企业投入的根本原因。作为企业应对“双碳”目标投入要素的根本原因，分析问题时，首先应考虑最深层次、最基本的影响因素，通过层层信息传递，使得直接原因得以存在，要想改善根本原因内蕴藏的深层问题，在摸索中找到企业应对“双碳”目标的具体方案，必须从 ESG 信息披露（*A*7）、编制预算（*A*8）、在职会计人员继续教育（*A*9）这些因素入手，将工作重心放在优化完善这些影响因素，才能找到最佳切入点。

（2）具体原因（*L*2）分析。绿色债券投资（*A*2）、自愿披露碳排放信息（*A*5）、计算碳足迹（*A*3）、碳成本管理（*A*6）这四个因素与下一层级的三个根本原因之间相互影响。当最低层级的影响因素发生改变，高层级的影响因素也会因此而发生与之对应的变化。此外，计算碳足迹（*A*3）、碳成本管理（*A*6）也可以置于根本原因这一类中。但从另一个角度来看，碳成本管理（*A*6）的层级靠前，对其他因素与 *ISM* 模型具有较大的影响力，因此在研究分析问题时将它的优先级适当地作了修改与调整。

（3）直接原因（*L*1）分析。绿色信贷（*A*1）、碳战略管理（*A*4）位于模型的最高一层，故由此可以得出企业应对“双碳”目标投入问题的直接原因为这三个原因。这两个直接原因对企业投入要素的最终结果占主导地位，它们不是具有高度独立性的，而是受其他根本原因和具体原因的影响，企业应对“双碳”目标的措施是多种因素共同作用的结果。绿色信贷（*A*1）、碳战略管理（*A*4）是企业投入最直接、最密切相关的主导因素，因此对于它们在后续的改善将会很大程度影响检验方案的效果。

（三）企业应对“双碳”目标投入要素的影响力分析

ISM 法定性地分析了影响企业投入的因素，但是没有具体的定量结果，因此利用层次分析法继续研究。层次分析法（Analytic Hierarchy Process，AHP）是一种在定性分析和定量分析两个维度把复杂的系统问题清晰化的数据分析方法。

1. 建立投入要素指标体系。对企业应对“双碳”目标投入要素进行分析，从碳信息披露、碳资产管理、资源配置、碳会计教育投入四个方面建立企业投入要素指标体系。

2. 计算权重。结合 ISM 分析结果，通过解释结构模型分析较低层对较高层的影响程度，利用 SPSSPRO 等软件计算出各级指标所对应的权重，并按照标度法和专家打分法对 AHP 指标体系进行打分。经检验，判断矩阵一致性比例 *CI* 值为 0.0802、*RI* 值为 0.882、*CR* 值为 0.0909，符合一致性要求。

（四）分析步骤

1. 填写判断矩阵，构建主观评价矩阵。

2. 在本次分析中采用方根法求取特征向量，并据此可以得到并导出各项指标的权重数值（见表5）。

表5　各项指标的权重数值

指标	碳信息披露	碳资产管理	资源配置
碳信息披露	1	0.3333	0.5
碳资产管理	3	1	1.3333
资源配置	2	0.75	1
碳会计教育	0.2	0.25	0.4

3. 导出一致性检验结果，重新检查之前所建立的矩阵是否有错误存在。若有错误存在，那么必须再次建立正确的矩阵。

4. 层次分析法（AHP）分析结果（见表6）。

表6　AHP 层次分析结果

项	特征向量	权重值	最大特征根	CI 值
碳信息披露	0.9554	0.2023	4.2405	0.0802
碳资产管理	2	0.4235		
资源配置	1.3916	0.2946		
碳会计教育	0.3761	0.0796		

输出结果1：层次分析法（AHP 分析结果）。

输出结果2：AHP 层次分析结果。

（1）图表说明：表6展示了层次分析法的权重计算结果，根据结果对各个指标的权重进行分析。

（2）智能分析：层次分析法（方根法）的权重计算结果显示，碳信息披露的权重得分为 0.2023；碳资产管理的权重得分为 0.4235；资源配置的权重得分为 0.2946；碳会计教育的权重得分为0.0796。

输出结果3：一致性检验结果（见表7）。

表7　一致性检验结果

最大特征根	*CI*值	*RI*值	*CR*值	一致性检验结果
4.2405	0.0802	0.882	0.0909	通过

（1）图表说明：表7展现了一致性检验结果。

（2）智能分析。层次分析法的计算结果显示，最大特征根为4.2405，根据RI表查到对应的RI值为0.882，因此$CR=CI/RI=0.0909<0.1$，通过一次性检验。

通过ISM-AHP模型可以直观看出碳信息披露的权重得分为0.2023；碳资产管理的权重得分为0.4235；资源配置的权重得分为0.2946；碳会计教育的权重得分为0.0796。这说明在会计投入要素指标中，碳资产管理投入占据绝大部分的权重；其次是碳资源配置；然后是碳信息披露；最后是碳会计教育。

四、研究结论

（一）企业财务会计对外做好碳信息披露

碳财务会计是企业对外报告的途径。企业主要是通过财务报表的形式将碳交易信息提供给外部信息使用者。所以企业财务会计应吸收借鉴目前已有的先进理论成果，例如，国际会计准则理事会针对低碳会计颁布了相关准则，如《国际会计准则》《美国财务会计准则》等都涉及碳排放权及其交易的问题。做好对外碳信息披露，如会计确认方面：明确碳配额归属哪一会计要素，如何进行会计披露，将会计信息披露与碳排放结合起来，区分并定义碳资产、碳负债、碳所有者权益、碳收入、碳费用和碳利润；会计计量方面：碳排放配额如何计量，像这类环境资源如何计量更能体现会计目标同时讲究成本效益原则，用货币计量是否存在困难，是否需要实物计量与货币计量相结合，如何计价、如何追踪其使用情况等可进行研究；碳会计如何记录和报告，将低碳经济与现有会计准则结合是否能有更好的创新等。

（二）企业管理会计对内做好碳资产管理

碳配额作为一项资产，管理者需要管理会计提供相关会计信息以支持他做出有效决策。在获得碳配额时，管理会计首先做好碳预算制定标准成本，后计划并实施：一是有意识地控制碳排放量，投入经费研发环保工艺技术，做好长远打算；二是资产管理，将多余碳配额通过质押、托管、借碳、低买高卖等方式盘活，获取额外收益。事后，通过分析标准与实际之间的差异，找到原因，不断改进成本控制与相关决策，优化成本结构，提高企业经营质量。

（三）发展绿色金融

将碳会计与绿色金融有效结合起来。减少碳排放必然督促企业在相关技术方面进行创新，由此可能需要大量研发成本，此时可能需要通过绿色信贷，通过发展绿色金融增强重污染企业的筹集资金的能力，促进低碳经济能够持久发展；且金融政策向低碳型企业倾斜，向市场释放绿色发展信号，发挥一定的引流作用，吸引资金资源导向低碳企业，进而激励更多企业开发环保生产新技术，逐步实现生产低碳化。

（四）加强碳会计教育

时代在发展，碳会计相关配套教育也应跟上，对在职会计人员进行继续教育，监管机构也要与时俱进，了解现有会计准则和会计政策，以期提高企业的财务信息质量。审计人员也需要掌握一定的碳会计知识，以保证审计方可以真实公允地出具审计意见。企业、事务所、高校可强强联合。企业提供实际案例；事务所提供专业会计技术；高校不仅需要教会学生相关会计知识、经管知识，还要将会计与环境资源学科大数据结合起来。综上所述，再将理论与实践相挂钩，培育复合人才。

参考文献

［1］盛春光，牛晓一，赵晓晴．碳中和背景下企业机构投资者、碳信息披露与财务绩效关系的研究［J］．对外经贸，2021（02）：110－114．

［2］周畅．碳中和战略下会计领域的研究思考［N］．中国会计报，2021－09－17（015）．

［3］潘施琴，汪凤．碳信息披露水平能否提升企业财务绩效？——基于上证 A 股的实证经验［J］．安徽师范大学学报（人文社会科学版），2019，47（06）：133－141．

［4］白世秀，王宇．碳信息披露研究综述——基于国内核心期刊文献的分析［J］．财会通讯，2018（28）：44－48．

［5］马仙．重污染行业上市公司碳信息披露与公司绩效的关系研究［D］．北京：首都经济贸易大学，2016．

［6］IIGF 碳交易网．碳会计工作范围界定及对中国发展碳会计的一些政策建议［J/OL］．2019－04－18．

［7］王爱国．我的碳会计观［J］．会计研究，2012（05）：3－9，93．

［8］胡姣姣，张宸．低碳经济下低碳会计的发展及对策分析——以 M 公司为例［J］．投资与创业，2021，32（21）：109－111．

［9］宋蕊彤．企业低碳会计问题研究［D］．长春：吉林财经大学，2017．

后疫情时代下国潮品牌数字营销的优化路径探究

——以中国李宁为例

高一涵　艾丽西努尔·图尔荪　田帛玄　岳怡菲　张玮函

一、绪　论

（一）研究背景

1. 政策背景。党的十八大以来，中华民族传统文化优秀成果的继承和发展问题得到了党中央的高度重视，将民族文化的传承看作是中华民族最深沉的精神追求，创新和发展传统文化也是推进中华民族现代化进程的重要内容。党中央的呼吁与引导极大地激发了青年一代对国家民族文化的认同感和归属感，从而对国潮品牌的创新性转化和发展起到了一定的推动作用。

国潮品牌在一定程度上体现着中国社会的发展理念，代表着中国形象，加强国潮品牌的建设，能够为国土品牌提供有利的发展环境，提高国潮品牌的国际影响力，同时在一定程度上也能够拉动中国经济的增长，促使中华优秀传统文化走出国门，走近世界舞台中央。

2. 现实背景。

（1）人民群众对国潮的认可度越来越高。在抵抗疫情过程中展现出我国的国力不断增强，人们对民族文化的自信心和认同感也不断增强。现在“90 后”和“00 后”逐步进入消费市场，更乐意接触新鲜事物，而且更期望展现自我和表达自我，同时拥有文化理性和需求，比如看重品质、热衷创意，国潮品牌不仅追求中国当下时尚潮流特色，且蕴含了中国传统文化，更加具有时尚感，合乎年轻群众对潮流的理解。

（2）“中国制造”保质价更低，市场竞争力强。2020 年，新冠疫情在各国肆虐，与此同时我国与各个大国的贸易摩擦一直在增加。一方面，海外工厂因形势停止运作，供应源形成缺口；另一方面，海外商供应渠道减小，以至于不能保持正常的物流，人们的需求面向国内市场。而中国已做好供给侧方面长期改革战略，2020 年 5 月 14 日召开的中共中央政治局常委会会议首次提出构建“以国内大循环为主体，国内国际‘双循环’相互促进的新发展格局”，将会使国内市场占上风的同时增大本国的需求，在此环境下国潮品牌在与海外品牌竞争方面更有优势。

（3）通过互联网等渠道的数字化新型营销手段兴起。后疫情时期，数字化营销助力国潮品牌发展。数字化营销是借助数字化的传播渠道来进行产品的输出，目的是用更低的成本与消费者进行交易。随着互联网的快速发展和普及，以及疫情后市场经济发展趋势的逐渐恢复，以互联网为主带来的多样化宣传模式如电商、短视频、直播等迅速发展，以更加鲜明生动的表现方式吸引了大批消费者和资金流量，借助互联网与商家合作销售、利益共享，这种新颖的收货方式连续冲击着传统媒介。

（二）国潮品牌发展现状

1. 品牌形式与发展。

（1）品牌表现形式。中国李宁以开拓新市场为主，产品设计理念多是与中国传统文化元素相关，将中国传统文化提炼为品牌内核，强调产品与品牌态度的融合式推广。企业成功的关键是创造功能价值点、提升情感附加值、实现品牌化升级、增强数字化经营、实现商业化运营。中国李宁注重中国元素的产品设计和跨界联名，开辟新的产品线，产品有既定的品牌内涵，强调国潮产品线的推广。企业成功的关键在于要有明确的品牌与产品线定位、清晰的产品线规划、基于数字化的产品开发实现国潮产品线的深化运作。

（2）产品发展趋势。中国文化品牌发展历程分为五个阶段，目前正处于成长期。在成长期的筑底阶段，科技品牌崛起扭转了固有印象，国潮的品牌推广更注重品质、工艺、科技创新等诉求，一举扭转了消费者对中国品牌质量差等传统印象。在成长期的回归阶段，“国风＋记忆”迎来传统品牌回归，中国李宁结合潮流设计和创新传播，通过唤醒消费者记忆来掀起传统品牌回归浪潮，新国风品牌迅速跟进。

2. 品牌经营模式与成效——以中国李宁为例。

（1）经营模式。在经营模式中传承中国文化，努力以产品为载体，传承和推广中国传统文化。20 世纪初消费人群的老龄化，使得我国李宁公司步入了新品牌的低潮阶段，但之后公司又敏锐地找到并掌握了国潮的新出路，通过进一步深入研究和发掘我国传统文化的思想精华，并遵循国旗典型的红黄颜色，成功研制了“中国李宁”汉字版的象征性印章图形，在设计上突破了单一的体育设计风格，实现了中国传统民族文化、潮牌设计风格与现代体育元素的有机融入。

（2）经营业绩。2020 年受到疫情的冲击，服饰行业上半年净利润都稍有下降，但李宁公司针对疫情下的社会经济背景，居民居家购物常态化的情况迅速做出调整，经营业收入益仍然处于上升趋势。

如图 1 所示，截至 2021 年 6 月 30 日，李宁公司营业收入增长 65%，超出招商香港、华泰证券等机构预测的 30% ~38% 的增长率，也几乎赶上了 2018 年全年的总营业收入（105 亿元）。净利润上升 187% 至 19. 62 亿元，超过 2020 年全年（16. 98 亿元），其中前三个月净利润 7. 09 亿元，超过 2020 年上半年（6. 8 亿元），净利率由 11. 1% 提高至 19. 2%。

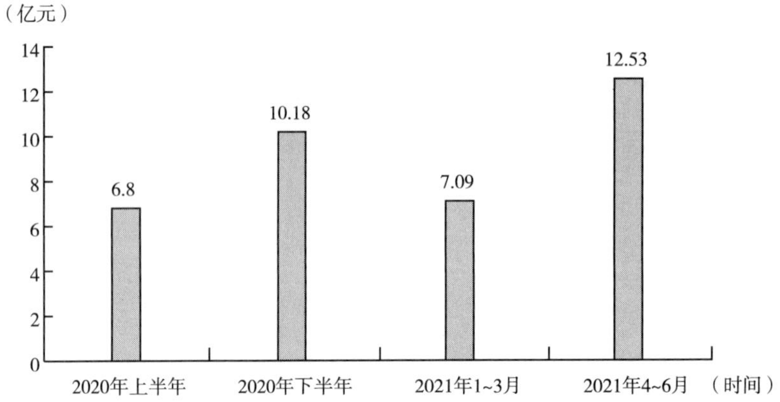

图 1　2020 ~2021 年李宁品牌净利润

李宁公司在 2020 年的库存规模仅 13. 46 亿元，表明在收益提升的同时“去库存”工作表现良好，管理库存的能力都有所提高。相较于 2019 年，2020 年的存货周转期缩短至 67. 3 天。2020 年，应收账款规模稳步缩小至 12. 27 亿元，应收账款管理能力增强，应收账款周转期同比缩短 4. 21 天，有明显改善。

如表 1 所示，中国李宁在 2020 年继续优化渠道结构，推出了全渠道融合的新模式，开展新零售业务，线上渠道营业收入实现快速增长，占比已由 24% 增长至 29%。线下批发营业收入同比增长 1. 2%，线上电商营业收入同比增长 26. 05%，有效缓解线下直营渠道营业收入减少带来的负面影响，为营业收入及业绩增长提供强劲动力。

表 1　　2017 ~2020 年中国李宁渠道营业收入情况　　单位：亿元

渠道营业收入情况	2017 年	2018 年	2019 年	2020 年
线下渠道	69. 23	80. 41	104. 86	101. 92
线上渠道	16. 58	22. 18	31. 21	40. 48
直营渠道	27. 07	31. 32	36. 20	32. 67

续表

渠道营业收入情况	2017 年	2018 年	2019 年	2020 年
分销渠道	42.15	49.09	68.66	69.25
国际市场	2.38	2.52	2.64	2.17

二、调研概述

“国潮经济”兴起，对于经济、社会、文化乃至中国国家形象具有重大影响，在双循环经济格局战略背景下，国内市场内需不断扩大，国货渐强，国潮渐起。“国潮”实现了从单一实用属性到成为文化纽带与精神图腾这一巨大转变，“国潮”的出现成为体现文化禀赋与科技元素的出圈潮流。

2019 年，中美贸易摩擦导致关税上涨，我国进出口贸易受阻，激发了中国消费者的爱国情绪与国货购买欲望。2020 年疫情的暴发，对全世界的贸易经济造成了巨大的影响，消费者纷纷转向国内市场，同时促使消费者消费结构发生巨大转变。而且近几年数字化经济的迅猛发展，是“老字号”国潮品牌转型升级的“黄金时期”，数字经济融入实体，拓宽了消费渠道，为经济转型增添了动能。这些都成为国潮品牌发展的契机。

三、研究过程

（一）研究思路

将中国李宁的品牌经济效益贡献因素作为切入点，以后疫情时代下国家对国潮品牌的政策性支持、数字化背景下国潮品牌的创新升级和国潮品牌近几年的蓬勃发展为研究背景，通过发放调查问卷及实地调研访谈，将搜集的道德数据进行整理，构建分析模型，对为国潮品牌带来经济效益的因素进行理论和实证分析，最后根据各因素影响权重，为国潮品牌在后疫情时代这一挑战前由“生长期”进一步向成熟期发展提出合理化建议。

（二）研究方法

拟采用因子模型分析法对中国李宁品牌经济效益贡献指标进行测量，比较中国李宁转型国潮品牌前后品牌经济效益的变化，探究各指标对中国李宁品牌经济效益的影响。因子分析模型流程如图2所示。

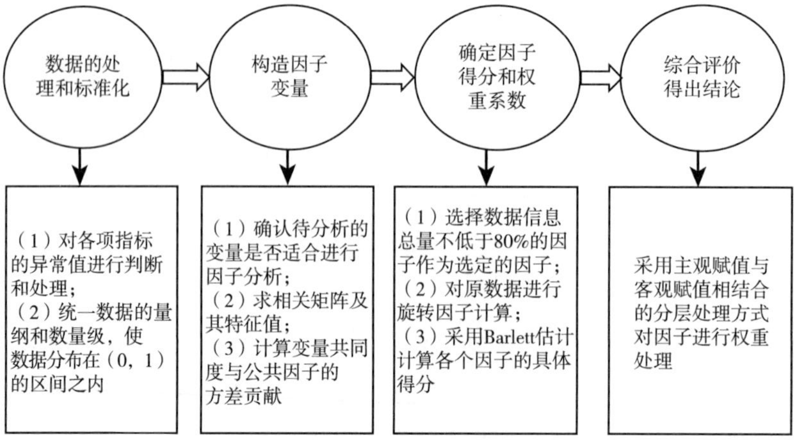

图2　因子分析模型流程

四、调查结果分析

本次调查一共收到263人填写的问卷，经过筛选有效问卷222份，下面对问卷数据进行统计分析。

（一）问卷数据的描述性统计分析

在本次有效填写问卷的222人中，男性有83人，占总被调查人数的37.4%；女性有139人，占总被调查人数的62.6%，女性消费者人数显著高于男性消费者人数。

李宁品牌的主要购买人群是18～25岁年龄段的青年群体；其次为26～40岁、41～55岁群体；18岁以下和56岁以上的群体较少在李宁品牌进行消费。大多数人在李宁的过往消费总金额在1000元以下，回购次数较少。18～25岁的李宁品牌的主要消费人群大部分没有在该品牌消费超过2000元，而26～40岁、41～55岁的消费者人群在李宁品牌的消费则比较稳定，这两个群体将近半数会多次回购李宁的商品，累计消费金额较大。问卷第20题调查了消费者对李宁品牌各类产品的喜爱程度。结果显示，在222位被调查者中，有95人最喜爱的李宁品牌产品是鞋子，是李宁受欢迎单品之最。依次是服装、帽子和包。

根据中国李宁品牌自身定位、大众访谈的印象、各社交媒体高讨论度相关话题选出“简单、朴实、大众”“前卫、时尚、未来”“青春、活力、进取”“运动、速度、力量”“某项特定运动”和“某运动明星”这六个标签供被调查者进行选择。大多数被调查者对李宁品牌的印象是“青春、活力、进取”和“运动、速度、力量”，绝大部分人对李宁品牌有一个较正确的理解。

自中国李宁转型国潮品牌以来，其产品外型设计风格广受好评，但也不免夸张、不实用等争议。对此向消费者进行了调查。调查结果显示，超过半数的被调查者认为李宁产品的外形设计“非常好看”或者“比较好看”，说明转型以来李宁的产品外型设计确实是其品牌一大优势，受到了消费者的普遍认可。

根据中国李宁门店线下调查结果、大众访谈的印象、各社交媒体高讨论度相关话题词条选出“产品款式应该更新”“售后服务应该加强”“价格应该降低”和“产品质量应该加强”这四条建议对消费者进行调查。调查结果显示，大部分顾客对李宁品牌的建议是产品款式更新，同时适当降低产品的价格。

第 17 题就消费者心中李宁品牌的产品优势有哪些进行了调查。调查结果显示，质量好是李宁产品最广泛受到认可的一个优势，个性化明显和价格合理也是李宁品牌明显的优势，分别占比 29. 8%、21. 9% 和 20. 9%。这与前面的调查结果中消费者表示看重产品的质量和价格得到的结论是前后呼应的。

第 18 题就促使消费者在李宁品牌消费的影响因素进行了调查。调查结果显示，商品的价格和质量对消费者是否选择该品牌进行消费影响程度最大，分别占比达到 24. 5% 和 21. 0%。

第 19 题就促使消费者在李宁品牌消费的品牌活动类型进行了调查。调查结果显示，促销打折和换季打折是消费者最喜爱的两类促销活动，分别占比达到 26. 6% 和 23. 9%。

自 2017 年转型以来，中国李宁在国潮的发展道路上走出了深远的步伐。这次还调查了消费者是通过何种途径了解到李宁品牌转型国潮品牌这一消息的。调查结果显示，大部分人是通过中国李宁相关的新闻报道、线下门店装修风格及产品变化和社交软件的分享和讨论了解到这一信息的。总体来说，李宁的品牌宣传做得比较成功。

在调查完消费者对国潮品牌的了解程度后，研究组进一步就消费者对国潮品牌的满意度进行了调查。调查结果显示，绝大部分的消费者对国潮品牌的发展和消费体验给出了中上等的评价，并表示会进一步支持国潮品牌的发展。

（二）基于因子分析法的李宁经济效益实证分析

采用因子分析模型建立对李宁经济效益的评估体系。首先，采用数据标准化方法对采集到的数据进行标准化处理，将数据的量纲与数量级统一，并建立相关的矩阵；其次，确定公共因子，构造因子变量；然后，主客观相结合对不同的指标重要性程度进行赋权处理，用原指标的线性结合确定因子得分；最后，在建立的评价指标体系以及评价指标重要性系数的基础上，运用加权平均方法构建中国李宁经济效益贡献因素的评估模型。中国李宁的经济效益是由所有指标的综合作用所决定的，所以对各指标采用加权平均方法计算经济效益。实证分析过程如下。

1. 相关性检验。因子分析的前提是各因素之间存在相关性，因此必须要对7个指标之间的相关性进行研究，从而得到相关系数矩阵表来进行相关性判断。利用SPSS软件对数据进行KMO检验和Bartlett球形检验，结果如表2所示。

表2　　KMO和Bartlett的检验结果

取样足够度的Kaiser-Meyer-Olkin度量		0.717
Bartlett的球形度检验	近似卡方	82.148
	df	10
	Sig	0.000

检验结果显示，各因素之间相关性良好，适合进行因子分析。

2. 因子分析并确定权重。利用SPSS软件，对上述检验后的数据进行因子分析得到结果，并用熵值法确定各因素对李宁经济效益影响的权重，结果如表3所示。

表3　　各因素对李宁品牌经济效益决定权重检验结果

变量	变量名	贡献度（%）
x_1	产品外形设计	32.017
x_2	产品质量	22.228
x_3	产品的性价比	17.548
x_4	消费体验	16.185
x_5	广告宣传评价	12.022

根据因子分析结果，各因素中对李宁品牌经济效益影响程度最大的是产品的外型设计，贡献度为32.017%；其次分别是产品质量、性价比、消费体验和广告宣传评价，贡献度分别为22.228%、17.548%、16.185%和12.022%。

（三）综合效益分析

结合调查问卷结果和实证分析结果，我们对影响李宁经济效益的因素做如下总结：（1）产品的质量和价格以及性价比合适是影响其品牌经济效益发展的决定性因素；（2）李宁产品的个性化非常明显，其中鞋子和服装类产品也因此广受喜爱，品牌应坚持向该方向进一步发展；（3）当下多数消费者在国潮品牌进行消费受爱国心理影响较大，若刨除该因素很可能不会进一步选择该品牌的产品，国潮品牌应该在目前快速发展的同时进一步提升产品的质量并控制性价比，逐渐让优质特色的国潮产品成为品牌发展的核心。

五、规范性建议

基于前文中的问卷结果分析和访谈调研结果，针对中国李宁这一国潮品牌给出以下几点建议。

1. 丰富产品种类，拓展受众群体。在李宁的所有产品中，鞋子这一单品广受大众喜爱，相比较而言，其他单品如帽子和包的反馈并不尽如人意，因此，为提高品牌的综合竞争力和经济效益，李宁还需要在其他运动单品上“下功夫”，拓展产品种类，全方位提升各种产品的销售量，从而提升在市场的整体表现。

2. 突出创新理念，明确品牌定位。“青春、活力、进取”和“运动、速度、力量”是大部分消费者对李宁品牌的认知，可见李宁在大众眼中是相对年轻化的品牌。随着消费主义盛行而成长起来的年轻一代消费者们更加追求辨识度、新颖独特以及原创的设计。为迎合广大消费者对李宁品牌的期望，李宁公司更应继续保持其现有的创新力，并在此基础上继续不断更新公司的品牌战略，科学进行品牌定位，突出品牌内涵的独特性，构建切实有效的品牌营销方案，不断提升品牌的知名度以及美誉度，从而提升客户对于企业品牌的忠诚度。

3. 优化管理运营体制，细化环节管理。李宁公司应优化内部的管理运营体制，在系统了解消费者需求和品牌市场表现的基础上建立品牌导向的现代营销管理机制并将其制度化执行，并且以市场为导向完善产品开发的管理流程。在此基础上挑选合格的品牌及媒介代理，找到符合品牌定位的创意及传播策略。在管理细节上，要确保市场研究费用和品牌代理及创意制作占市场预算的比例、重视员工培训和人员素质的提升、引进产品经理，使公司营销机制走向专业化等在销售方面，可以定期开展促销打折和换季打折等活动，提升销售额。

4. 改进产品款式，提高产品性价比。自转型以来，李宁的产品外型设计确实是其品牌一大优势，不少消费者对李宁产品的外型表示非常满意，但也有近半数消费者表示一般或不太满意。且大多数人消费李宁产品的过程中爱国心理的影响程度达到了50%以上。这本身不是一件坏事，但是利用消费者的爱国心理让消费者买单并非国潮品牌发展的长远之计。因此，李宁公司需要继续在产品差异化方面下功夫，不仅要加大创新资本投入，更要广泛获取当下潮流资讯，紧抓时尚脉络，以提升产品的不可替代性。

六、总　结

从整个市场来看，2012～2016 年全球服饰的增长率大概在 3%～4%，而潮流品牌的消费增长率是约为25%。换个角度看，中国的GDP占全球约15%，但中国的潮流品牌仅占全球的2%～3%。这些数据表明，国潮品牌在增长速度和消费比例两个方面都具有很大的增长空间。

国潮企业是中国经济体系中的重要一环，在后疫情时代，除了要重视品牌的经济效益，作为国潮企业还必须始终秉承强烈的社会责任感，坚持严谨、认真的工作态度，形成独立的企业文化特色，从迎合消费者到吸引消费者，从主动宣传到口口相传，努力进取、开拓创新，向着成为百年品牌的终极目标不断努力。国货崛起，将不再是梦。

参考文献

[1] 程建华. 数字经济背景下我国传统专业市场转型突围路径研究——以浙江省为例[J]. 南京理工大学学报（社会科学版），2021，34（05）：70－77.

[2] 徐梦迪. 中国李宁的国潮生意[J]. 销售与市场（管理版），2021（10）：91－93.

[3] 梁湘. 国潮经济发展观察[J]. 财富时代，2021（09）：21.

[4] 赵越. 浅析国潮服装市场发展现状及未来新趋势[J]. 明日风尚，2021（16）：150－152.

[5] 刘庆全，蔡小锦，王昱丹. 承运动基因，融国潮精髓——李宁品牌复兴之路[J]. 企业管理，2021（08）：68－71.

[6] 张勃森. 传统文化认同背景下本土企业品牌重塑研究——以李宁品牌为例[J]. 新闻传播，2021（02）：23－25.

[7] 赖媛. 基于互联网新技术的营销沟通模式变革[J]. 商业时代，2007（34）：22－23.

[8] 赖海鑫. 新经济时代市场营销发展新趋势及其应对策略研究[J]. 海峡科技与产业，2019（07）：6－8.

[9] 裴艳丽，高洁. 市场发展新趋势下市场营销专业创新发展方向研究[J]. 中国集体经济，2019（28）：154－155.

[10] 冯立洁. 2020十大崛起国潮品牌[J]. 中国广告，2021（02）：28－31.

[11] 王雨佳，任丽珺，丁新洁. 国潮品牌跨界营销案例分析——以李宁X红旗汽车为例[J]. 中国市场，2020（24）：136－137.

[12] 张丽. 国产品牌崛起，创新能力增强：刘挺院长在央视财经频道“对话”中国家电[J]. 家用电器，2019（04）：27.

[13] 余来辉. 将李宁进行到底——浅析李宁品牌叙事[J]. 网络财富，2008（05）：70－72.

[14] 吴玉堂. 李宁公司战略成本管理分析[J]. 合作经济与科技，2021（02）：75－77.

[15] 瑾歆. 李宁“潮”前走[J]. 中国服饰，2019（08）：34－35.

[16] 杜玫. “国潮”服饰品牌的设计研究[J]. 中外鞋业，2019（08）：21－25.

[17] 李红岩，杜超凡. “国潮”传播视域下的民族文化推广——基于对统万城文化的考量[J]. 社会科学家，2019（06）：137－144.

[18] 李俊斌. 李宁品牌：国货潮流的引领者[J]. 企业文明，2020（04）：111－112.

[19] 骆腾昆. 李宁运动品牌发展生命周期和营销策略[J]. 当代体育技，2020，10（29）：251－

253, 256.

[20] Khajavi Siavash H. Additive Manufacturing in the Clothing Industry: Towards Sustainable New Business Models [J]. Applied Sciences, 2021, 11 (19).

[21] Alonso-Martinez Daniel, De Marchi Valentina, Di MariaEleonora. The sustainability performances of sustainable business models [J]. Journal of Cleaner Production, 2021 (323).

[22] Liang Pingou, Liu Qiang. Research on the Impact of Brand Marketing on the Quality of Brand Relations Based on Brand Strategy [A]. Institute of Management Science and Industrial Engineering. Proceedings of 2019 3rd International Conference on Education Technology and Economic Management (ICETEM2019) [C]. Institute of Management Science and Industrial Engineering: 计算机科学与电子技术国际学会 (Computer Science and Electronic Technology International Society), 2019: 5.

[23] Zhang Honglei, Zang Zhenbo, Zhu Hongjun, Uddin M. Irfan, Amin M. Asim. Big data-assisted social media analytics for business model for business decision making system competitive analysis [J]. Information Processing and Management, 2022, 59 (1).

冰雪消融，冰墩墩何去何从
——后冬奥时期冰墩墩 IP 元素用户感知分析与市场机会挖掘

丁小龙　刘李伟　张晓雯　王征姚　王乐瑶

一、研究背景与意义

自 2014 年起，IP 粉丝经济逐渐兴起，我国文创事业迎来新发展局面，带来诸多经济和社会效益。2022 年初，北京冬奥会的召开为吉祥物冰墩墩带来了发展契机。短短时间内，冰墩墩收获无数粉丝，相关周边产品也得到了一定程度的开发。然而，随着冬奥会的落幕，吉祥物新经济能否实现可持续性发展？回归事物本质，冰墩墩这一立体生动的 IP 形象该如何运营打造？在这样的背景下，本项目以用户感知分析和市场机会挖掘为视野，探究冰墩墩 IP 元素系列产品的受众特征、忠诚度现状及影响机制。

研究意义包括：（1）探究冰墩墩“一墩难求”的原因，探索其成功之道；（2）优化冰墩墩系列产品消费体验，提高消费者忠诚度；（3）基于消费者视角，为延续冰墩墩系列产品生命周期提供新思路。

二、调查方案

（一）调查对象和单位

调查对象：武汉市城镇常住居民总体。

调查单位：武汉市每一个城镇常住居民。

（二）研究思路（见表1）

表1 **调查项目**

类别	项目	选项
调查对象基本信息	性别	（1）男
		（2）女
	年龄	（1）18岁以下
		（2）18～24岁
		（3）25～30岁
		（4）31～40岁
		（5）41～50岁
		（6）51～60岁
		（7）61岁及以上
	最高学历	（1）小学及以下
		（2）初中
		（3）高中
		（4）大学专科
		（5）大学本科
		（6）硕士研究生及以上
	职业类型	（1）学生
		（2）政府/机关干部/公务员
		（3）企业管理者
		（4）普通职员
		（5）专业人员
		（6）普通工人
		（7）商业服务业职工
		（8）退休人员
		（9）待业人员
		（10）其他（请注明）
	税后月收入	（1）小于3000元
		（2）3001～5000元
		（3）5001～8000元
		（4）8001～15000元
		（5）大于等于15001元

续表

类别	项目	选项
调查对象基本信息	月娱乐购物支出	（1）小于 300 元
		（2）301～500 元
		（3）501～1000 元
		（4）1001～1500 元
		（5）1501 元以上
	是否对冰墩墩 IP 元素感兴趣	（1）是
		（2）否
	是否购买过冰墩墩 IP 元素系列产品	（1）是
		（2）否
	在冰墩墩元素系列产品上花费的金额	（1）小于 100 元
		（2）101～200 元
		（3）201～500 元
		（4）501～1000 元
		（5）1001 元以上
产品感知	产品质量	（1）非常不满意
	产品价格接受度	（2）不太满意
	产品种类丰富度	（3）一般
	产品实用性	（4）比较满意
	购买渠道便利性	（5）非常满意
宣传感知	官方政治宣传力度	（1）非常不满意
	社交媒体宣传力度	（2）不太满意
	优惠促销服务力度	（3）一般
	娱乐活动宣传打造力度	（4）比较满意
	明星感召效应力度	（5）非常满意
服务感知	售后服务保障	（1）非常不满意
	服务人员素质	（2）不太满意
	物流效率	（3）一般
	店面布置设计（线下店面装潢或者线上网页设计）	（4）比较满意
	包装精致程度	（5）非常满意

续表

类别	项目	选项
文化意蕴认同	健康、活泼、可爱的国宝熊猫的整体形象	（1）非常不符合
	强壮体魄、坚韧意志和鼓舞人心的奥林匹克精神	（2）不太符合
	科技感	（3）一般
	民族文化价值观	（4）比较符合
	萌系文化	（5）非常符合
	创新精神文化	
忠诚度感知	继续购买意愿	（1）非常弱
	推荐意愿	（2）较弱
	竞争产品免疫力	（3）一般
	产品价格敏感度	（4）较强
	产品质量事故承受力	（5）非常强
文本挖掘	您觉得冰墩墩元素系列产品的优势与独特之处在哪里？ 您最重视该产品的哪些特质？	

三、调查方案

1. 分层抽样。运用分层抽样的方法将总体划分为两层。武汉市有 13 个辖区，其中江岸区、江汉区等 7 区为中心城区；东西湖区、蔡甸区等 6 区为远城区。因此将总体分为两个层次，即中心城区和远城区，如表 2 所示。

表 2　　分层抽样样本比重

分层	所含社区数	所占比重
中心城区	884	0. 6837
远城区	409	0. 3163
总计	1293	1

2. 三阶段抽样。第一阶段的 PPS 抽样：在分得的两层的各层内独立地进行三阶段抽样。以第一层为例，第一阶段初级抽样单元的抽取采取概率比例规模抽样方法，该方法是放回的不等概率抽样，即每个行政区的入样概率是不等的，是与该区所含最终单元个数大小成正比的，即与该区的常住人口数成正比。根据每一层财力、物力、人

力等多重现实因素的考虑确定每一层的总体中抽取多少初级抽样单元，利用 PPS 法进行初级抽样单元的抽取时运用代码法进行实施。即赋予每个行政区与该辖区人口数相同的代码数，将代码数依次进行累加，利用计算机产生 5 个 1～6401972 的随机数，随机数所属的代码范围对应的行政区入样，就构成了中心城区层的初级抽样单元。远城区层初级抽样单位的选取和第一层的选取方法完全相同，最终共抽出 7 个区，按照比例，中心城区抽出 5 个区，远城区抽出 2 个区。具体如表 3 所示。

表 3　中心城区代码法抽样

	序号	区名	常住人口数（人）	累计（人）	代码范围	随机产生数	抽中	抽中再编码
中心城区	1	江岸区	965260	965260	1～965260	327946	是	1
	2	江汉区	647932	1613192	965261～1613192	1390902	是	2
	3	硚口区	666661	2279853	1613193～2279853	2101343	是	3
	4	汉阳区	837263	3117116	2279854～3117116		否	
	5	武昌区	1092750	4209866	3117117～4209866	3873563	是	4
	6	洪山区	1728811	5938677	4209867～5938677	4482149	是	5
	7	青山区	463295	6401972	5938678～6401972		否	
远城区	1	江夏区	974715	974715	1～974715	357379	是	1
	2	汉南区	481338	1456053	974716～1456053		否	
	3	东西湖区	845782	2301835	1456054～2301835	178654	是	2
	4	蔡甸区	554383	2856218	2301836～2856218		否	
	5	黄陂区	1151644	4007862	2856219～4007862		否	
	6	新洲区	860377	4868239	4007863～4868239		否	

第二阶段的分层抽样：第一层的第二阶段为从第一层的初级抽样单元中抽取二级单元，即从每个被抽取的城区中抽取入样社区。第二阶段采用分层抽样的方式进行抽样，由于每层的人口数都是不同的，权数由每个行政区人数比例决定将第一阶段抽出的行政区的所有社区列进 Excel，乱序后，从 1 开始编号排序。基于实施的便利性以及对调查成本的考虑，决定从中心城区抽取 10 个社区；远城区抽取 4 个社区展开调研。

具体在每层中使用简单随机抽样，利用 Excel 生成随机数表，从第 5 行第 3 列开始抽取，即设置（5，3）为起点，依次向右一共抽取 10 个样本。第二层二级单元的取法也和第一层第二阶段的抽取相同。结果如表 4 所示。

表 4　随机数表抽样

	序号	行政区	所含社区数（个）	入样号码	对应社区名
中心城区	1	江岸区	136	105、123、016	同兴、韦桑、惠济
	2	江汉区	112	189	塔子湖
	3	硚口区	129	324、298	韩家墩、硚北
	4	武昌区	138	389、423、486	铁机、梅隐寺、武珞
	5	洪山区	143	601	关山口
远城区	1	江夏区	399	072、318	金水闸、栗庙
	2	东西湖区	133	487、528	蔡家台、官塘角

第三阶段系统抽样：第三阶段是从入样社区中抽取被访者，考虑了人力因素和问卷回收效果，同时也为了在有限的时间内获取足够的样本，采取系统抽样的方式，在社区周边拦访调查，每隔 3 人，拦访 1 名路过的行人填写调查问卷。若拒绝填写，则找相邻的下一位路人来替换填写，提高填写率。每个社区抽取的被调查者人数为预调查中得到每个社区的最佳样本量。

四、正式调查数据检验

通过计算和资料查阅，设定抽样设计效应 deff 为 1.82，进一步计算得到最佳样本量为 1080 份，并依据预调查回答率 95% 得到最终样本量 1137 份，在经过删除无效问卷和补发问卷并对有效问卷进行截尾删除后，实际回收有效问卷 1095 份，问卷回收率为 96.31%。问卷共设置三大类量表，分别是文化意蕴感知量表、满意度量表、忠诚度量表，其中满意度包含 3 个子量表。

（一）信度检验

问卷信度通过 *Cronbach a* 系数进行检验。根据表 5 的量表信度检验结果，各个量表的信度在 0.8 以上，表明问卷量表结构和题项设置是科学合理的。

表 5　信度检验

量表	*Cronbach a*	项数	信度评价
产品感知	0.814	5	好
产品宣传	0.816	5	好
产品服务感知	0.832	5	好

续表

量表	*Cronbach a*	项数	信度评价
文化意蕴	0.866	6	好
忠诚度	0.822	5	好
总量表	0.960	26	非常好

（二）效度检验

由于问卷效度的检验在预调查部分已经给出，这里直接采用 KMO 和 Bartlett 球度检验对问卷量表进行效度检验，检验结果如表 6 所示。总量表的 KMO 值在 0.9 以上，量表的 Bartlett 球度检验的 P 值都小于显著性水平 0.05，说明本次问卷量表设计的结构效度较好。

表 6　KMO 和 Bartlett 球度检验结果

KMO 和巴特利特检验		
KMO 取样适切性量数		0.968
巴特利特球形度检验	近似卡方	8957.552
	自由度	325
	显著性	0

五、用户现状分析

（一）冰墩墩 IP 元素产品潜在用户转化比较（见图 1）

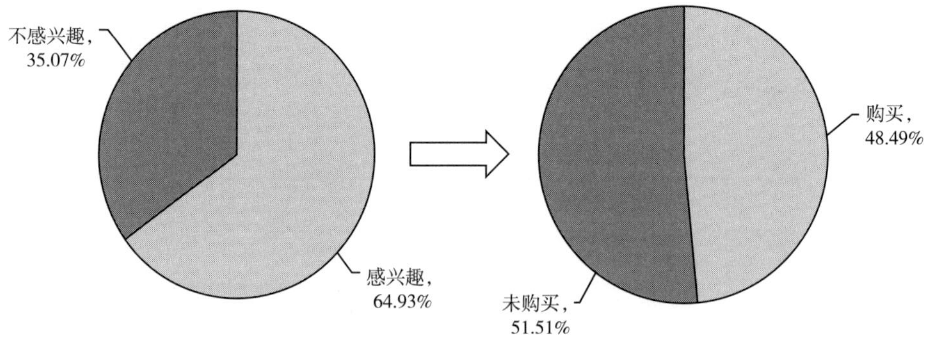

图 1　冰墩墩 IP 元素产品感兴趣比例与购买率

（二）冰墩墩 IP 元素产品用户特征分析

1. 性别分布（见图 2）。

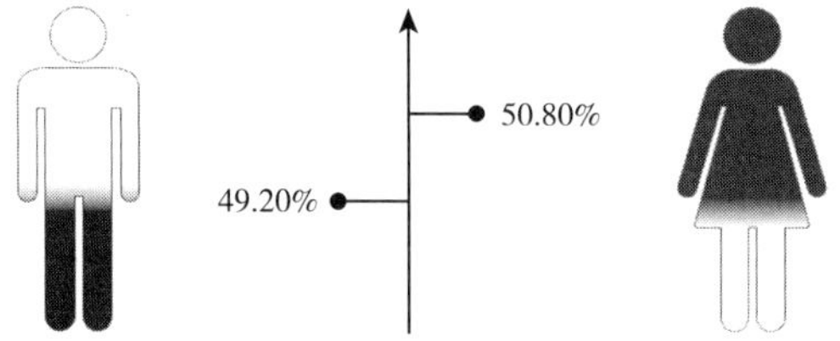

图 2　性别分布

2. 年龄分布（见图 3）。

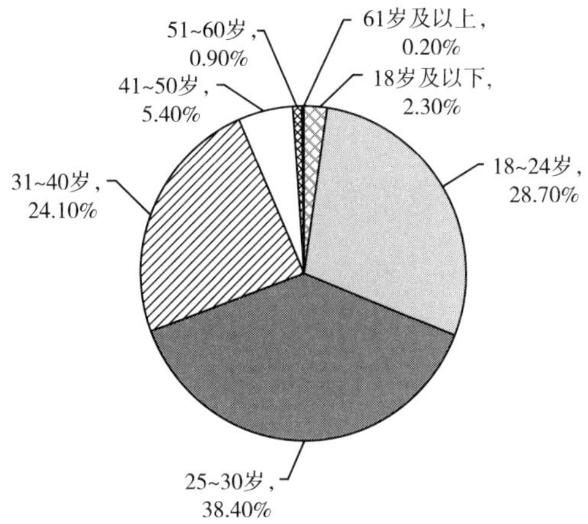

图 3　年龄分布

3. 学历分布（见图 4）。

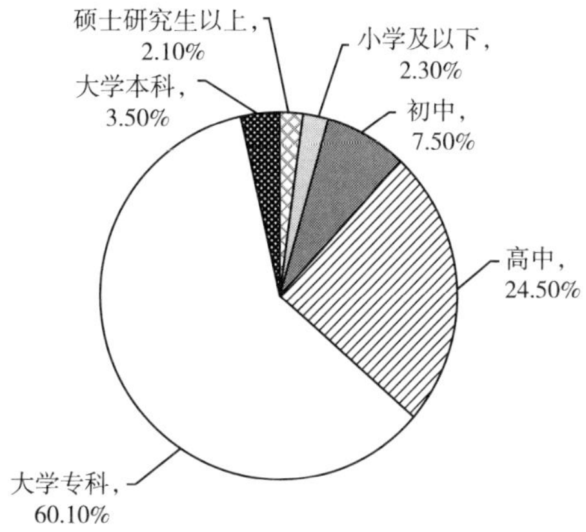

图 4　学历分布

4. 职业分布（见图5）。

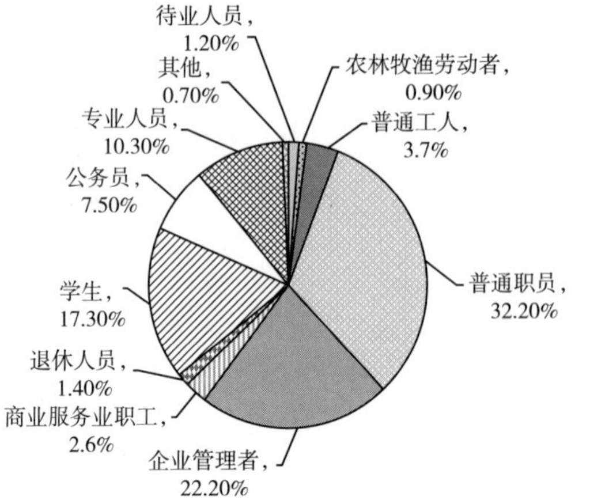

图5　职业分布

5. 月收入分布（见图6）。

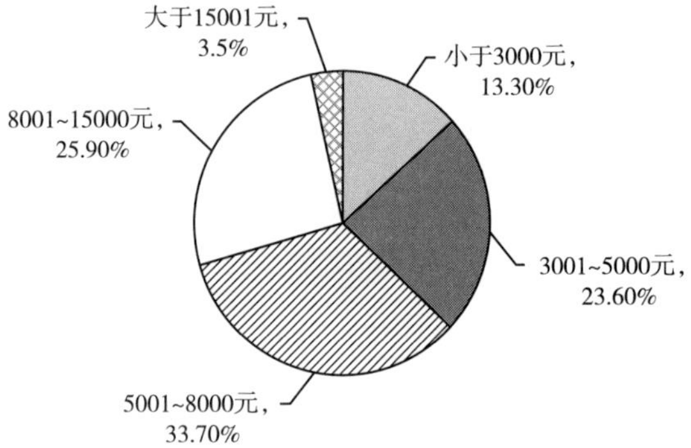

图6　月收入分布

6. 月娱乐购物支出费用分布（见图7）。

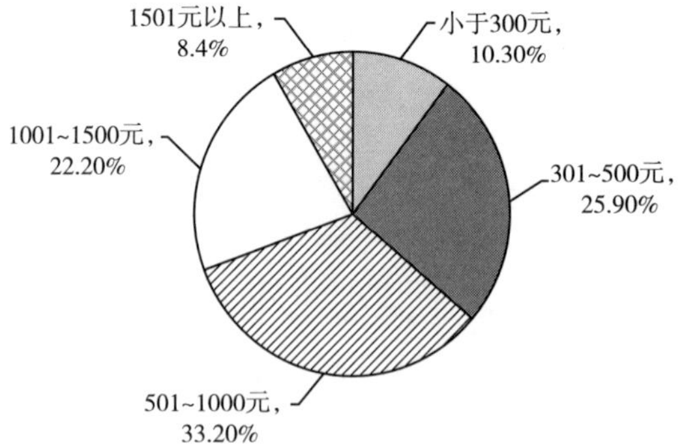

图7　月娱乐购物支出费用分布

7. 冰墩墩产品消费分布（见图8）。

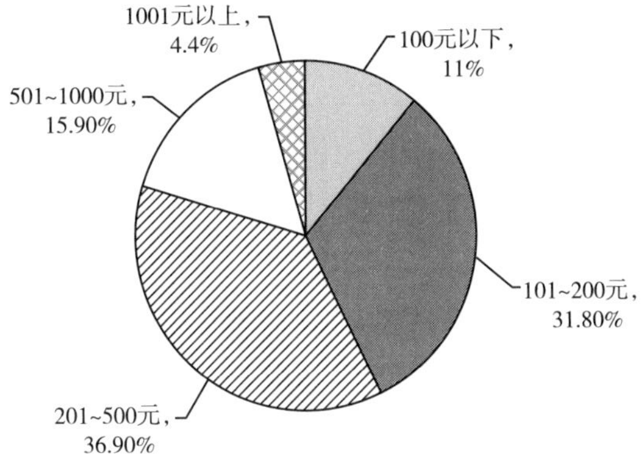

图8　冰墩墩产品消费分布

（三）冰墩墩IP元素产品使用现状

1. 产品感知满意度（见图9）。

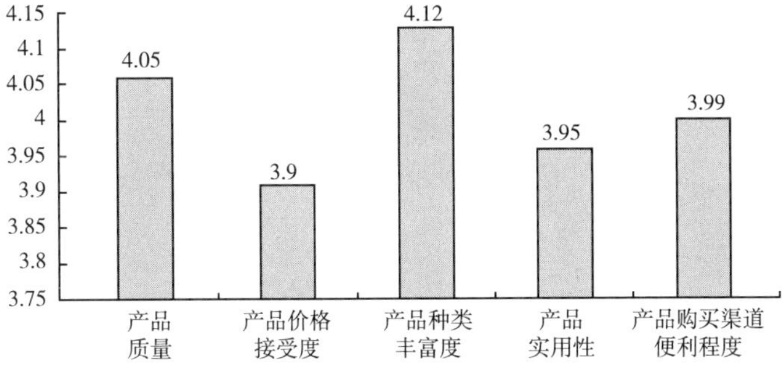

图9　产品感知平均满意度

2. 产品宣传满意度（见图10）。

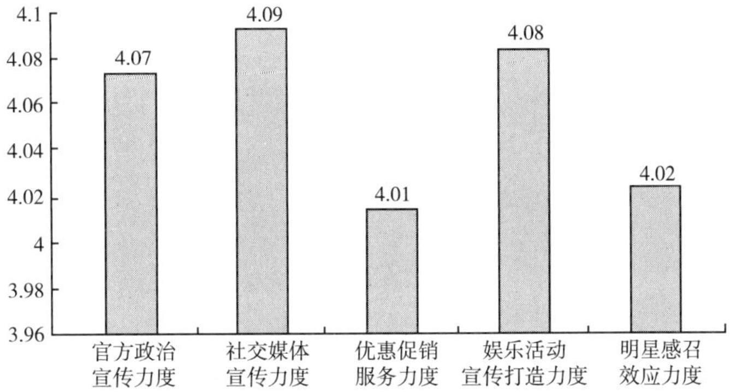

图10　产品宣传感知平均满意度

3. 服务感知满意度（见图 11）。

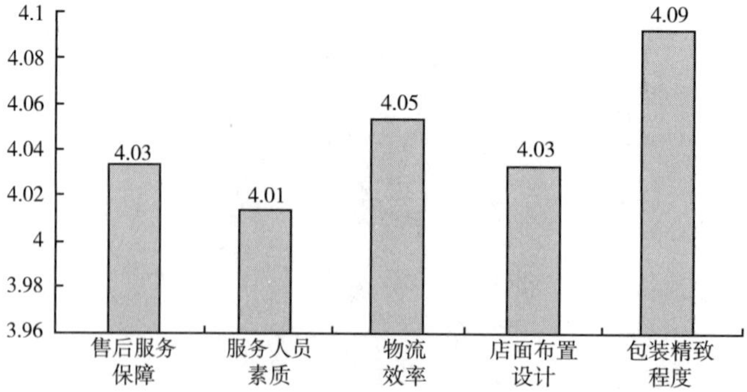

图 11　产品服务感知平均满意度

4. 文化意蕴认同度（见图 12）。

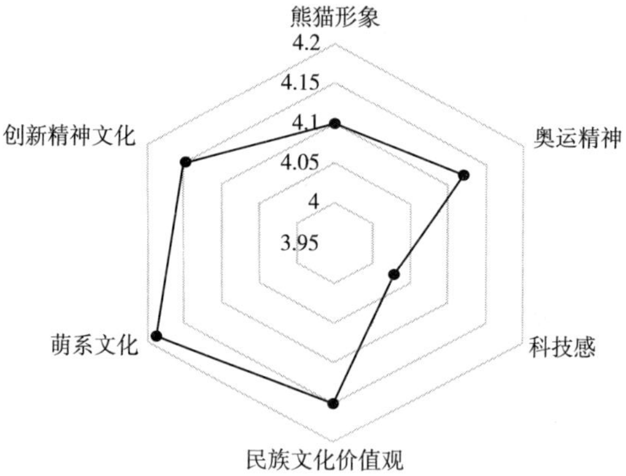

图 12　文化意蕴平均认同度

5. 忠诚度指标认同度（见图 13）。

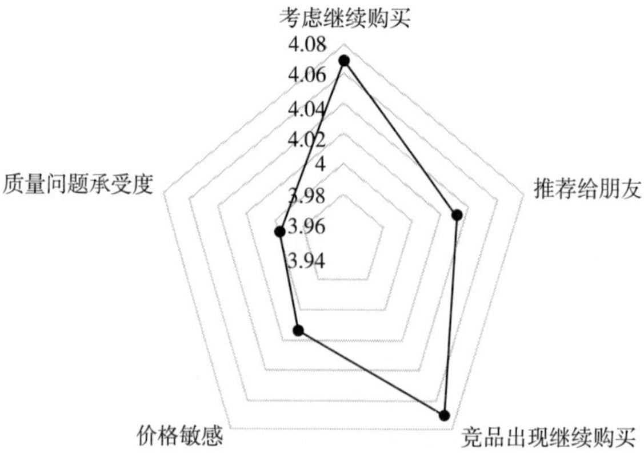

图 13　忠诚度指标平均认同度

六、忠诚度指标挖掘——LDA 模型与词云图

（一）模型介绍

LDA 模型由戴维·布雷等学者提出，可以有效提取潜在文本主题，然后分析文本特征词。主题模型从贝叶斯概率角度优化了传统空间矢量模型。LDA 建立一个单词袋模型，如图 14 所示。

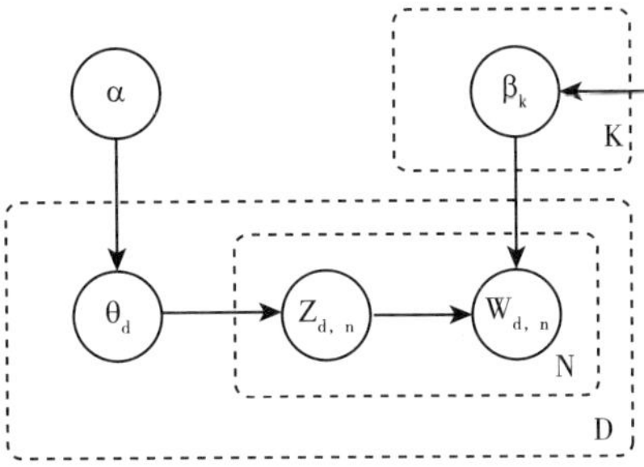

图 14　LDA 单词袋模型

（二）挖掘过程

编写 LDA 主题模型程序，挖掘出评价文本中的潜在主题，并将这些主题作为不同指标，并基于情感字典的方法，导入情感词典对于不同主题下的评论语句进行打分。

对问卷中的主观文字表述部分进行数据预处理，将问卷数据文本分为独特优势和重点特质两个文本，合并两个问题的回答，去除完全重复的回答，然后根据余弦相似度去除与其他文本相似度过低的回答，同时也结合人工检查，将不符合需求的回答删去。本文使用 jieba 库对文本分词，综合考虑分词粒度对于文本主题抽取的影响。挖掘产品评论背后的隐藏的、潜在的信息。分词处理后，导入停用词文档，将停用词删去，通过词云图展示关键词（见图 15）。

从图 15 可以看到，回答的主题主要围绕着中国、文化、可爱、质量、元素、形象等关键词，为了能够以概率模型客观严谨地提炼出回答的主题，使用 LDA 进行主题生成。

在使用 LDA 模型前，对剩余的文本根据 SnowNLP（其训练数据主要是买卖东西时的评价，与文本主题较为契合）进行情感分析，以 0.5 为阈值，将文本分为积极文本和消极文本。由于问题设置导向较为正面，消极文本内容极少。因此，只对积极文本进行 LDA 分析。

图 15　文本挖掘词

本文的 LDA 主题模型，采用 Gibbs 抽样估计 LDA 主题模型的参数。在 LDA 主题模型中，必须确定两个变量的最佳参数，以及确定主题数 K 的值。通过实证分析，计算不同主题数对应的文本困惑度（perplexity），得到困惑度曲线，如图 16 所示。

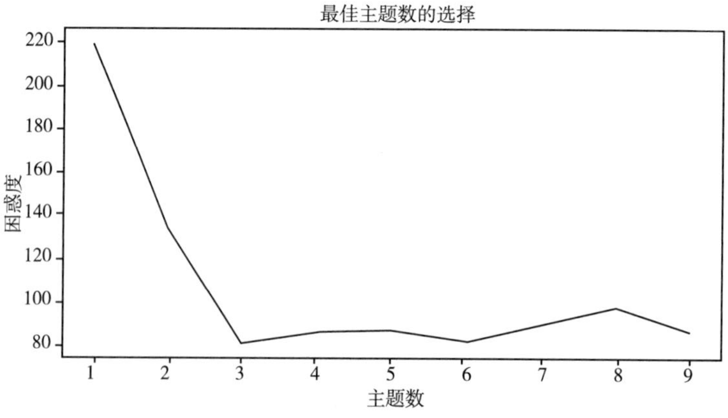

图 16　困惑度曲线

从图 16 中发现，当主题数为 3 时，困惑度曲线到达最低点，因此得到最佳主题数为 k = 3。根据工程经验，将 β 的经验值设置为 0.01，α 值设置为 50/k，吉布斯抽样迭代次数为 1000 次。

（三）结果分析

本文提炼出三个主题，每个主题及相对应的 10 个高频词以及所对应的概率如表 7 所示。

表 7 高频词对应概率

主题一 流行元素	在主题一下 出现的概率	主题二 家国情怀	在主题二下 出现的概率	主题三 性价比	在主题三下 出现的概率
可爱	0. 889	文化	0. 972	质量	0. 959
元素	0. 815	中国	0. 954	价值	0. 927
好看	0. 794	特色	0. 938	品质	0. 903
形象	0. 762	国宝	0. 915	实用性	0. 891
设计	0. 701	熊猫	0. 907	价格	0. 877
外观	0. 652	收藏	0. 875	材质	0. 719
寓意	0. 619	传统	0. 837	产品	0. 629
造型	0. 585	民族	0. 816	物美价廉	0. 574
创新	0. 537	情怀	0. 753	优惠	0. 538
呆萌	0. 429	国风	0. 721	性价比	0. 507

依据高频词分布，可以将上述三个主题分类为：流行元素、家国情怀、性价比。将每条回答按以上三个指标进行划分，计算其在每一个指标下的情感得分。

由于数据量较少，且无效回答与中性回答较多，通过无向复杂网络，利用文本相似度进行各指标的打分效果不佳，采用人工标注的手段，将每条回答进行不同指标的划分，并利用 SnowNLP 获取每个指标下的情感得分。这些指标得分将应用于后续的忠诚度计算。

七、忠诚度计算——CRITIC - TOPSIS 模型

（一）模型选择

美国资深营销专家吉尔·格里芬认为，客户忠诚度是客户对企业或品牌的偏好和频繁地重复购买。为计算各个客户对于冰墩墩系列产品的忠诚度，在之前运用了 LDA 分析方法，提炼出三个主题，并利用 SnowNLP 获取每个指标下的情感得分。在此将情感得分结合问卷中各个客户对于忠诚度各个指标的打分来进行客户忠诚度的计算。

为对客户的忠诚度进行量化，即进行评价与打分，引进 CRITIC - TOPSIS 法，即对评价指标进行客观赋权，定义决策问题的正负理想解，之后根据各方案与理想解间的

距离比较方案优劣的一种综合评价方法。

（二）模型结果分析

用 CRITIC 法按照公式计算，其中各个指标的权重如表 8 所示。

表 8　　忠诚度指标权重

重购意愿	产品推荐意愿	竞争产品免疫力	价格敏感度	质量事故承受度	流行元素感	家国情怀感	性价比感
0.117	0.120	0.118	0.178	0.123	0.123	0.141	0.081

作为影响顾客忠诚度的主要因素，价格敏感度在评价体系中权重最大，为 0.178；其次是情感分析中的家国情怀（权重为 0.141），而在情感分析中性价比感所占权重相对较低。由此可见，在影响购买冰墩墩 IP 系列产品顾客忠诚度因素中，价格是关键，而质量与家国情怀感是保证忠诚度的重要保障。

根据之前 CRITIC 客观赋权法所得出的各个指标的权重运用 TOPSIS 法，对所抽取的每个市民进行综合评价（见表 9）。

表 9　　TOPSIS 评价

序号	重构意愿	推荐意愿	产品忠诚	价格敏感度	质量承受度	流行元素感	家国情怀感	性价比感	忠诚度
1	5	4	5	5	4	0.5	0.8020	0.92076	77.644
2	5	5	5	5	5	0.5	0.5	0.5	73.925
…	…	…	…	…	…	…	…	…	…
530	5	5	4	5	5	0.5	0.5	0.5	71.852
531	4	5	4	5	4	0.6001	0.8786	0.5	74.983

据结果可得忠诚度平均值约为 74.781，说明目前冰墩墩 IP 元素系列产品忠诚度较高。其频数分布如图 17 所示。

本文基于 531 位购买过冰墩墩 IP 元素系列产品顾客的统计数据，分别从每位顾客对于忠诚度量表打分以及根据 LDA 模型利用开放式问题挖掘出来的顾客对于此产品的情感分析得分，对此产品的忠诚度进行综合评价并排序。忠诚度测评结果表明该产品的忠诚度整体得分虽然不低，但是仍有提升空间。该产品可以通过减弱顾客对于价格的敏感程度，增加和优化产品质量以及突出产品的家国情怀感受认同等提高产品的顾客忠诚度。

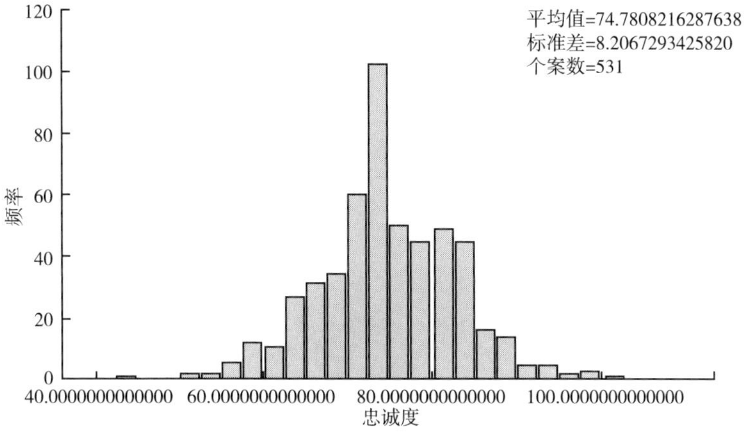

图 17 忠诚度频数分布

八、文化意蕴对忠诚度影响机制——结构方程模型

（一）模型构建

1. 变量确定。通过线上发放问卷结合线性访谈等预调研方式，根据挑选出的相关高频词汇将冰墩墩消费者忠诚度影响因素分为两个方面——冰墩墩的文化意蕴（外生潜变量）与冰墩墩消费者满意度（中介），同时确定出26个观测变量（其数据由调查问卷获取）。

2. 问卷设计。问卷的设计包含两部分：第一部分是关于被调查者社会学特征的统计；第二部分问题的设计则与希望考察的26个观测变量紧密相关，购买者根据本人购买产品前后的感受进行感知判断，问卷中一个问题对应一个外生观测变量的内容。问卷第二部分的问题选项根据李克特五级量表，依据其满意程度由高至低设置“非常满意”“满意”“一般”“不满意”“非常不满意”5种回答，记为5、4、3、2、1。

（二）模型实现

1. 结构方程模型检验结果。导出的模型结果进行加工整理，如图18所示。

本文采用 AMOS 24.0 软件建构结构方程模型，以冰墩墩消费者忠诚度为效标变量，消费者满意度为中介变量，冰墩墩产品文化意蕴为预测变量，进行中介效应模型检验，以探索冰墩墩消费者满意度、冰墩墩产品文化意蕴与消费者忠诚度之间的路径关系。模型包含58个参数，样本容量为531。模型结果显示如表10所示。

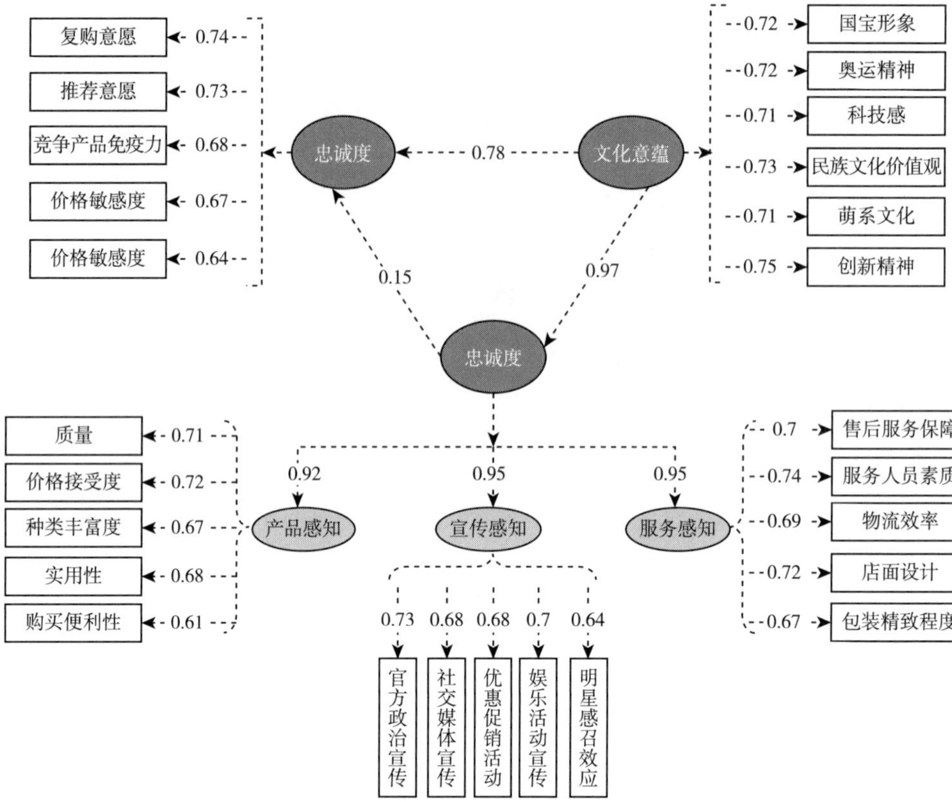

图 18　结构方程模型结果

表 10　结构方程模型结果检验

x^2	df	x^2/df	*Pvalue*	*gfi*	*cfi*	*rmr*	*srmr*	*rmsea*
1097.019	293.000	3.744	0.000	0.850	0.909	0.031	0.041	0.072

所有拟合指数均落在可接受的取值范围内。

三个变量间的标准化路径系数：冰墩墩系列产品文化意蕴对消费者忠诚度的路径系数为0.78（$P<0.001$）；冰墩墩系列产品文化意蕴对消费者满意度的路径系数为0.97（$P<0.001$）；消费者满意度对消费者忠诚度的路径系数为0.15（$P<0.001$）。结果证实，冰墩墩系列产品文化意蕴通过提升消费者满意度，使其忠诚度提高。

2. 中介效应分析。在上述分析基础上，进一步检验消费者满意度中介效应的可靠性。选择使用AMOS软件中结构方程建模技术程序提供的Bootstrap方式检验消费者满意度的中介效应，所有样本重复抽样次数为2000次，置信区间设置为95%。结果如表11所示，所有置信区间均不包含0，证实中介效应存在。中介效应值为0.146，消费者满意度在文化意蕴对消费者忠诚度的影响过程中具有中介作用，即冰墩墩消费者满意度是使其对产品具有忠诚度的一部分资源。表12则体现了中介效应的具体作用机制。

表 11　　中介效应可靠性检验

路径	效应值	标准误差	偏差校正 95% 置信区间			百分位数 95% 置信区间		
			下限	上限	显著性	下限	上限	显著性
总效应	0.926	0.032	0.864	0.961	0.02	0.0869	0.965	0.01
中介效应	0.146	0.013	0.121	0.172	0.02	0.115	0.166	0.01
直接效应	0.780	0.077	0.646	0.903	0.02	0.649	0.906	0.01

表 12　　中介效应具体作用机制

路径	效应值	标准误差	偏差校正 95% 置信区间			百分位数 95% 置信区间		
			下限	上限	显著性	下限	上限	显著性
中介效应	0.146	0.013	0.121	0.172	0.02	0.115	0.166	0.01
文化意蕴→产品→忠诚度	0.026	0.006	0.016	0.036	0.000	0.016	0.035	0.001
文化意蕴→宣传→忠诚度	0.113	0.014	0.091	0.134	0.017	0.094	0.137	0.019
文化意蕴→服务→忠诚度	0.007	0.004	0.001	0.013	0.023	0.001	0.014	0.017

九、结论与对策建议

（一）结论

通过 LDA 模型和词云图的运用，将高频词分布集中归纳为流行元素、家国情怀、性价比三个主题。将上述主题与其他忠诚度指标结合，通过 CRITIC－TOPSIS 模型对购买用户进行忠诚度测量，结果显示，消费者忠诚度尚可，但仍有提高空间。

此外，本项目通过结构方程模型研究文化意蕴对于忠诚度的直接影响，以及满意度对于忠诚度的中介效应。结果显示，文化意蕴对消费者忠诚度的直接影响值很大，冰墩墩 IP 元素系列产品本身的文化意蕴将在很大程度上直接影响消费者对该系列产品的忠诚度。在满意度中介效应方面，尽管相对于直接效应较小，但通过对其具体作用的三条路径分析，发现“文化意蕴→宣传→忠诚度”这一路径的效应值占比较大，即冰墩墩系列产品本身具有的文化意蕴通过促进产品的宣传效果提升消费者的满意度，最终较大程度地影响了消费者的忠诚度。

（二）对策建议

1. 文化层面：（1）以冰墩墩为依托开展主题系列精神文化教育活动，增强文化自信；（2）以冰墩墩为依托开展手工艺制作活动；（3）将冰墩墩 IP 元素与原创国风国潮领域深耕相结合；（4）将冰墩墩 IP 元素与流行元素（如潮玩、萌系文化等）和生活化内涵相融合。

2. 产品内容层面：（1）加大冰墩墩 IP 元素衍生品开发，拓展商业形式；（2）以文化意蕴为依托实现内容的系列化打造；（3）将产品外观设计与大众审美和区域特色相融合；（4）实行合理化定价和适当的优惠促销活动。

3. 宣传层面：（1）以官方新闻广告和纪录片形式加大政治宣传；（2）以社交媒体工具为依托实现多场景融入；（3）合理利用明星效应及事件提升影响力。

参考文献

［1］班娟娟．冰墩墩持续火爆顶流 IP 产业化潜力巨大［N］．经济参考报，2022－03－02（008）．

［2］蔡晓玲，余晓勤．基于“IP”视角浅析故宫文创品牌营销创新策略［J］．营销界，2020（03）：7－8．

［3］邓爱民，陶宝，马莹莹．网络购物顾客忠诚度影响因素的实证研［J］．中国管理科学，2014，22（06）：94－102．

［4］范周．从“泛娱乐”到“新文创”“新文创”到底新在哪里——文创产业路在何方？［J］．人民论坛，2018（22）：125－127．

［5］齐向华．图书馆用户感知价值对满意度和忠诚度的影响路径分析［J］．图书馆，2021（06）：72－79，86．

［6］孙肖．新媒体背景下故宫文创的整合营销策略分析［J］．技术与市场，2019，26（05）：212－213．

［7］王影，黄利瑶．移动短视频感知价值对消费者购买意愿影响研究——基于用户参与和态度的中介效应［J］．经济与管理，2019，33（05）：68－74．

［8］伍素文．“冰墩墩”：“顶流”IP 的诞生［J］．中国经济周刊，2022（Z1）：76－77．

［9］曾旺盛．文化产业价值链视角下的文创项目分析——以文创潮流生活品牌“POP MART 泡泡玛特”为例［J］．商场现代化，2018（10）：11－12．

［10］朱蕾，董金权．“熊本熊”走红原因及其对中国城市品牌发展的借鉴［J］．普洱学院学报，2018，34（04）：72－73．

［11］Oliver R. Satisfaction：abehavioral perspective of the consumer［M］．NewYork：Mc Graw-Hill，1997．

［12］Reichheld F. F.，Teal T. The loyalty effect：The hidden force behind growth，profits，and lasting value［M］．Boston：Harvard Business School Press，1996．

“今日古树何处春?”大龄农民工再就业意愿与再就业能力调研评估

兰超然　关　怡　祝莘雨　皮骏琦　徐于颖

一、引　言

农民工，这个词早已成为一个群体的特定称谓。他们身上有着诸多标签——低学历、高劳动强度、低收入以及缺失工作保障等，这些标签早已深入人心。人口老龄化是一个近年来被普遍关注的社会问题，延迟退休、劳动人口短缺、产业转型，都与其息息相关。当农民工面临老龄化的困境，许多产业中出现了越来越多的大龄农民工，作为一个鲜被人关注的群体，又有谁能意识到他们面临的问题的严峻性。

大龄农民工的困境是多方面的。一方面，年轻时社会保障体制的缺失与制度转轨，使得在离开工地后的他们没有基本的退休保障。年轻时对养老保险缴纳的忽视导致如今退休后的生活得不到保障。据报告，目前农村居民养老保险仅有 179 元/月，远远不足以维持他们的基本生活。另一方面，财政政策不可能给所有失业的大龄农民工提供生活保障，但绝大多数大龄农民工一旦失业，就意味着从劳动市场中被排除，再找到工作是很困难的事情。另外，就自身而言，大龄农民工观念中向来没有“退休”这一说法，做工做到干不动了，便回家颐养天年，因此谈及被劳动市场所排斥的现状时，他们大多表示“还能干，还想干”，这其实是他们与现代社会相割裂的一种映射。

多方面困境并不意味着无法破局，在现有的农民工就业问题上，学者们主要聚焦于返乡农民工再就业以及新生代农民工就业问题的探讨，对于大龄农民工再就业的问题处于比较空白的地带，老龄化社会的研究资料以及农民工就业的文献可谓汗牛充栋，但在二者相交领域的大龄农民工问题上，专业性的探讨奇缺。希望通过社会调研，着力揭示究竟有多少大龄农民工想继续做工，为什么想继续做工，他们到底还能不能做工，以及什么样的措施能够让这些大龄农民工的再就业实现效益最大化，此即大龄农民工的再就业意愿以及再就业能力调研。

研究中，对于再就业意愿，通过构建 Logit 模型来量化大龄农民工的再就业意愿大小，并分析各个影响因素的占比情况，了解对农民工再就业意愿影响最明显的几点因素。对于再就业能力，通过构建指标体系，以打分的方式来衡量不同大龄农民工再就业能力的强弱，最后将再就业意愿与再就业能力相结合，构建二者相联系的矩阵，判断每个象限占比进行分类，最终提出针对性的政策建议。

通过社会调研，可能的研究贡献有以下几个方面：一是能够较为清晰地量化了解大龄农民工的需求及影响因素，让他们境况的紧迫性为更多人所了解，这也是研究的主要目的。二是能从科学研究的角度提供目前对于“将劳动选择权还给农民工”争议的一部分调研证据。三是创新性地通过矩阵结构可以实现政策的精准帮扶，节约财政成本，提高决策效率。四是尝试构建一套较科学的就业能力评价指标体系，为之后大龄农民工的再就业能力评价提供参考。

二、调研结果与分析

（一）问卷分析

1. 再就业意愿访谈分析（只保留关键问题）。

问题一：如果有机会的话，您是否愿意重回一些就业岗位，比如建筑行业？（见图 1）

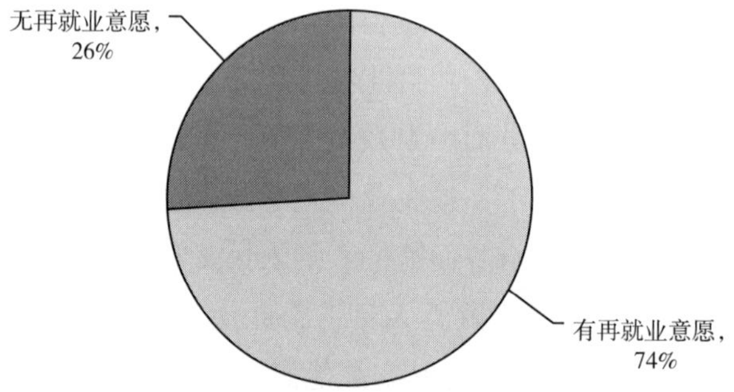

图 1　受访者再就业意愿情况统计

再就业意愿，这个问题比较直接，是在问卷之外考虑增加的问题，虽然简单但能直接反映出大龄农民工对于再就业的一些看法。其中 3/4 的大龄农民工表示如果有机会还是希望能干一些活计。在访谈的直接判断中，女性居多。

问题二：您一共购买过几份养老保险？一个月的养老金大概是多少呢？您觉得足

够您养老用吗?(见图2)

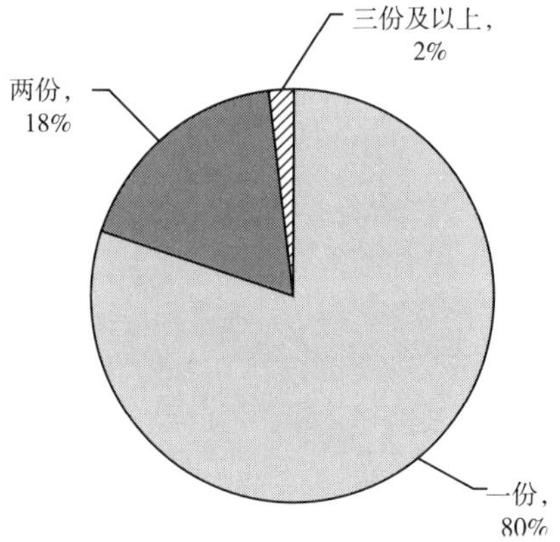

图2　受访者购买养老保险份数情况

在与农民工交流的过程中，意识到对于大多数农民工而言，他们只交了一份养老保险，即农村养老保险，这份养老保险是国家承担的，大部分人一个月只能拿到100元左右，这部分养老保险对大龄农民工来说的确杯水车薪。在交两份养老保险的农民中，只有少部分是购买的商业险，而大多数缴纳的都是城镇养老保险，这部分养老保险是有一定门槛和要求的，比如在工厂工作几年，同时要一次性补缴大约5万~10万元，这样的要求是大多数农民工所不能承担的，但收益相对也更高，一个月可以有1000~2000元。通常缴纳两份养老保险以上的农民，其养老压力的是较小的。因此，在养老金作为一个敏感问题并不方便回答的情况下，只需要问明农民缴纳的养老金份数，就可以较清楚明晰地判断出这些农民工养老压力的大小。

问题三：您一共有几个子女?您认为他们的赡养压力如何?如果对于这个赡养压力进行打分，满分5分，您认为子女的赡养压力大概在几分?(见图3)

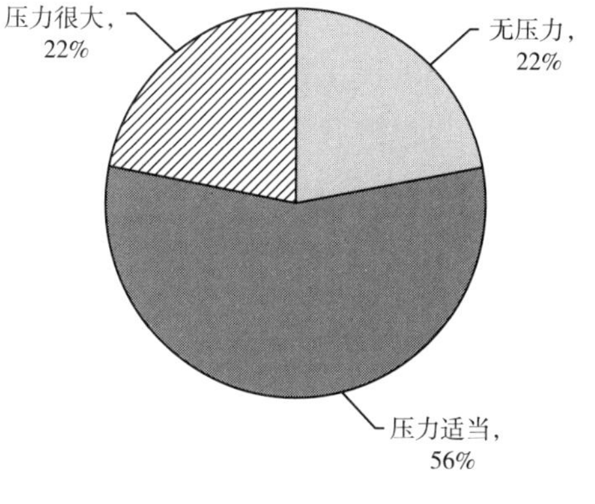

图3　受访者赡养压力情况

问题四：您认为目前抚养子女的压力大吗？比如为他们买房买车等。如果同样进行打分，您认为您抚养子女的压力大概在几分？（见图4）

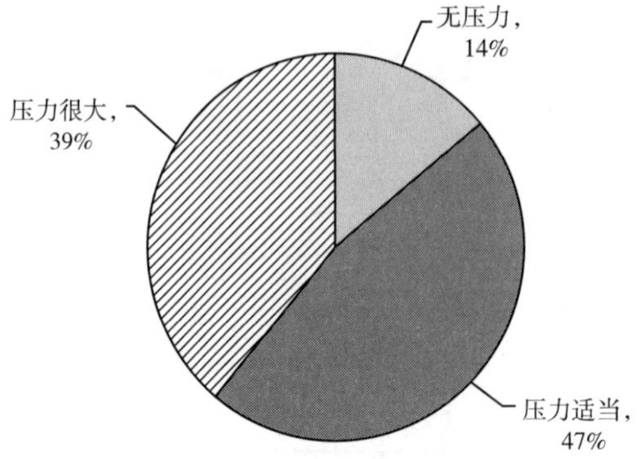

图4　受访者抚养压力情况

问题五：您一共有几个子女？您认为他们的赡养压力如何？如果对于这个赡养压力进行打分，满分5分，您认为子女的赡养压力大概在几分？（见图5）

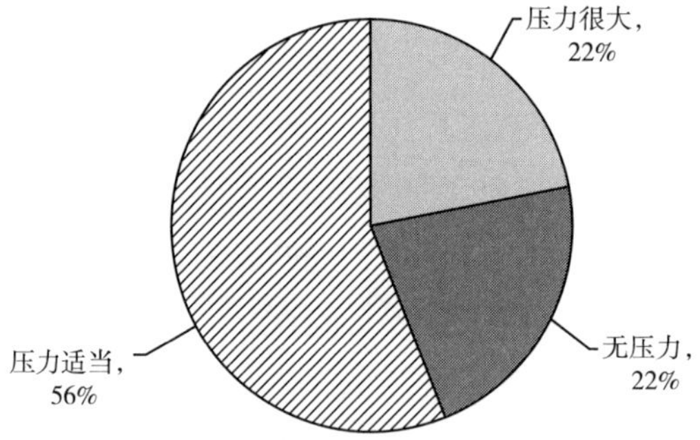

图5　受访者赡养压力情况

问题四和问题五都涉及农民工对于养老的压力感知，比如子女的赡养压力和自己的抚养压力，在赡养方面，78%的农民工都感受到了子女的赡养压力，即认为自己的养老给子女增添了较大的负担，这也是通常意义上农民工接受采访常说的“不想给子女添负担，感觉自己还能干”。相比于赡养压力，86%的农民工认为自己的抚养压力也很大，“买房买车，孩子不说但是我们不能不给，结婚也不能什么都没有，能干多少干多少，能挣点就挣点”这都是农村农民工选择外出就业重要理由。

2. 再就业能力问卷分析（只保留关键问题）。

问题一：您是否会觉得每一天都是充满希望的，即使在工作上碰到困难也不会长时间影响您的心情？（见图6）

A. 一直如此　B. 经常如此　C. 有点但也不多　D. 并不是这样　E. 与此相反

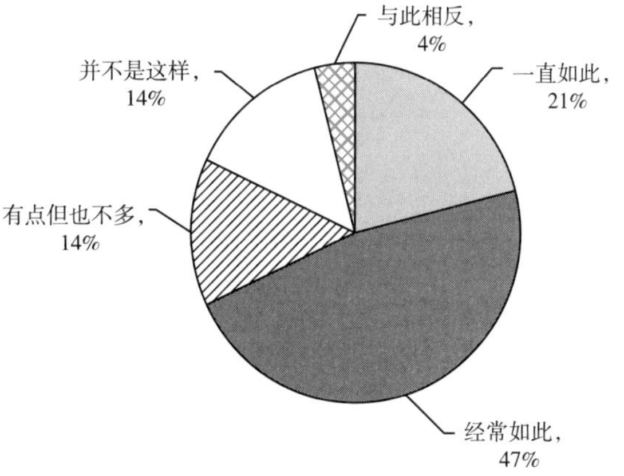

图6　保持乐观能力统计

问题二：您能得到周围人的认可以及尊重吗？（见图7）

A. 一直如此　B. 经常如此　C. 有但并不很多　D. 并不是这样　E. 与此相反

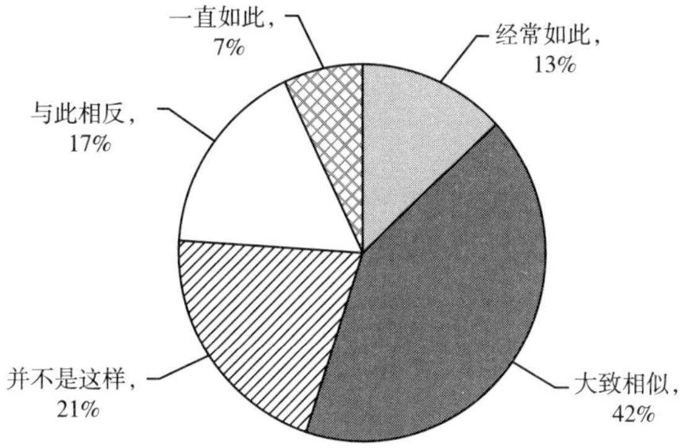

图7　社会尊重能力统计

问题一和问题二主要反映了大龄农民工的心理资本情况，主要包括职业抗压能力、保持乐观能力以及社会尊重能力。其中，职业抗压能力和保持乐观能力对大多数农民工而言并非难事，他们通常都可以保持较好的心态来面对一天的工作，包括聊这些问题时也依然能够保持较高的热情。但在社会尊重方面农民工普遍不是很自信，大多数人表示更多的是“没能力，只能到工地上去给人家打工，看人家眼色”“肯定赶不上读书的”“能挣钱就好，哪还管别人怎么看”，这可能是大多数农民工面对的主要问题，可以说，对于劳动，他们常抱有一颗向往之心；对于社会观念，他们又常显得自卑，这或许是他们很少被关注的原因之一吧。

问题三：您的家庭成员愿意支持您进行再就业吗？（见图8）

A. 十分支持　B. 比较支持　C. 中立态度　D. 不支持　E. 强烈反对

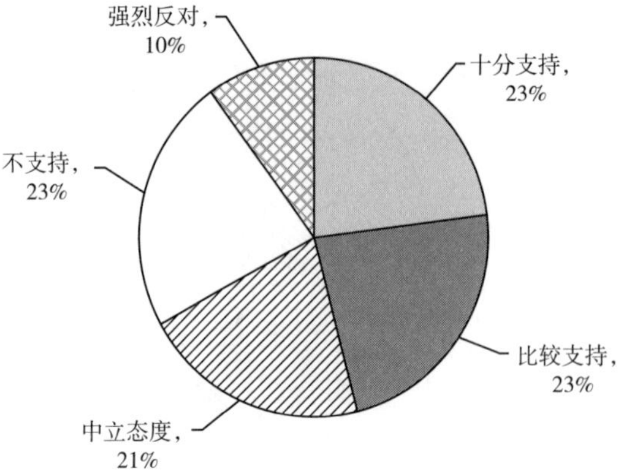

图 8　家庭支持情况统计

在家庭支持方面，基本呈现半对半的情况，一部分农民工家庭支持其再就业，但并不支持其重回建筑行业，原因在于其体力劳动量太大了，老人的身体可能受不住。而在另一部分支持的家庭成员认知上，他们支持的再就业是较为轻松的比如保洁或者保安等工作，也并不包括重回工地，但大多数农民工的意愿依然停留在工地之上，或者说，他们也知道做保安的工作或许更轻松更好，但工地对他们而言，有时候更是生存的依靠。

问题四：您是否有听说过政府组织的职业技能培训？有的话，请问您参加过吗？（见图 9）

A. 听说过且经常参加　　B. 听说过，有时间会去

C. 听说过，但只去过一两次　　D. 听说过但没去过

E. 没听说过也没去过

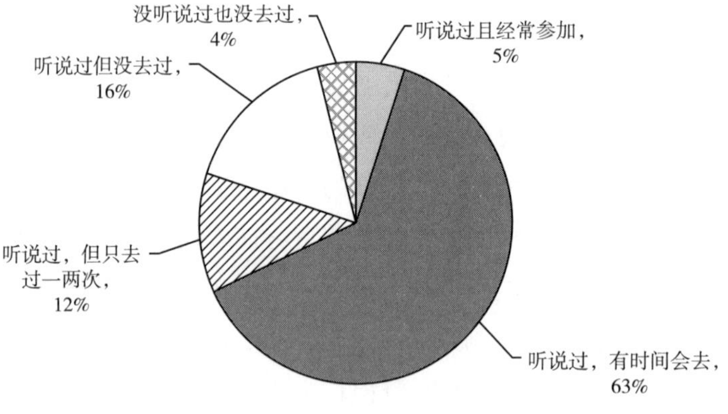

图 9　就业技能培训情况统计

社会支持也是影响大龄农民工再就业一个很重要的方面，在被问到有没有接受到

政府政策扶持时，几乎每个人的回答都是肯定的，但是对于政策扶持的效果农民工的反映并不是很好，在访谈中很多农民表示尽管存在政府的支持补助，但这些政策对于他们重回工地或者找到另一份工作并没有什么帮助，也就是，尽管政策存在，但其针对性并不够。

（二）模型分析

1. 再就业意愿分析。

（1）构建 Logit 模型对大龄农民工再就业意愿进行分析。模型构建如下：

$$\log\left(\frac{p_i}{1-p_i}\right) = \alpha + \sum \beta_i x_i \tag{1}$$

（2）模型结果（见表 1）。

表 1　Logit 模型回归结果

Variable	Coefficient	Prob.	OddsRatio
*Age*1	0.789	0.099 *	2.201194
*Age*2	0.654	0.056 *	1.923218
*Age*3	0.346	0.0476 **	1.413403
sex	0.231	0.02 **	1.259859
*Edu*1	0.567	0.003 ***	1.76297
*Edu*2	0.466	0.079 *	1.593607
*Edu*3	0.123	0.108	1.130884
*Yl*1	0.889	0.113	2.432696
*Yl*2	0.765	0.098 *	2.148994
*Yl*3	0.432	0.067 *	1.540335
*Fd*1	0.233	0.002 ***	1.262381
*Fd*2	0.453	0.023 **	1.573024
*Fd*3	0.662	0.178	1.938666
*Fy*1	0.773	0.007 ***	2.166255
*Fy*2	0.654	0.021 **	1.923218
*Fy*3	0.472	0.010 **	1.603197
*Soc*1	0.356	0.104	1.427608
*Soc*2	0.482	0.100 *	1.61931
*Soc*3	0.677	0.099 *	1.967965

注：***、**、* 分别代表 1%、5%、10% 的显著性水平。

（3）模型结论。根据拟合结果，对农民工再就业意愿影响显著的因素有：年龄、性别、学历、子女养老压力感知、抚养子女负担；影响不显著的因素有：养老压力、社会价值感知。各因素具体分析如下：

①年龄。模型结果显示，相较于60岁以上的农民工，未满60岁的农民工再就业意愿更强；从*OR*值来看，年龄越小，再就业意愿越强。

②性别。模型结果显示，相较于女性，男性的再就业意愿更强，由*OR*值可知，男性再就业的概率大概为女性的1.25倍。

③学历。由模型拟合结果可知，受教育水平越高的农民工，其再就业意愿越弱。猜测可能是由于受教育水平高的农民工，其获取收入的能力相较于其他人更强，对于劳动报酬获取的意愿更低。

④子女养老压力感知。模型结果显示，农民工子女的养老压力越大，其再就业意愿更强。推测由于农民工本人希望减轻子女负担，希望通过就业获取养老资金。

⑤抚养子女负担。由模型拟合结果可知，农民的子女养育负担越重，其再就业意愿更高。

2. 再就业能力评价。采用AHP层次分析法确定各方面的权重并给出统计性描述（见表2）。

表2　　方案层权重矩阵

准则层	权重	方案层	主观权重	客观权重	组合权重
心理资本	0.3496	职业抗压能力C1	0.3793	0.3593	0.3693
		保持乐观能力C2	0.1983	0.2198	0.20905
		社会尊重C3	0.4224	0.4209	0.42165
文化资本	0.3211	学历水平C4	0.678	0.538	0.608
		职业技能水平C5	0.322	0.462	0.392
社会资本	0.1229	人际交往情况C6	0.546	0.476	0.511
		经常联系友人数C7	0.454	0.524	0.489
个人资本	0.0777	身体素质C8	0.656	0.578	0.617
		家庭支持情况C9	0.344	0.422	0.383
社会帮助	0.1287	政府政策扶持C10	0.479	0.571	0.525
		就业技能培训情况C11	0.521	0.429	0.475

确定各方案层权重。

此外，为了弥补层次分析法具有的主观性，在确定方案层权重时结合使用了熵权法。

熵权法与层次分析法相比具有更高的客观性，它利用的是数据本身反映的信息的有效性。本文研究综合两种方法所得的权重，取二者平均值，最后各方案层最终组合权重。

3. 再就业能力描述性统计。根据问卷所得数据、通过上述计算方式得出目标人群再就业能力。描述性统计如表3所示。

表3 描述性统计

最大值	最小值	平均值	标准差	中位数
4.789	2.134	3.586	1.357	3.477

4. 结果分析。如表4所示，根据测算所得大龄农民工的再就业能力得分，可以得出以下结论：

（1）大龄农民工再就业能力评分差距大，级差在2.655，不同年龄段农民工再就业能力差别较大。相同年龄段农民再就业能力差别也很大。

（2）农民再就业能力整体水平较高，评分在2.5分之上占比近85%，再就业水平较高的4~5分占比达23%，农民工整体的再就业水平是超预期的。

（3）大部分农民工的再就业能力是能够满足再就业要求的。如果以评分中位数2.5分为评分依据，那么八成的农民工都能达到要求；如果提高准入标准，将评分设置为3分，那么依然有七成农民工可以达到相关要求，因此农民工再就业在能力上是可行的。

表4 再就业能力得分各分段占比

分段（分）	占比（%）
4~5	23
3~4	49
2~3	28

（三）结论

在问卷分析与模型分析中，给出了农民再就业意愿的影响因素、农民再就业能力的评价指标分析，并且分析了各个因素与再就业意愿之间的定量关系。在整体的总结中，将再就业意愿与再就业能力相结合，给出二者的结合矩阵，依据调研的结果，来对各个矩阵的主体特征进行描述。

再就业意愿与再就业能力的结合矩阵如表5所示。

表5 再就业意愿与再就业能力矩阵

再就业能力	再就业意愿	
	强	弱
强	A（强，强）占比53.28%	B（强，弱）占比20.72%
弱	C（弱，强）占比18.72%	D（弱，弱）占比7.28%

在该矩阵中，再就业意愿与再就业能力都强的 A 组，占整体大龄农民工的一半以上。A 组的主要特征是，年龄在大龄农民工中相对较小，养老金缴纳数量少、金额低，一旦赋闲在家，子女赡养压力大，相应地，他们的子女也许正值婚龄，作为父母，抚养压力相对更大。同时，他们身体机能处于相对健康状态，心理认识和心理状态也能够支持他们继续进行高强度工作，家庭成员也大多数对他们外出工作表示支持，他们自己也表示自己还能干、还想干。这是 A 组的典型特征。

而再就业意愿强、再就业能力弱的 B 组，占比为 20% 多点。他们的再就业意愿与 A 的成因很相似，区别在于他们的年龄大多更大或者身体素质较差，他们当中绝大多数只有一份微薄的农村养老金收入，同时他们的身体或者年龄不再允许他们继续进行工作，而较差的身体素质和社会关系，使他们在再就业领域的竞争力大幅下降，形成了恶性循环。很想干却不能干，这是 B 组大龄农民工的痛。

而再就业意愿弱、再就业能力强或弱的 C 组和 D 组中，共占比 26% 。其典型特点为家境较为优渥，子女通常能够给予父母养老经济上的支持，与此对应的，他们的子女也不需要父母多操心，又或者自身条件较好，养老金通常来源比较丰富，占有 2 份以上的养老金。这部分大龄农民工不管自己的再就业能力如何，他们都不再需要为了生计而奔波，可以说到了颐养天年的年纪。

三、措施与建议

在将再就业意愿与再就业能力结合并分类后，我们能够根据得出各个组的特点，给予不同组针对性的政策建议。

先要讨论的就是占比一半以上的 A 组，解决他们的再就业难题，对于大龄农民工的帮助是最直接的、最有效的。(1) 放宽“清退令”的进入年限，鼓励有就业能力的工人们重回工地。(2) 为雇用 A 组大龄农民工的企业提供税收减免和政策支持。(3) 提供年度针对性的就业能力培训，比如反应力培训、高温天气的自我保护、高空作业的操作流程教学。(4) 完善大龄农民工的再就业渠道，为这部分农民工提供更多的工作选择。在工地这种熟人关系组成的小团体中，农民工一旦失业就意味着失去了其社会关系网，自救都很难有机会。因此，破除这种信息不对称或许是提高其再就业率的不错途径。比如建立大龄农民工再就业基地。

除却 A 组外，对于 B 组大龄农民工的再就业问题同样值得关注与分析。再就业意愿强烈而再就业能力弱，他们在就业市场上处于绝对的弱势地位，B 组老年人才是最需要政策性保护的一个组别。我们研究后给予的针对性政策如下：(1) 为 B 组农民工提供劳动强度较小的再就业岗位，例如保洁、保安等。在之前的争论中很多人表示工地退休农民工可以通过保安等岗位实现再就业。但这类岗位毕竟是少数，究竟该给谁是最大的争论。B 组大龄农民工就是这些岗位的最佳人选。(2) 提供更宽泛的就业培训。比如烘焙、建材、涂装等脱离工地的劳动部门，这些岗位往往技术性较强，体能需求更低，B 组农民工通过培训更容易达到其再就业的要求。(3) 与 A 组一样拓展再就业信息来源渠道。(4) 给予其社会保障倾斜。

对于 C、D 两组，并无特别的再就业政策给出，更应该为其完善退休政策以及退休后的生活养老基础设施建设，提升其老年生活幸福感和获得感。另外，通过这种方式认定的大龄农民工，能够通过更精准的认定，减轻财政的养老负担。

参考文献

[1] 张树旺，赖笑娟．返乡农民工再就业问题分析与对策 [J]．华南理工大学学报（社会科学版），2010，12（05）：21－23.

[2] 刘美玉．创业动机、创业资源与创业模式：基于新生代农民工创业的实证研究 [J]．宏观经济研究，2013（05）：62－70.

[3] 顾桥，梁东，赵伟．创业动机理论模型的构建与分析 [J]．科技进步与对策，2005，22（12）：93－94.

[4] 李雨．农民工就业保障机制研究 [D]．咸阳：西北农林科技大学，2014.

[5] 武娜．农民工培训的就业效应和收入效应 [D]．长春：吉林大学，2016.

[6] 贺景霖．务工经历、社会资本与农民工返乡创业研究 [D]．武汉：中南财经政法大学，2019.

[7] 李惠．山东省农民工返乡就业意愿及影响因素分析 [D]．烟台：烟台大学，2019.

[8] 林善浩．老城开发区失地农民再就业问题及对策研究 [D]．海口：海南大学，2017.

[9] 朱翠明．中国现代化进程中的人口老龄化问题与应对研究 [D]．长春：吉林大学，2021.

[10] 刘帆．人口老龄化背景下我国城镇老年人再就业问题研究 [D]．长春：吉林大学，2013.

[11] 曾灿博．基于人力资本视角的城镇低龄老人再就业能力研究 [D]．成都：四川省社会科学院，2012.

[12] 张银银，马志雄．基于可行能力理论的被征地老年人再就业问题分析 [J]．农村经济与科技，2016，27（11）：187－190.

[13] 曾龙，付振奇．中国城乡收入差距对农业生产率的影响——基于农村劳动力转移与农村居民收入的双重视角 [J]．江汉论坛，2021（11）：15－24.

[14] 李诗和．失地农民再就业能力现状、影响因素及提升对策研究 [J]．成都理工大学学报（社会科学版），2019，27（03）：40－47.

[15] 陆圆圆，童晔．退休低龄老年人再就业影响因素研究 [J]．价值工程，2020，39（13）：90－93.

[16] 黄大湖，丁士军，陈玉萍．劳动力流动对农村居民消费的影响——基于空间效应视角的分析 [J]．经济问题探索，2022（04）：142－153.

［17］张翼．受教育水平对退休老年人再就业的影响［J］．中国人口科学，1999（04）：27－34.

［18］冉东凡，吕学静．退休人口再就业决策的影响因素研究——基于中国健康与养老追踪调查数据［J］．社会保障研究，2020（02）：29－37.

［19］杨胜利，邵盼盼．疫情冲击下农民工失业状况及影响因素研究［J］．西北人口，2021，42（05）：42－54.

［20］钱鑫，姜向群．中国城市老年人就业意愿影响因素分析［J］．人口学刊，2006（05）：24－29.

［21］陆林，兰竹虹．我国城市老年人就业意愿的影响因素分析——基于2010年中国城乡老年人口状况追踪调查数据［J］．西北人口，2015，36（04）：90－95.

［22］雷晓康，王炫文，雷悦橙．城市低龄老年人再就业意愿的影响因素研究——基于西安市的个案访谈［J］．西安财经大学学报，2020，33（06）：102－109.

［23］李晓想．农村老年人力资源开发路径问题探析——以周口市为例［J］．现代农业研究，2022，28（02）：72－74.

［24］杨菊华，史冬梅．积极老龄化背景下老年人生产性资源开发利用研究［J］．中国特色社会主义研究，2021（05）：85－95.

［25］符海涛．农村老年人力资源开发研究［D］．无锡：江南大学，2021.

［26］［美］詹姆斯·H．舒尔茨．老龄化经济学［M］．裴晓梅等译，北京：社会科学文献出版社，2010.

［27］［法］安德烈·拉布戴特．退休制度［M］．北京：商务印书馆，1997：22－23.

［28］保罗帕伊亚．老龄化与老年人［M］．北京：商务印书馆，1999：130.

［29］凯瑟琳·麦金尼斯－迪特里克，麦金尼斯－迪特里克，隋玉杰．老年社会工作：生理心理及社会方面的评估与干预［M］．北京：中国人民大学出版社，2008.

［30］Bohn，S. E.．The Quantity and Quality of new Immigrants to the US［J］．Review of the Economics of the Household，2009（01）：29－51.

［31］Becker，G. S.，B. R. Chiswick. Education and the Distribution of Earnings［J］．The American Economic Review，1966，56（01）：358－369.

［32］CahillKE，Giandrea M. D.，Quinn J. F. Reentering the Labor Force after Retirement［J］．Monthly Labor Review，2011（134）.

［33］Giovanni Mastrobuoni. Labor Supply Effects of the Recent Social Security Benefit Cuts：Empirical Estimates Using Cohort Discontinuities［J］．Journal of Public Economics，2009，93（11－12）：1224－1233.

［34］Nancy Arthur. Social just ice and career guidance in the Age of Talent［J］．International Journal for Educational and Vocational Guidance，2014（14）：47－60.

［35］Quinn J. F. Retirement patterns and bridge jobs in the 1990s［J］．Ebri Issue Brief，1999（206）：1－22.

［36］Mihails Hazans. Looking for the work force：the elderly，discouraged workers，minorities，and students in the Baltic labour markets［J］．Empirica，2007（34）：319－349.

少捕慎诉慎押政策背景下非羁押风险动态评估机制分析及优化研究

张永芪　罗晓璞　申芮璘　李宇轩　何卓宁

一、研究内容

（一）案例选择

本次课题通过以湖北省、刑事案件、2022、判决书为检索关键词，在湖北省 2022 年截至 6 月 30 日所有刑事案件中随机抽样的 404 例案件，得出采用非羁押强制措施的案例为 177 例，占比 43.81%（见图 1）。

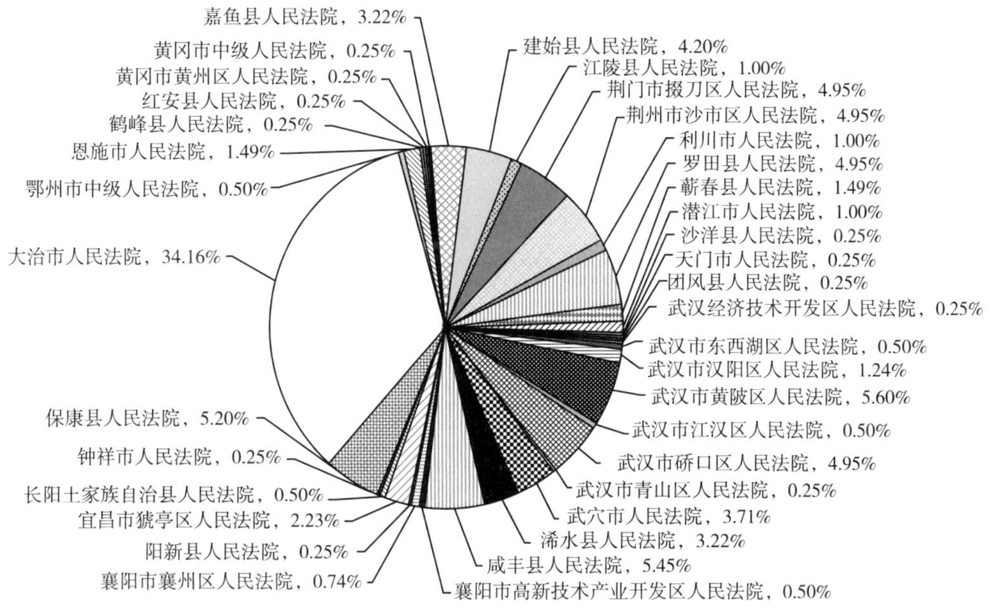

图 1　案例占比

资料来源：湖北省高级人民法院判决文书数据查询，https：//wenshu. court. gov. cn/.

（二）选定指标展示（见表 1）

表 1　　选定指标展示

研究指标选定		
一级指标	二级指标	具体因素
社会危害	法定刑	3 年以下
		3 年以上 5 年以下
		5 年以上
	社会影响	较大
		一般、无
	被害人情况	被害人有过错
	犯罪完成形态	犯罪预备、中止、未遂
		既遂
	赔偿、谅解	有
		无
人身危险	认罪情况	自首、立功
		认罪认罚
		拒不认罪
	前科情况	累犯
		初犯
		偶犯
	主观恶性	故意
		过失
	脱保记录	有
	过往行为	有不良行为
		无不良行为
	共同犯罪	主犯
		从犯、胁从犯
	犯罪人情况	在校生
		怀孕妇女
		重大疾病不能自理
诉讼风险	工作情况	有正式工作
		无正式工作
	居住情况	本地居住
		外地居住
		无固定居所
	家庭情况	家庭经济条件差
		家庭不完整
	保证人情况	有合适的保证人
		无

（三）非羁押评估机制模型构建

1. 量选择。从样本集中抽取 80% 的样本作为训练集，其余作为测试集，用于在包含不同变量组合的模型选择最优的一个。本数据集均为分类变量，考虑将包含数据较少的类别与其相似的类别合并。做出包含所有自变量的模型的自相关系数如图 2 所示，*x*3 表示法定刑在三年以上；*x*4 表示社会影响较大；*x*5 表示被害人有过错；*x*6 表示犯罪预备、犯罪未遂或者中止的未完成形态；*x*7 表示犯罪嫌疑人获得了被害人谅解或作出赔偿；*x*8 表示犯罪嫌疑人有自首、立功情节；*x*9*a* 表示犯罪嫌疑人是累犯，*x*9*b* 表示犯罪嫌疑人是初犯，*x*9*c* 表示犯罪嫌疑人是偶犯；*x*10 表示犯罪嫌疑人主观故意；*x*12 表示犯罪嫌疑人有不良行为；*x*13*a* 表示是共同犯罪且为主犯，*x*13*b* 表示是共同犯罪且为从犯或胁从犯；*x*14 表示犯罪嫌疑人是怀孕妇女或重大疾病不能自理；*x*15 表示犯罪嫌疑人有正式工作；*x*16 表示犯罪嫌疑人在本地居住。可以看出 *x*9*b*、*x*13 变量与其他变量相关性较强，存在较严重的共线性，故根据实际意义将它们与其他组别进行合并。合并后，*x*9*c* 表示犯罪嫌疑人是初犯或者偶犯，*x*13 表示共同犯罪，各变量之间无严重的多重共线性。

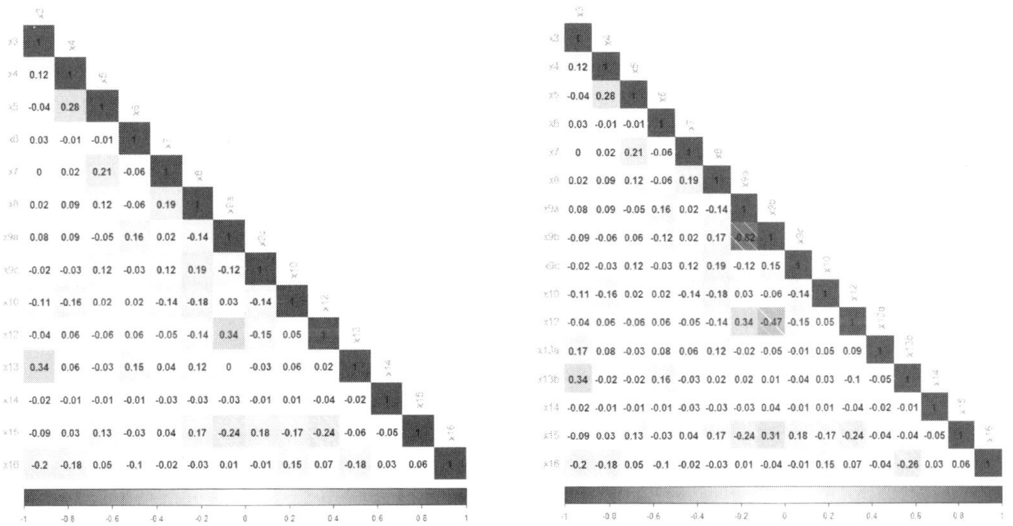

图 2　自变量模型的自相关系数

对合并后的变量进行 Logistic 回归，结果如表 2 所示，发现部分变量极不显著，*P* 值在 0.9 以上，这些变量对结果的影响很小，如果保留在其中会影响其他变量的解释性，也会模型的整体准确性。故应采用 lasso 最优子集选择法将其去除。

表 2　　合并后的变量回归结果

变量	系数	标准差	z 统计量	P 值
截距项	-0.1362	1.3142	-0.104	0.917470
x3	0.8041	0.4825	1.667	0.095613 *
x4	-1.5095	3.7819	-0.399	0.689793
x5	19.3257	1234.9649	0.016	0.987515
x6	13.6319	1027.6428	0.013	0.989416
x7	-0.8680	0.4036	-2.151	0.031505 **
x8	-0.5075	0.3843	-1.320	0.186674
x9a	2.1140	0.5234	4.039	5.37e-05 ***
x9c	0.8606	0.6380	1.349	0.177400
x10	1.4312	1.2659	1.131	0.258230
x12	0.7525	0.3609	2.085	0.037056 **
x13	1.4943	0.6227	2.400	0.016410 **
x14	-16.6558	2399.5447	-0.007	0.994462
x15	-1.0887	0.3046	-3.574	0.000352 ***
x16	-1.2053	0.4406	-2.735	0.006230 ***

注：***、**、* 分别代表 1%、5%、10% 的显著性水平，下同。

最优子集选择法原理是对于所有的自变量，该方法会计算所有可能的自变量选择，对于每一个变量个数的模型，从中选择 RSS 最小的模型作为确定该变量个数时的最佳模型并记录。此时再根据 C_p 值，BIC 或 $adj\ R^2$ 等指标进行选择。如图 3 所示，根据不同参数进行子集个数的确定（红点标注）。

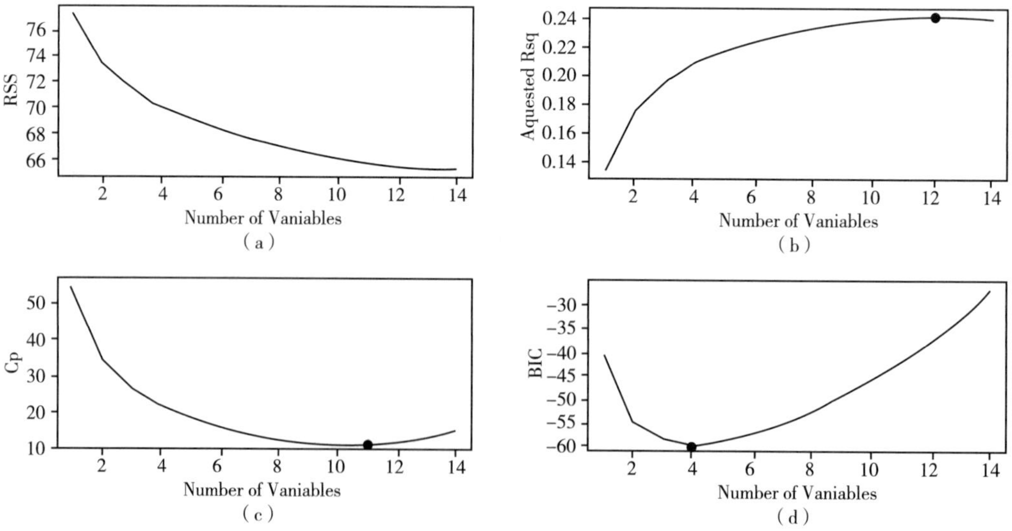

图 3　最优子集选择法计算自变量选择

结合上一步所得的每个变量个数对应的最优模型，根据 $adj\ R^2$ 所得变量个数为 12 个，参与建模的变量为 $x3$，$x4$，$x5$，$x7$，$x8$，$x9a$，$x9c$，$x10$，$x12$，$x13$，$x15$，$x16$；根据 C_p 值所得变量个数为 11 个，参与建模的变量为 $x3$，$x4$，$x5$，$x7$，$x8$，$x9a$，$x9c$，$x10$，$x12$，$x13$，$x15$，$x16$；根据 BIC 所得变量个数为 4 个，参与建模的变量为 $x5$，$x9a$，$x13$，$x15$。可以分别得到模型 Logistic-BSS-Cp，Logistic-BSS-BIC 和 Logistic-BSS-adj R^2。

lasso 方法是一种通过对变量进行选择和压缩来进行特征选择的基于线性回归模型的特征选择方法，是以缩小变量集（降阶）为思想的压缩估计方法。通过增加 L1 范数作为增加变量个数的"惩罚项"，选择合适的正则化参数后，所得参与建模的变量为 $x3$，$x5$，$x8$，$x9a$，$x10$，$x12$，$x13$，$x15$，$x16$，其余变量系数均被压缩至 0，模型记为 Logistic-lasso。

将测试集数据分别代入测试集做预测，得到混淆矩阵，再通过混淆矩阵计算各模型的准确率 *acc*，查准率 *P*，查全率 *R*，*F*1。熊谋林（2016）利用 2005 年中国综合社会调查关于"错判"和"错放"危害性偏好的 10732 个样本，研究采用多种统计模型分析后发现，两种司法错误危害相当，故此时考虑 *F*1 变量。具体数据如表 3 所示。画出每个模型的 *ROC* 曲线并标注 AUC（如图 4 所示）。

表 3　　多种统计模型分析

模型名称	变量个数	*acc*	*P*	*R*	*F*1
Logistic-BSS-Cp	11	0. 7260274	0. 7368421	0. 7368421	0. 7368421
Logistic-BSS-BIC	4	0. 6027397	0. 7727273	0. 8947368	0. 8292683
Logistic-BSS-adj R^2	12	0. 7123288	0. 7297297	0. 7105263	0. 7200000
Logistic-lasso	9	0. 7123288	0. 7297297	0. 7105263	0. 7200000

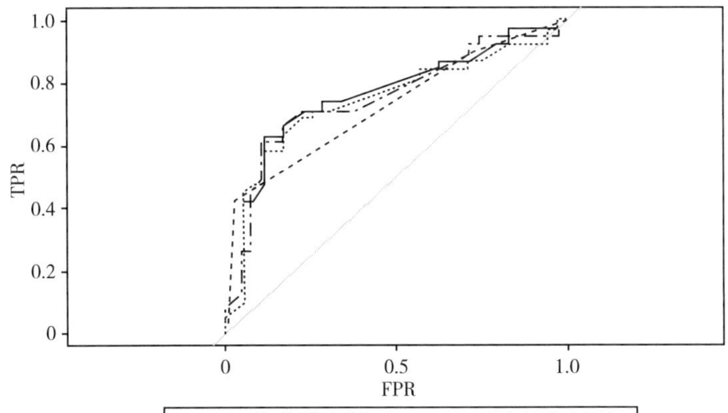

图 4　多种模型的 *ROC* 曲线

2. 模型构建。根据上文内容，选择 Logistic-BSS-Cp 作为最终模型，重写变量名序列，得到最终模型为：

$$P = \frac{1}{1 + e^{-1.1208+0.8507x_1+2.3114x_2-0.5866x_3-0.4815x_4+2.0946x_5+1.0947x_6+2.2787x_7+0.7607x_8+1.4435x_9-0.9899x_{10}-1.1268x_{11}}}$$

其中，P 为预测羁押的正确概率，亦可理解为采取非羁押措施的风险，e 为自然常数，约等于 2.718。其余的变量说明如表 4 所示。

表 4　变量说明

变量名	变量意义	系数	标准差	Z 统计量	P 值
截距项	截距项	-1.1208	1.2519	-0.895	0.370625
$x1$	法定刑在三年以上	0.8507	0.4850	1.754	0.079421 *
$x2$	社会影响较大	2.3114	1.6064	1.439	0.150195
$x3$	犯罪嫌疑人获得谅解并做出赔偿	-0.5866	0.3846	-1.525	0.127206
$x4$	犯罪嫌疑人有自首、立功情节	-0.4815	0.3784	-1.273	0.203148
$x5$	犯罪嫌疑人是累犯	2.0946	0.5167	4.054	5.03e-05 ***
$x6$	犯罪嫌疑人是初犯或者偶犯	1.0947	0.6190	1.768	0.076989 *
$x7$	犯罪嫌疑人主观故意	2.2787	1.2391	1.839	0.065913 *
$x8$	犯罪嫌疑人有不良行为	0.7607	0.3577	2.126	0.033477 **
$x9$	犯罪嫌疑人是共同犯罪	1.4435	0.6054	2.384	0.017114 **
$x10$	犯罪嫌疑人有正式工作	-0.9899	0.2994	-3.307	0.000944 ***
$x11$	犯罪嫌疑人在本地居住	-1.1268	0.4291	-2.626	0.008650 ***

相较于原先的模型，各系数 P 值均有明显下降。变量 $x3$，$x4$，$x10$，$x11$ 会降低采取非羁押措施的风险；变量 $x1$，$x2$，$x5$，$x6$，$x7$，$x8$，$x9$ 会增加采取非羁押措施的风险。

本文中所选变量均为分类变量，意味着所有可能的取值组合是有限的，对相似案件的处理结果可能相同。为减少这类错误，参考美国司法部门的做法和张吉喜、梁小华的研究，设置风险等级表，将风险等级划分为高风险、中风险、低风险等级。在运用该模型时，需首先根据犯罪嫌疑人具体情况得到各样本取值；其次将各样本取值代入模型方程式，求出对犯罪嫌疑人采取非羁押措施的具体风险值；最后对比风险等级（见表 5）。

表 5　对比风险等级

风险等级	对应风险值	采取措施
低风险	0.0000 ~ 0.4316	建议采取非羁押措施
中风险	0.4316 ~ 0.7136	需办案人员再做判断
高风险	0.7136 ~ 1.0000	不建议采取非羁押措施

3. 模型展示。利用案件对模型使用进行说明：

高某某盗窃案。犯罪嫌疑人高某某，年龄 60 岁。2015 年，因犯盗窃罪被判处有期徒刑七个月，并处罚金人民币 1000 元。2018 年，因犯盗窃罪被判处有期徒刑一年，并处罚金人民币 1000 元。2019 年 6 月 14 日刑满释放。因涉嫌犯盗窃罪于 2021 年 11 月 3 日被刑事拘留，同月 17 日被逮捕。2021 年某月某日，高某某在某餐馆，趁被害人熟睡之机，将放置在桌上 1 部价值人民币 3133 元的华为手机盗走。审理期间，高某某亲属代其退还赃物折价款人民币 3133 元。本案中，犯罪嫌疑人具有的风险评估因素有：做出赔偿（$x3$），累犯（$x5$）、主观恶意（$x7$）、有不良行为（$x8$），将这些因素代入方程中可得：

$$P = \frac{1}{1 + e^{-(-1.1208-0.5866+2.0946+2.2787+0.7607)}} = 0.9585$$

风险值处于高风险等级，不建议采取非羁押措施。

二、基本结论

（一）关键影响指标原因分析

1. 社会危害指标分析（见表 6）。

表 6　社会危害指标

社会危害	有较大社会影响
	法定刑在三年以上
	赔偿、谅解

（1）有较大社会影响。犯罪行为危害了不特定多数人的权益、犯罪行为针对特定人但具有特别恶劣的情节，上述两种情形都会导致案件受到社会的广泛关注，此时案件的进展和犯罪嫌疑人的个人情况是广大群众尤为关心的重要部分。为维护社会秩序、威慑犯罪分子、保障人民安宁，较大社会影响案件一般不适用非羁押措施。

（2）法定刑在三年以上。有期徒刑的刑期与犯罪危害性基本呈正相关，非羁押必要性评估时，法定刑是判断罪行轻重、评估非羁押措施适用的参考要素。因为法定刑只是法律规范，庭审之后的宣告刑才是结果，最终的刑罚还存在适用缓刑、附加刑的情形，不能以法定刑一概而论。

（3）赔偿、谅解。犯罪人对受害人的赔偿代表了其积极悔改、真诚悔罪的态度，就其罪行得到了基本的原谅，个人危害性降低，再犯可能性减少。

2. 人身危害指标分析（见表7）。

表7　人身危害指标

人身危险	自首、认罪
	累犯、初犯和偶犯
	有不良行为
	故意犯罪
	共同犯罪

（1）自首、认罪。自首即犯罪嫌疑人作案后主动到案、如实供述，是法定的从轻减轻处罚的情节，表示犯罪嫌疑人已经有悔罪的意识，愿意配合公安机关的侦查工作，愿意接受法律的制裁，个人危险性降低。坦白也属于此类。认罪则一般指认罪认罚，犯罪嫌疑人认罪认罚直接体现了“预防必要性”的降低。

（2）累犯、初犯和偶犯。数据表明，累犯的出现一般代表了非羁押的“死刑”，对于徒刑以上刑罚结束后五年仍犯同罪的犯罪人，公安机关和检察机关应当要考虑其再犯的高度可能性，绝大多数都会实施羁押措施。另对于初犯和偶犯而言，还需要根据犯罪情节和其他指标判断。总的来说，初犯、累犯情形的主观恶意更低，因此更容易适用非羁押措施。

（3）不良行为。不良行为指曾犯其他罪或违反民事法律、行政法规等规范的行为，如吸毒、斗殴、盗窃等。不良行为可以为羁押评估人员提供一个判定犯罪嫌疑人品格道德的路径，是非羁押评估的重要参考依据。

（4）故意犯罪。犯罪的故意和过失是评判人身危险的基础指标，具体应用中需要结合犯罪行为具体情节、犯罪心理、社会影响等法定情节综合判断。在司法实践中，过失犯罪因为缺乏主观故意，人身危险性明显弱于故意犯罪，更容易适用非羁押评估。

（5）共同犯罪。主犯、从犯、胁从犯、教唆犯作为共同犯罪中的不同情况，在非羁押必要性评估中一定要分开讨论，作为组织领导犯罪集团、起主要作用的主犯，在法律上要承担全部责任，主观恶意和人身危险性也是最大的。从犯、胁从犯、教唆犯则要根据个人的犯罪情况和在犯罪集团中发挥的作用，一定要综合判断。

3. 诉讼风险指标分析（见表8）。

表8　诉讼风险指标

诉讼风险	有正式工作
	本地居住

（1）有正式工作。正式工作可以限制犯罪嫌疑人做出潜逃、藏匿等行为。此外，从保护社会主义市场经济发展的角度出发，结合个人品格道德，通常会更倾向于适用非羁押措施。企业合规政策也是基于这个角度，降低企业因部分人犯罪而受到巨大的震荡。

（2）本地居住。从经济角度考虑，犯罪嫌疑人不住本地又不可能返回原住地，适用非羁押措施后食宿是主要的问题。哪怕犯罪嫌疑人财产情况良好，有住宿酒店的经济能力，相比居家其“居留稳定性”仍然受到影响。外地居住在实践中较少适用非羁押措施。

（二）司法机关态度及原因分析

检察机关是少捕慎诉慎押政策实施的主要主体之一，其态度对该政策的实施效果有很大的影响。经过实地调研与访谈，了解到中央大力推动少捕慎诉慎押政策在地方各级机关的落实，具体以考核指标的形式促进检察院及相关工作人员对轻罪或特殊对象，进行执行非羁押强制措施或不起诉的决定。

对轻罪罪犯进行不起诉决定不仅能够减少社会矛盾，还能够减少需要检察院跟踪、持续化解的问题，维持社会的稳定。在理想条件下，检察院一方对少捕慎诉慎押政策表示期望与支持。虽目前已有相关的非羁押风险评估机制，但具体操作还有些粗糙，不能量化风险系数，需要有工作人员严格把关判断。

由于非羁押强制措施的特殊性，需要额外划分警力对罪犯进行控制。例如，监视居住的非羁押强制措施，需要有2～3名公安机关工作人员对其进行监视，当适用非羁押强制措施的罪犯人数多起来，公安机关很难有资源对每一个罪犯都进行监视，基层警力稀缺的情况下也很难在侦破案件和监视罪犯中兼顾，偶尔出现监视对象逃跑的情况，还需要花费更大量的司法资源进行抓捕，这是少捕慎诉慎押政策的落实存在实际困难的地方。2022年初，中央专门在机关内部对公安机关工作人员进行了关于少捕慎诉慎押政策的解释，现如今公安机关对于少捕慎诉慎押政策有了更积极的支持，也希望能够有大数据与科技帮助进行罪犯监管减少警力消耗。

（三）保障措施构建

1. 案件承办人运用。

（1）推动司法人员转变司法理念。在少捕慎诉慎押政策完善进程中，司法人员应进一步转变办案理念，不过分强调保安全而是回归逮捕羁押作为诉讼强制措施诉讼保障的本质功能，提升刑事司法中的人权保障理念。此外，还可通过推广定期审查重点案件和系统专项建档立案等规定，从制度的角度规避司法人员拖延审查、遗漏审查等情况。

（2）明晰审查因素细化判断标准。逮捕的社会危险性条件、羁押必要性审查主观性太强，缺乏客观公正的判断标准是当下少捕慎诉慎押政策实践中的一大困境。我国部分地区也已探索出一些行之有效可实操的方式方法，其中包括围绕具体案件举行联席会议讨论听取各方意见，组织召开听证会增强对社会危险性等因素的判断力等，这些方式都利于在适用逮捕羁押强制措施的具体标准方面达成共识。

（3）司法人员灵活运用充分协调。我国刑事案件繁多复杂，有时各类政策计划也并不一定能够完全自洽，这时就需要司法人员运用法律智慧在政策间进行权衡灵活适用。如国内有学者就指出我国径行逮捕制度使检察官在一些案件中丧失自由裁量权。还有专项整治活动中为取得成效，案件“拔高凑数”现象难以避免，不捕、不诉自然是与专项斗争不和谐的音符，因此很难被适用。此类情况就需要司法人员进行充分协调，如对径行逮捕人员仍依法进行羁押必要性审查，尽可能同时发挥少捕政策的效力等。

2. 静态评估与动态评估相结合。诉讼风险是潜在的，演变为现实的时间点是随机的。在访谈中受访者也提到，适用非羁押强制措施的犯罪嫌疑人在非羁押期间还是有一定可能再次实施犯罪。因此，对于适用非羁押诉讼的犯罪嫌疑人，无论逃逸风险高低，执行机关都应时刻保持风险防范意识，对犯罪嫌疑人的生活状况、思想动态进行实时跟踪，动态评估犯罪嫌疑人社会危险和人身危害程度的变化情况。如果出现犯罪嫌疑人的诉讼风险转向现实危险的事实情况，重新进行风险评估之后适用非羁押强制措施的风险上升到需要羁押，那么办案机关就需要及时改变强制措施，以保障诉讼程序的进行和社会稳定。同时，当犯罪嫌疑人、被告人自行启动羁押必要性审查，请求变更刑事措施时也需要重新进行评估，通过评估结果对比风险系数的变化，能够更为客观地判断能否变更强制措施。

3. 智能监管应用。智能监管系统的开发和应用主要是为解决适用非羁押强制措施可能带来的问题和风险。智能监管系统的开发和应用已经不是个例，在美国一些州，以及法国、瑞士、澳大利亚、阿根廷等国家，倾向于选择给性犯罪者以及一些特殊犯罪人佩戴电子手镯或电子脚环，进行全天候智能监控，一旦超过预设的警戒距离就会向警方报告，以预防重新犯罪。这种智能监管系统带来的好处主要有两个：一是节约司法资源；二是减少再犯罪率。我国目前许多基层地区并没有研发和运用智能监管系统，部分地区做出了尝试①。总的来看，通过运用智能手环或 App 智能监测等措施，

① 贺州市检察机关在广西率先设计研发非羁押措施适用智能监管平台，以电子腕表、电子打卡等方式，对采取非羁押措施的人员实现远程监管，以能动检察加强民生司法保障；邓州市人民检察院为了保障非羁押诉讼正常进行，建立了无故不到案犯罪嫌疑人（被告人）跟踪机制，由案件管理部门通过流程监控等方式进行监督管理。

有助于降低基层采用非羁押强制措施带来的压力，也能够为少捕慎诉慎押刑事政策的推行提供更好的司法环境。

三、模型使用说明

步骤一：案情对应截距项，有则保留（见表9）。

表9　模型使用说明

变量名	变量意义
截距项	截距项
*x*1	法定刑在三年以上
*x*2	社会影响较大
*x*3	犯罪嫌疑人获得谅解并做出赔偿
*x*4	犯罪嫌疑人有自首、立功情节
*x*5	犯罪嫌疑人是累犯
*x*6	犯罪嫌疑人是初犯或者偶犯
*x*7	犯罪嫌疑人主观故意
*x*8	犯罪嫌疑人有不良行为
*x*9	犯罪嫌疑人是共同犯罪
*x*10	犯罪嫌疑人有正式工作
*x*11	犯罪嫌疑人在本地居住

步骤二：将案情中包含的截距项代入公式。

$$P=\frac{1}{1+e^{-1.1208+0.8507x_1+2.3114x_2-0.5866x_3-0.4815x_4+2.0946x_5+1.0947x_6+2.2787x_7+0.7607x_8+1.4435x_9-0.9899x_{10}-1.1268x_{11}}}$$

步骤三：计算得出 P 值对应结果（见表10）。

表10　P数值对应结果

风险等级	对应风险值	采取措施
低风险	0.0000～0.4316	建议采取非羁押措施
中风险	0.4316～0.7136	需办案人员再做判断
高风险	0.7136～1.0000	不建议采取非羁押措施

参考文献

[1] 谢小剑．羁押必要性审查制度实效研究［J］．法学家，2016（02）：136－145，179－180.

[2] 陈卫东．羁押必要性审查制度试点研究报告［J］．法学研究，2018，40（02）：175－194.

［3］胡波．羁押必要性审查制度实施情况实证研究——以某省会市十二个基层检察院为对象的考察和分析［J］．法学评论，2015，33（03）：186－196.

［4］孙保平，夏布云，李新增．司法实践中非羁押诉讼风险评估与控制［J］．检察调研与指导，2019（05）：112－115.

［5］门美子．未成年人犯罪适用非羁押性强制措施可行性评估机制研究［J］．中国人民公安大学学报（社会科学版），2007（05）：89－95.

［6］蓝向东．美国的审前羁押必要性审查制度及其借鉴［J］．法学杂志，2015，36（02）：103－113.

［7］自正法．涉罪未成年人羁押率的实证考察与程序性控制路径［J］．政法论坛，2019，37（04）：129－143.

［8］宋英辉，上官春光，王贞会．涉罪未成年人审前非羁押支持体系实证研究［J］．政法论坛，2014，32（01）：98－111.

［9］史立梅，周洋．刑事司法中的风险调查与评估——以审前释放为视角［J］．刑法论丛，2017，52（04）：475－502.

［10］高通．逮捕社会危险性量化评估研究——以自动化决策与算法规制为视角［J］．北方法学，2021，15（06）：131－144.

［11］蔡雅钐．审前释放风险评估的域外发展及借鉴［D］．上海：华东政法大学，2021.

［12］潘金贵，唐昕驰．少捕慎诉慎押刑事司法政策研究［J］．西南政法大学学报，2022，24（01）：38－48.

［13］赵桔水，王婉露．以涉案人员分类处理机制贯彻少捕慎诉慎押刑事司法政策［J］．中国检察官，2022（02）：18－20.

［14］郭烁．徘徊中前行：新刑诉法背景下的高羁押率分析［J］．法学家，2014（04）：83－98，178.

［15］申占群．刑事强制措施体系完善及检察工作机制改革——以降低刑事诉讼羁押率为目标［J］．河北法学，2007（11）：183－189.

［16］林喜芬．解读中国刑事审前羁押实践——一个比较法实证的分析［J］．武汉大学学报（哲学社会科学版），2017，70（06）：83－95.

［17］宋远升．羁押必要性审查的改革逻辑［J］．东方法学，2017（02）：89－96.

［18］田文军．羁押必要性审查制度之检讨［J］．交大法学，2017（01）：143－155.

［19］王子毅．降低审前羁押率的影响因素分析与对策研究［J］．中国刑事法杂志，2021（04）：101－124.

［20］罗海敏．我国台湾地区未决羁押制度的改革及启示［J］．中国政法大学学报，2019（05）：140－152，208.

［21］孙长永．少捕慎诉慎押刑事司法政策与人身强制措施制度的完善［J］．中国刑事法杂志，2022（02）：108－131.

大学生自身课程体验视角下高校课程思政建设路径研究

李亚珂　文一岚　肖林蕊　程英琦　王丽杰

一、引　言

课程思政是新时期党和国家对高等教育提出的新要求，也是落实教育立德树人这一根本任务的重要举措，它强调将思想教育工作贯彻到教学全过程，从而实现知识技能、价值信仰全方位的提升。课程思政是一项系统性工程，其实施的具体效果如何，不仅需要学校层面的科学设计，需要教师对专业知识及思政教育的理解和把控，还需要调动学生的积极性，使其主动参与到相关教学讨论与实践中来。

然而，目前思政教育普遍面临学生到课率不够，抬头率不高，积极性不够的问题。因此，如何提升学生自主参与思政学习的主动性，就成为提高课程思政效果的重中之重。基于此，本文以学生作为主体，采用扎根理论的方法对武汉 12 所高校全体学生进行访谈，构建出影响大学生课程思政参与度及体验感的理论模型，试图从学生的视角为提升课程思政教育效果提出切实可行的改进措施。

二、研究方法与设计

基于学生自身课程情感体验的课程思政尚未形成接受理论或者模型。因而，在研究学生课程体验下课程思政推行方式时，采用建构性思维进行呈现，之后采用定量研究进行理论检验。

基于此，本文结合定性与定量共同探讨受学生欢迎的课程思政形式。第一步，通过深度访谈收集定性数据并通过扎根理论构建出影响学生接受课程思政的理论模型。第二步，根据第一步结果设计量表验证理论模型的准确性，辅助以定性比较分析（Qualitative Comparative Analysis，QCA）方法探究理论模型中目标因素的影响路径。

三、扎根研究与理论框架构建

（一）定性数据收集

本文旨在构建大学生喜爱的课程思政形象。因而通过对大学生群体进行半结构访谈来收集资料。访谈的主题围绕“喜欢的课程思政形象”开展。让学生讲述从正反两个方面讲述课程思政的体会，让学生设想自身作为高校教师开展课程思政的情境，并根据访谈者的答案，随时调整和补充问题，尽可能在对话中获取更多有效信息。

研究采用偶遇抽样的方式在大学校园中招募受访者。根据研究内容对样本的选择进行以下条件的设置：（1）正就读于普通高等学校；（2）接受过课程思政教育；（3）语言流畅，能够清晰表达自身观点和感受。据此，首先招募了15名典型的受访者。在编码完成后，又招募了5名典型受访者用于扎根理论饱和度的检验。每位学生访谈时间为20~40分钟，整理后形成了约7万字的一手资料。访谈资料全部导入执行研究软件Nvivo 11中进行编码和分析（见表1）。

表1　受访者基本信息

编号	性别	年级	专业
1	女	2021	经济
2	女	2020	行政管理
3	男	2020	环境
4	女	2020	经法
5	男	2020	管科
6	男	2021	新闻
7	女	2021	金融
8	女	2021	商务英语
9	女	2020	中西临床
10	男	2020	法学
11	女	2020	广告学
12	女	2020	法学
13	男	2020	行政管理
14	男	2020	教育学
15	女	2020	网络与新媒体
16	女	2020	农经
17	男	2021	会计
18	女	2020	侦查
19	男	2021	工商
20	男	2020	动漫

（二）资料分析：基于扎根理论的三级编码

本文采取程序化扎根理论的方法，对所得访谈资料开展开放性编码、主轴性编码和选择性编码三级编码程序。

1. 一级编码：开放性编码。开放性编码主要对访谈资料中的文字进行初步分析，将文字中重复、相似的内容进行对比和整理，从而界定概念、发现范畴。在对访谈资料逐字编译的过程中，编译者尽量不带任何预设和偏见，通过比较、归纳，逐渐缩小编码范围并趋于饱和，最终获得 97 个初始编码。开放式编码过程示例如下：

受访者原始语句为："老师在正常上课的过程中，遇到某一个知识点，应该很自然地就把相关的思政元素体现出来，这就要求老师在备课过程中要提前把这个史实给查明白，保证在课堂讲的时候不要出错，尽量以更自然幽默的方式过渡到上面来。"（2，大三，行政管理）

则将这段文字编码为"a4 自然体现""a9 史实正确""a10 幽默"。

受访者原始语句："印象深刻的是有门课，因为老师之前当过兵，所以他对历史事件是有很强大的共情能力的，他讲的时候就非常慷慨激昂，完全是脱稿，对有名的一些将领、战役都讲非常正确，也非常自然。他讲话的神态和动作就能看出来他是很认同这个事情的。"（3，大二，经济）

则将这段文字编码为"a20 共情力""a22 情感饱满""a9 史实正确""a4 自然体现""a30 教师认同"。以此类推，在对所有访谈资料编码后，最后形成 97 个初始范畴。

2. 二级编码：主轴编码。在开放性编码的基础上，对获得的 97 个范畴进行进一步梳理和排列，通过聚类分析在不同范畴之间建立起联系，并据此提炼主范畴。在此阶段，归纳出了 21 个主范畴：参与互动、适度、自主学习展示、故事案例、生活经历、启发性、认同感、育人性、知识性、接近性、平等对话、价值认同、人格魅力、具体性、恰当融入、授课情感、形式丰富、音视频融入、幽默、紧跟时事、新鲜故事。主范畴具体内涵之间具有互斥性。主轴编码过程示例如下：

"老师本身也是一个很会开玩笑很风趣幽默、很有意思的人，这个'有意思'也许就是说话方式很自在，给人感觉他的想法就很年轻化，很亲近我们，就让你觉得是讲得特别好的。"（5，大二，法学，初始编码"幽默""亲近感""年轻化"）

"关于思政元素的抽象理论，但如果跟我们的生活结合起来，比如说对我们未来的求职导向，或者一些更贴近生活的表述，思政元素就比较容易接受。"（10，大三，环境，初始编码"生活化""具体"）

"我还喜欢从我们学生自身的问题来谈，比如偏心理方面的对话，老师给我们讲很多人生大道理我也很喜欢听，类似谈心这种方式。"（11，大四，广告学，初始编码

“从学生出发”“谈心”“讲经验”）

上述语句在初始编码中都呈现了一个共性，即与学生生活和情感的接近性。因此，将其整合为“接近性”这一主轴编码。以此类推，最后形成21个主范畴。

3. 三级编码：选择性编码。选择性编码是在主轴编码的基础上，从主范畴中选择核心范畴，并探索核心范畴之间的逻辑关系，将其理论化。在对21个主范畴的性质和内涵分析比较后，得到了7个含括主范畴的核心范畴（见表2）：参与性、故事性、获得感、亲和性、情感接受、生动性、新鲜性。

表2　学生喜欢的课程思政形象维度构成说明

核心范畴	范畴	代码	具体内涵
参与性	参与互动	A1	学生在课堂中参与互动
	适度	A2	课程安排中思政元素含量适度
	自主学习展示	A3	学生自主学习并在课堂展示
故事性	故事案例	B1	课程中含有人物或事件类故事和案例
	生活经历	B2	教师把个人经历作为故事讲述
获得感	启发性	C1	学生从课程思政中收获思考性的启发
	认同感	C2	学生从课程思政中收获对国家对民族的认同感
	育人性	C3	学生从课程思政中收获做人的道理
	知识性	C4	学生从课程思政中收获知识
亲和性	接近性	D1	思政元素内容和讲述方式贴近学生生活
	平等对话	D2	教师以平等方式向学生传达思政内容
情感接受	价值认同	E1	教师个人对于思政元素价值的认同和了解
	人格魅力	E1	教师个人的性格、讲课方式等人格魅力
生动性	具体性	F1	所讲述思政内容落脚具体
	恰当融入	F2	思政元素恰当融入课堂专业知识的讲授
	授课情感	F3	课堂中情感丰富
	形式丰富	F4	授课形式多样
	音视频融入	F5	在授课中辅助音视频等元素
	幽默	F6	课堂氛围欢快
新鲜性	紧跟时事	F7	课堂案例为新近发生的事情
	新鲜故事	F8	课堂案例为学生不知道的事情

通过人工对7个核心范畴之间的逻辑关系进行梳理和构建，最后形成学生喜欢的课程思政形象构成模型（见图1）。围绕核心范畴，故事线可概括为：学生对于“课程思政”的喜欢可以分为三个发展层次，从不排斥到产生兴趣再到富有收获。教师的“情感接受”是学生在课程中接受思政教育的内在基础。课堂中的参与性、故事性、新鲜性、亲和性、生动性是吸引学生喜欢听思政教育的外在条件。让学生从感兴趣

到产生情感和知识的“获得感”则是课程思政所要达到的最终效果，也是支持学生能够喜欢思政教育的原动力。上述的三个层次层层递进又相互影响和制约，反映了学生对于课程思政的喜欢是一个动态发展的过程，共同影响着学生对于课程思政内容的喜欢程度。

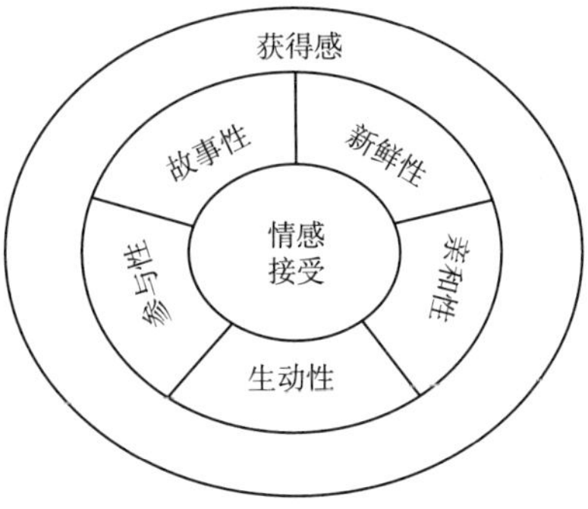

图 1　学生喜欢的课程思政形象构成模型

四、数据分析

（一）数据来源

本研究在使用扎根理论获得上述理论模型后，采用问卷调查法对其进行检验，问卷围绕编码所获得的 7 个核心范畴（变量）进行编写。调查对象为武汉 12 所主要高校（包括武汉大学、武汉理工大学、中南财经政法大学、中南民族大学、湖北中医药大学、湖北经济学院等）的大学生。在综合考虑问卷发放成本和获得性后，本研究采用方便抽样的方式，利用各校学习交流群、各专业交流群等渠道进行问卷发放，并邀请同学转发问卷，完善样本数据。

问卷发放的时间为 2022 年 9 月 3 ~ 17 日，共计 2 个星期，共回收问卷 612 份，在剔除掉填写问卷所用时长明显不符合标准、时长过短的问卷后，本研究回收的有效问卷数量为 578 份，有效率达 94%。填写问卷者的人口统计学分布如表 3 所示。

表 3　数据的人口统计学分布

变量	选项	频率	百分比（%）	平均值	标准差
性别	男	216	38.2	0.62	0.49
	女	349	61.8		

续表

变量	选项	频率	百分比（%）	平均值	标准差
年级	大一	168	29.7	2.31	1.08
	大二	150	26.5		
	大三	149	26.4		
	大四	98	17.3		
学校	武汉大学	68	11.8	4.78	0.5
	华中科技大学	46	8.0		
	华中师范大学	34	5.9		
	华中农业大学	62	10.7		
	武汉理工大学	45	7.8		
	中南财经政法大学	98	17.0		
	中南民族大学	65	11.2		
	湖北工业大学	36	6.2		
	湖北中医药大学	46	8.0		
	武汉体育学院	27	4.7		
	湖北第二师范学院	20	3.5		
	湖北经济学院	31	5.4		
专业类别	文史类	169	29.9	1.97	0.79
	理工类	262	46.4		
	经管类	118	20.9		
	艺术类	16	2.8		
政治面貌	群众	62	11.0	2.03	0.51
	共青团员	429	75.9		
	中共党员（含预备党员）	70	12.4		
	民主党派	4	0.7		

（二）问卷的信度与效度

1. 信度的检验。由于问卷编制的问题均采用5点likert量表形式，为定距尺度的测量量表，因此信度检验主要针对测量变量的内部一致性，并采用Cronbach a系数对其进行评价。

关于问卷的信度标准，多数学者认为问卷的信度系数通常介于0~1，信度系数越大则表明问卷测量的可信度越大。若α系数位于0.9以上则说明信度优秀；0.7~0.8则说明信度良好；0.6~0.7则说明信度一般；小于0.6则说明信度不佳。

具体各变量测量的信度评价结果如表4所示。

表 4　　研究变量测量的信度评价结果

变量	题目	标准化后的 Cronbach a
参与性	您在课堂中希望能够与教师互动	0.778
	您在课堂中希望思政元素的含量（占课程原有内容比例）适度	
	您在课堂中希望有自主学习和展示的机会	
故事性	您在课堂中希望教师讲述人物或事件类思政故事	0.710
	您在课堂中希望教师讲述自身经历或生活经验	
新鲜性	您在课堂中希望教师所讲述的案例为新近时事	0.848
	您在课堂中希望教师所讲述的案例为你所不知道的故事	
获得感	您在课堂中希望收获思想性的启发	0.901
	您在课堂中希望深化自身的家国情怀	
	您在课堂中希望提升自己的思想道德水平	
	您在课堂中希望提升自己的知识储备	
亲和性	您在课堂中希望教师讲的思政元素贴近日常生活	0.855
	您在课堂中希望教师以平等的方式讲授思政内容	
情感接受	您在课堂中看重教师个人对于思政元素的认同和理解程度	0.759
	您在课堂中看重教师个人的性格、讲课方式等人格魅力	
生动性	您在课堂中希望教师所讲述的思政元素是具体的	0.928
	您在课堂中希望教师能恰当把思政元素融入专业知识	
	您在课堂中希望教师讲述思政元素时课堂氛围欢快	
	您在课堂中希望教师讲述思政元素时情感丰富	
	您在课堂中希望教师讲述思政元素时形式多样	

由表 4 所示，7 个变量的测量信度均大于 0.7，因此，本问卷测量量表的 7 个变量具有较好的内部一致性。

2. 效度的检验。问卷测量效度的评价标准主要有“内容效度”“结构效度”两个维度。内容效度用于判断问卷是否具有良好的代表性，本研究在进行问卷设计时参考了“课程思政效果”实证研究的相关文献，并在扎根理论的基础上确定具体需要测量的变量，问项所使用的量表也采用了以往研究中广泛使用并较为受到认可的 likert 量表，据此可认为本问卷具有较高的内容效度。

结构效度则用于判断问卷所设题项与被研究理论之间的一致性程度，主要从“聚合效度”和“区分效度”两个维度进行评价。由于本研究所采用的问卷题项是基于扎根理论而提出的，为验证扎根理论形成的理论模型的准确性，本研究将先采用探索性因子分析方法，检验变量之间的相关性，再使用验证性因子分析方法，检验问卷的聚合效度及区分效度，以此评价问卷所获数据与理论模型之间的匹配程度。

具体结果如表 5 ~ 表 7 所示。

表 5　　KMO 和巴特利特检验

KMO 取样适切性量数		0.953
巴特利特球形度检验	近似卡方	9244.940
	自由度	190
	显著性	0.000***

表5得出的KMO值为0.953，大于0.6，而在Bartlett检验中，本次使用的问卷*P*值小于0.05，以上数据皆可以说明本问卷符合因子分析的要求，即本问卷所依照的理论模型构建的变量之间具有相关性。

表 6　　模型 AVE 和 CR 的检验

变量	平均方差萃取 AVE 值	组合信度 CR 值
参与性	0.557	0.789
故事性	0.551	0.710
新鲜性	0.732	0.845
获得感	0.695	0.901
亲和性	0.747	0.855
情感接受	0.611	0.758
生动性	0.719	0.927

表6中7个变量的平均方差抽取量（AVE）的值均大于0.5，且组合信度（CR）的值均大于0.7，说明本问卷所设置的变量内部一致性较好，具有良好的建构信度，即每个范畴所形成的问项均能一致地解释变量（核心范畴）。

表 7　　Pearson 相关与 AVE 根值

变量	参与性	故事性	新鲜性	获得感	亲和性	情感接受	生动性
参与性	0.746						
故事性	0.518	0.742					
新鲜性	0.361	0.673	0.856				
获得感	0.489	0.673	0.735	0.834			
亲和性	0.392	0.653	0.728	0.769	0.864		
情感接受	0.432	0.631	0.663	0.710	0.739	0.806	
生动性	0.437	0.668	0.670	0.731	0.790	0.782	0.848

注：斜对角线数字为该因子 AVE 的根值。

表7中7个变量的平均方差抽取量（AVE）的平方根均大于自身以外其他变量的Pearson相关系数值，说明本问卷具有良好的区分效度，即本问卷的理论模型中所抽取的范畴及核心范畴较为合理，具有良好的代表性和区分度。

（三）QCA路径检验分析

学生在课程中是否有获得感，这一问题的研究没有既定的逻辑范式，该过程具有多样性路径组合特征，就是说获得感的影响因素众多，并且之间存在交互作用，很难用单一的影响因素来有效解释获得感，这也是最终基于扎根理论得出的模型，采取QCA方法通过对实际样本数据进行分析，从而对理论模型进行补充的原因。

该方法能够很好地解释社会现象的本质规律，而本课题正属于这一范畴，在扎根得到的理论模型显然不适合利用结构方程的情况下，采取QCA方法从整体的角度探索性地考察因素变量和结果变量之间的关系，能够在现有研究成果的基础上，进一步体现出思政课程获得感形成的复杂特征，同时也能通过QCA路径分析，为后续思政课程发展的启示提供依据。

运用校准函数将变量转化为模糊定级隶属度，得到真表值，再进行单变量的必要性分析和路径分析。当必要一致性在0.9以上时，说明该变量是结果的必要条件；当结果变量分别设置为“大学生对课程思政的获得感高”和“大学生对课程思政的获得感低”时，必要条件分析结果见表8。采用普适性和解释性都比较好的中间解进行路径分析，将阈值设置为0.8，结果变量不变，计算组合路径结果见表9。

表8　必要条件分析

变量	大学生对课程思政的获得感高		大学生对课程思政的获得感低	
	一致性	覆盖率	一致性	覆盖率
参与性~参与性	0.743325	0.977803	0.808868	0.260137
	0.437555	0.903510	0.930980	0.469994
故事性~故事性	0.898979	0.962337	0.861699	0.225520
	0.276511	0.891042	0.856095	0.674465
新鲜性~新鲜性	0.953267	0.950283	0.889420	0.216769
	0.214311	0.887982	0.796012	0.806364
亲和性~亲和性	0.964366	0.950805	0.893493	0.215374
	0.204184	0.886894	0.795913	0.845219
情感接受~情感接受	0.938963	0.959942	0.886943	0.221689
	0.238699	0.896220	0.839734	0.770830
生动性~生动性	0.951979	0.954509	0.895267	0.219461
	0.221531	0.896391	0.814428	0.805690

表 9　　大学生课程思政获得感的组合路径分析

条件变量	大学生对思政课程的获得感高				大学生对思政课程的获得感低
	H1	H2	H3	H4	NH1
参与性 a		⊗	●	●	⊗
故事性 b		⊗	●	●	⊗
新鲜性 c	●		●		⊗
亲和性 e	●	●		●	⊗
情感接受 f	●	●	●	●	⊗
生动性 g	●	●	●	●	⊗
一致性	0. 888681	0. 242232	0. 695698	0. 697101	0. 635872
覆盖度	0. 981124	0. 987447	0. 995647	0. 994470	0. 635872
唯一覆盖度	0. 174803	0. 001148	0. 003194	0. 003586	0. 983693
解的一致性	0. 897619				0. 635872
解的覆盖度	0. 979232				0. 983693

由表 8 可知，当结果变量为“大学生对课程思政的获得感高”时，“新鲜性”“亲和性”“情感接受”“生动性”的必要一致性都大于 0. 9，说明它们都是构成“大学生对课程思政获得感高”的必要条件，并且都能够解释 95% 以上的问卷，具有很高的解释度。而当结果变量是“大学生对课程思政的获得感低”时，仅有参与性的一致性得分超过了 0. 9，表明参与性是大学生对课程思政获得感低的必要条件。

由表 9 可知，当结果变量为“大学生对思政课程的获得感高”时，组合路径有四条，其总的覆盖率达到了 97. 92%，说明这四条路径对结果的解释力非常高。

1. H1 路径表现出大学生对课程思政的高获得感受到生动性、情感接受、亲和性和新鲜性的影响，也就是说尽管在参与度和故事性方面不产生影响的情况下，课堂生动、内容新鲜和老师比较富有人格魅力，对思政理解程度高，仍然能够让学生在课程思政上有较高收获。在路径 H1 中，情感接受和生动性为核心条件。

2. H2 路径表现出大学生对课程思政的高获得感受到情感接受、亲和性和生动性的影响，也就是说尽管在新鲜性不产生影响，参与度和故事性不满足期待的情况下，课堂生动和老师比较富有人格魅力，对思政理解程度高，仍然能够让学生在课程思政上有较高收获。在路径 H2 中，情感接受和生动性为核心条件。

3. H3 路径表现出大学生对课程思政的高获得感是情感接受、故事性、参与性、新鲜性和生动性的共同影响，也就是说尽管在亲和性不产生影响的情况下，课堂生动，参与度合适，老师比较富有人格魅力，对思政理解程度高，内容新鲜，故事性强，仍然能够让学生在课程思政上有较高收获。在路径 H3 中，情感接受和生动性为核心条件。

4. H4 路径表现出大学生对课程思政的高获得感是情感接受、故事性、参与性、亲和性和生动性的共同影响，也就是说尽管在新鲜性不产生影响的情况下，课堂生动，参与度合适，老师比较富有人格魅力，具备亲和力，对思政理解程度高，内容故事性强，仍然能够让学生在课程思政上有较高收获。在路径 H4 中，情感接受和生动性为核心条件。

当结果变量为“大学生对思政课程的获得感低”时，组合路径只有一条，其总的覆盖率达到了 98.37%，说明这一条路径对结果的解释力非常高。路径 NH1 表示大学生对思政课程的获得感低是各变量综合作用的结果。

路径比较分析可以得到，各个路径都认为情感接受和生动性是大学生对思政课程获得感高的重要影响因素，且都是组合路径的核心条件，表明这两个因素对大学生的获得感影响最大。

五、研究结果

学生对于课程思政的喜欢可以分为三个动态的发展层次，从不排斥到产生喜欢再到情感持续。最基础的内在条件是情感接受，即教师对于思政内容的情感认同和学生对于教师的情感接受。故事性、接近性、亲和性、参与性、新鲜性这五个中间维度，能够让学生在不排斥的基础上，进一步对课程思政产生喜爱，是课程思政获得喜欢的外在条件。最外层的获得感是让这种情感得到强化并持续维系的关键因素。

（一）情感接受是学生对课程思政产生喜欢的内在条件

在此语境下，情感接受的主体和客体是双重的。一方面是教师对于思政内容的接受，教师对于思政内容的认同感和教师个人的品德修养直接影响着课堂中思政内容的讲授效果。只有教师自身认同所要讲述的思政内容，才能融入进真实情感，才能使思政内容的传递是自然的。马克思主义认为，个体的态度、观念和行为选择等会受到重要他人的影响，如父母、教师、同辈等。育人先育己，教师作为学生的引路人，自身的道德修养和理想信念是尤其重要且不可忽略的。另一方面则是学生对于教师本人的接受。学生对于教师的看法会影响对其所讲述内容的看法。教师与学生之间的情感互动是不可避免的，当这种情感互动趋向于负面时，学生往往会对教师和课堂产生抵触情绪，课堂中相对客观的内容也会受到情绪的抵触；反之则会增进理解。

情感接受是学生能否对“课程思政”产生喜欢的第一步，情感接受是培育喜欢的土壤。

（二）故事性、亲和性、新鲜性、参与性和接近性是喜欢产生的外在条件

1. 故事性。学生喜欢具有故事性的思政教育方式。在此语境下，故事可以是作为文本的故事，也可以是作为行动的“讲故事”，具有双重含义。针对课程思政，第一层的故事是文本本身，如人物事例、事件经历等富有情节性和戏剧性的内容。美国认知科学家罗杰·C. 享克指出，人生来就理解故事，而不是逻辑。这解释了学生对于故事性内容偏好的原因以及合理性，启示着教师在课程思政过程中选取育人故事的重要性。故事第二层是教师的叙事能力。何时叙事、如何叙事影响着故事本身内涵的传递，反映着教师对于故事内容的感知和叙述能力。教师作为故事的讲述者，讲述行为的本身在一定意义上也是对于故事文本内容的二次创造，能够影响故事本身所包含的价值导向和情感传递，也直接影响着学生对于故事内涵的接受。因而，选取合适的故事并在恰当的叙事语境下向学生传递，这是思政教育具备学生心中故事性的关键。

2. 亲和性。学生眼中的亲和性表现为两个方面。一方面是师生之间的平等对话，即教师在向学生进行思政教育时，是一种平等式的传达，而非说教式的劝服。传统的“教师中心论”观念已不再适用于当今教育体系，教师在课堂中应该充分表达对学生人格的尊重，以对等的形式向学生分享思政教育内容。亲和性的另一方面则是学生对教师的情感亲近性。这种亲近感的产生是多方面的，例如，教师在课堂中向学生分享自己的生活经历，教师本身语言和表情的亲和性，教师与学生的开放性互动等都能提升学生对于教师的亲近感。教师要用真诚、坦率的方式去和学生沟通交流，提升亲和性，拉近学生与教师之间的近亲感，削弱学生对于课堂内容的抵触性。

3. 参与性。课堂学习不是教师一味地输出，让学生处在接受学知识的被动地位。人类本就有一种天生的自我实现的动机，通过自主学习，把输入的知识进行加工后再输出，这个主动探索和分享的过程是我们所要重视和倡导的。在访谈中，学生表示讨厌老师自顾自地“干讲”，希望能够与老师有所互动，而不是生搬硬套地强迫性接受，而学生对于自主收集资料、小组讨论学习并上台展示的内容也会记忆得更加深刻。在课程思政的过程中，一定不能忽视学生的积极能动性，要充分调动他们的学习和分享积极性，但是这种参与性也需要注意量的问题。过满则溢，学生在访谈中也明确表示，不希望教师布置过多的思政作业，不要强行要求不愿意互动的同学互动。

4. 生动性。学生更喜欢生动的课堂。这里的生动性体现在：思政内容的落脚是否具体、思政内容是否恰当融入、课程中是否富有情感，授课的形式是否丰富等。思政内容要传递的意义越具体，学生便越能更好地理解其中的内涵，更容易产生情感和价值的共鸣。在教师授课的过程中，如何自然而然地引出思政内容也是影响课堂生动性的重要方面。这与教师对于课堂的设计，课程内容的准备，教师自身对于思政元素的

把握密切相关。在访谈中，学生更喜欢在讲课过程中富有情感变化的老师，这种情感的变化和丰富能够使学生更容易与老师共情，在共情中，学生能够进入老师所构建的内容世界中，从而更好地理解教师所讲授的内容。内容的传达往往要依托一定的媒介。互联网的发展扩展了教师授课过程中能够使用的媒介形式，音视频等元素的恰当运用能够优化思政内容的传播效果，使其更具生动性。在传统的“讲”“听”模式之外，融入游戏、话剧等形式更能吸引学生的兴趣。

5. 新鲜性。学生正处于学习阶段，对于外界的求索欲正处于旺盛阶段。课堂是学生学习新知识的地方，对于新鲜的事物和内容，学生表现出天然的兴趣。前面提到了学生对于故事性内容的喜爱，这种喜爱是基于情节的变化，是一种对于动态和变化的喜欢。但是如果教师所讲的故事是一成不变的，是学生早已听过很多遍的故事，那这种动态和变化就会变得僵化。学生的兴趣就会流失，甚至还会起到相反的作用。学生在访谈中多次提到，喜欢教师在课程中分析或者讨论最近发生的热点事件。新闻是对新近发生事情的报道，学生喜欢热点事件，其中一方面是因其故事性；另一方面也是因其新鲜性。教师在讲授思政内容时，可以利用好学生的求知心理，从日常生活入手，包含如传统文化、民族历史、时事新闻等内容，多引导同学们分享观点、评价事件，再联系理论知识。

上述五个因素并列于一个层面，在情感接受的基础上，课程中所具备的这些范畴是影响学生对“课程思政”产生喜欢的外在条件。

（三）获得感是让喜欢持续的关键因素

技术接受模型中提出，感知有用性能够对主体的行为态度产生直接影响。当学生感受到“课程思政”对于自身生活、情感、思想等方面的积极影响后，学生对于参与下次思政教育的积极性便会得到提升。也正是这种获得感，促使学生能够把对思政内容的喜欢一直持续下去，形成正向反馈。从访谈中，可以将学生在课程思政过程中的收获分为四个部分：一是思想的启发性，即学生从教师讲授的内容中获得启发和思考，这种启发性可以直接来源于教师自身的独特思考，也可以间接来自教师所传授的内容引起学生的思考。二是认同性，这种认同性主要表现为学生对于国家和民族的认同性，在小我融入大家中收获到家国情怀的感动，在中国的国际定位和中外对比中找到自身身份的归属，寻求一种精神层面的认同感。三是育人性的思想修养，即学生在课程中学会做人的道理，学到面对未来、面对成长的道理。四是知识性，即学生在接受思政教育的过程中也能够同时收获知识，丰富见闻。

获得感作为最外层，是思政课程所要达到的目的，也是让喜欢持续发展的内生动力。

六、结 语

本研究是从学生自身情感体验出发，以访谈的形式来构建学生喜欢的课程思政形式。这能够在一定程度上从理论层面解释学生对待课程思政的情感态度。但是理论和现实之间还是存在一定的差距。要让学生真正从心底接受课程思政，达到思政育人效果的最佳形式，理论指导虽然是必需的，但更重要的还是在实际的实践层面。而现实环境又是复杂多变的，存在着诸多因素的影响。因而，要构建出学生喜欢的课程思政形式，最重要的还是要回归到实践探索中，在理论指导实践的同时，让实践也来反哺理论，最后实现矛盾的普遍性和特殊性的统一。

参考文献

[1] 张大良．课程思政：新时期立德树人的根本遵循［J］．中国高教研究，2021（01）：5－8.

[2] 刘奕琳．推进专业课程开展思政教育的探索与思考［J］．学校党建与思想教育，2021（02）：9.

[3] 高德毅，宗爱东．从思政课程到课程思政：从战略高度构建高校思想政治教育课程体系［J］．中国高等教育，2017（01）：43.

[4] 刘承功．高校深入推进“课程思政”的若干思考［J］．思想理论教育，2018（06）：62－67.

[5] 杨修平．高职英语“课程思政”：理据、现状与路径［J］．中国职业技术教育，2020（08）：6.

[6] 田鸿芬，付洪．课程思政：高校专业课教学融入思想政治教育的实践路径［J］．未来与发展，2017（12）：99－103.

[7] 陆道坤．课程思政推行中若干核心问题及解决思路——基于专业课程思政的探讨［J］．思想理论教育，2018（03）：64－69.

[8] 刘鹤，石瑛，金祥雷．课程思政建设的理性内涵与实施路径［J］．中国大学教学，2019（03）.

[9] 刘子曦．故事与讲故事：叙事社会学何以可能——兼谈如何讲述中国故事［J］．社会学研究，2018，33（02）：164－188，245.

[10] 布尔迪厄．艺术的法则：文学场的生成和结构［M］．刘晖译，北京：中央编译出版社 2001：276.

“双循环”背景下湖北技术要素市场化配置体制机制优化路径研究

伍思睿　田　梦　颜丽斌　李楚铭　谭婧霖

一、湖北省技术要素市场配置的现状

借鉴其他地区发展模式，融合自身特点，湖北省在技术要素市场化配置机制方面开创了“湖北模式”。在基础研发方面，湖北省研发投入水平明显提高，科技人才培养投入显著增加，走向科技更强。在成果转化方面，科研各主体加强直接合作，科创比赛和成果转化平台等项目的实施降低了转化成本，提高了转化率。在生产制造方面，科技项目的具体落实促进了产业基地的建设和推动了乡村振兴，促进了产业链的完善，推动了产业变强。在消费层面，湖北省通过加强与国内各个省份的消费链条联系，构建命运共同体加强与国外各个地区的合作，实现国内外循环促进经济增长，走向经济更强。

二、技术要素市场化配置程度测算结果分析

本文以国家统计局2011年的划分为依据，选取以湖北省为代表的中部地区及相对发达的东部地区作为研究对象，使用熵权法，利用面板数据测算各地技术要素市场化配置程度，进行具体比对，结合现实发现问题，并在此基础上提出相应建议。具体测算结果如表1、图1、图2所示。

表1　2020年中国中部和东部地区各省份技术要素市场化配置程度加权平均综合得分及四个子项目得分

地区	省份	要素流动程度	科研投入水平	科研成果水平	对外开放水平	加权综合评价得分
中部地区	湖北	0.1209	0.3124	0.2056	0.0676	0.2091
	安徽	0.0958	0.3118	0.1079	0.1199	0.2089
	河南	0.0671	0.1606	0.1995	0.0855	0.1270
	湖南	0.0692	0.2875	0.2660	0.1392	0.2072
	江西	0.0578	0.1665	0.2150	0.1420	0.1422
	山西	0.0352	0.1233	0.1311	0.0012	0.0776
东部地区	上海	0.1985	0.2886	0.2235	0.5671	0.3302
	北京	0.3746	0.5649	0.2048	0.2775	0.4340
	浙江	0.0951	0.5015	0.5639	0.2620	0.3679
	天津	0.0886	0.1877	0.1766	0.1703	0.1627
	江苏	0.1782	0.5299	0.6104	0.3015	0.4113
	山东	0.1622	0.3551	0.3765	0.2585	0.2951
	河北	0.0764	0.1568	0.2687	0.0837	0.1315
	广东	0.8482	0.6399	0.8672	0.6470	0.7000
	福建	0.0734	0.1844	0.4532	0.1278	0.1679
	海南	0.0298	0.1580	0.0076	0.4755	0.1949

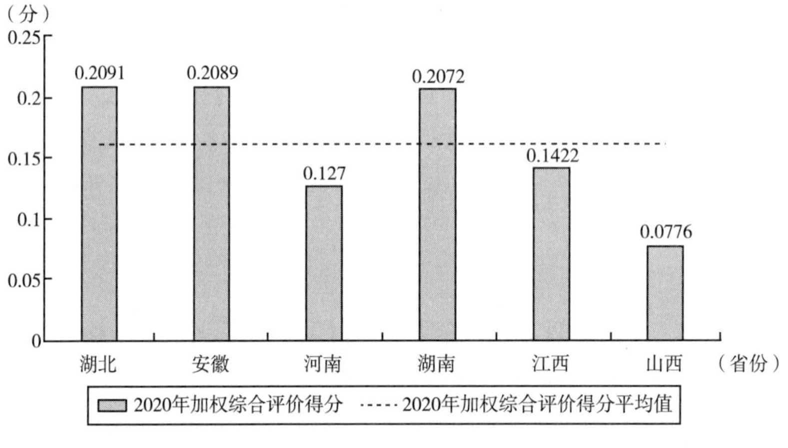

图1　2020年中部地区六省份技术要素市场化配置程度加权综合评价得分、均值

下面就指标构建的四个维度进行简要分析。

要素流动程度。湖北省是唯一一个要素流动程度得分大于0.1的中部省份，说明湖北省现有技术市场较为发达，为技术要素的吸纳与输出提供了高效的平台。

科研投入水平。湖北省科研投入水平得分为0.3124，高于其余子项目分数，成为

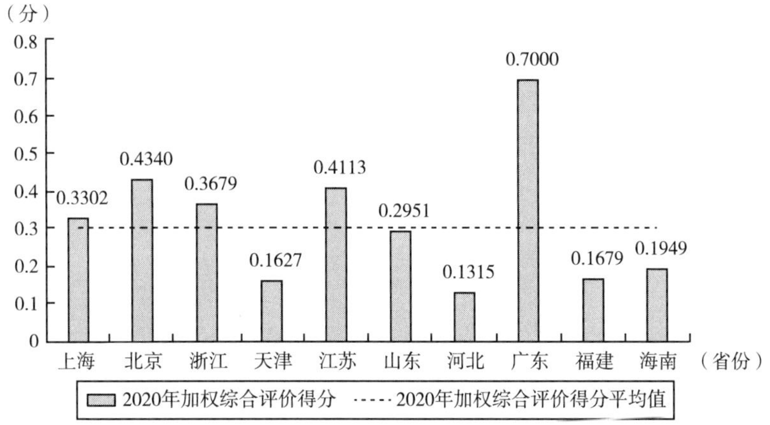

图 2　2020 年东部地区十省份技术要素市场化配置程度加权综合评价得分、均值

湖北省技术要素市场化配置综合得分提高的主要动力。湖北省科研投入水平得分位于中部地区第一位，且高于天津、福建等东部省份，说明湖北省十分重视基础研发，在各创新主体上的投入较大。

科研成果水平。在中部地区视阈内，湖北省科研成果水平得分低于同为“中三角”的湖南省和江西省，略高于中部地区得分的平均值，说明湖北省科研成果产出规模不够理想。

对外开放水平。2020 年中部和东部地区对外开放水平的平均值分别为 0. 0926 和 0. 3171。湖北省对外开放水平有待提升，仍有进一步利用好湖北自贸试验区、经济伙伴关系协定等贸易优势条件的空间。

三、湖北省技术要素市场化配置进程中面临的新问题

（一）基础科技研发有待加强

1. “双循环”中“卡脖子”问题直接影响科技创新全局。在基础科学方面，我国达到了论文数量上的新突破，质量也在逐年提高（见图 3）。但是对于一些基础学科从 0 ~ 1 的创新，以及在国际贸易中尖端科技的基础研发上还后劲不足。近年来，美国商务部频频发布出口管制的实体清单，制裁中国以华为公司为首的大型企业，湖北省也有部分企业遭到美国的制裁。

2. 有关部门对于国家基础研发发展理念政策落实不够到位。主要表现为技术定价、成果转化收益分配税负问题。长时间的审批以及各种方式的审批模式，在一定程度上会压缩相关项目人员的研发热情，湖北省的技术交易更是有着交易前价值评估等

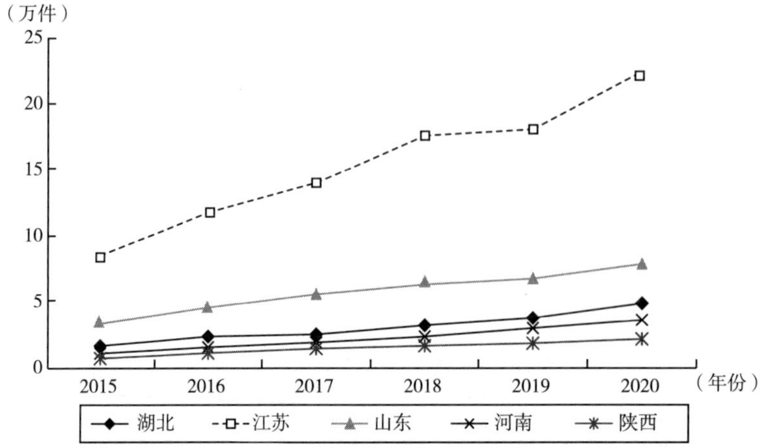

图 3　2015～2020 年部分省份规模以上工业企业有效发明专利数

资料来源：国家统计局．中国统计年鉴，2015－2020.

环节限制，阻碍了技术要素的流动。高昂的技术收益率的超额累进税也在一定程度上会让有关的开发者丧失热情。

（二）成果转化率提升面临挑战

1. 成果“外流”问题需进一步改善。湖北省科技成果“外流”现象较为突出。科技部火炬中心公布的数据显示，2021 年，湖北省输出技术合同 54148 项，成交额 2090.78 亿元；但吸纳技术合同仅 38641 项，共 1600.78 亿元，输出技术成交额是吸纳技术成交额的 1.31 倍，湖北省技术要素流失的趋势持续加强（见图 4）。

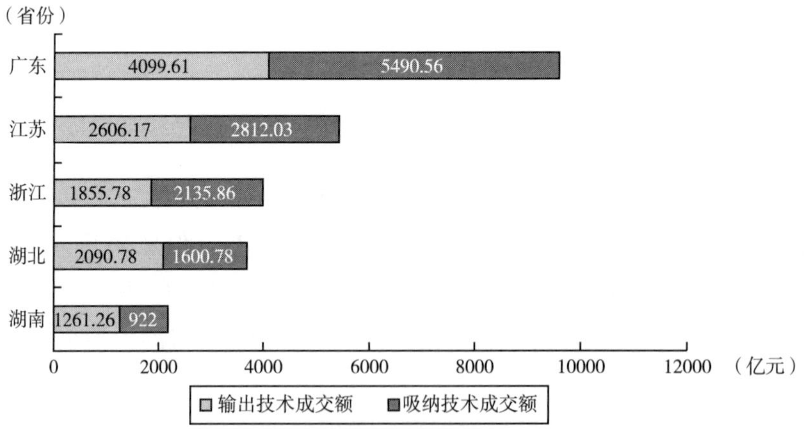

图 4　湖北与部分发达省份技术交易情况（2021 年）对比

2. 科技成果与本地产业融合不够紧密。

高校及科研院所的科技成果认为制约专利转移转化的因素见图5。由图可见，科技成果与湖北省本土产业未能有机结合，可用于湖北省主导产业发展的有效专利与技术数量较少。湖北省缺少承接科技成果的对应优势产业，科技成果未能较好地推动省内优势产业发展。

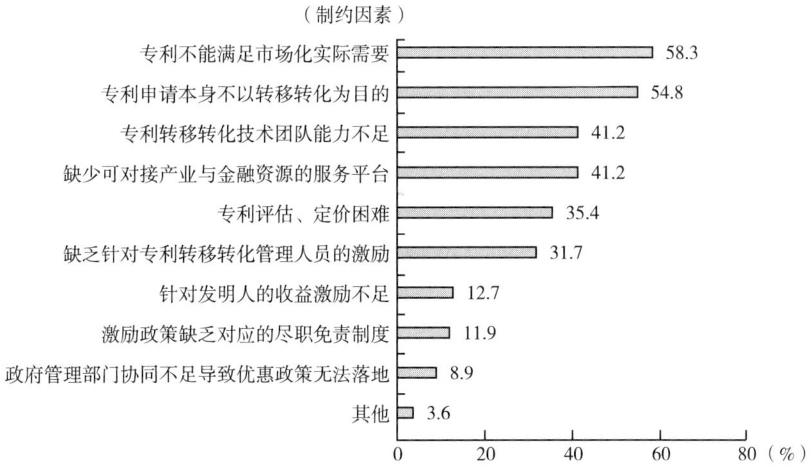

图5　高校和科研单位认为制约专利转移转化的因素

（三）生产制造环节匹配机制尚未落实

1. 制造业产业化水平有待进一步提升。湖北省目前将制造业做大做强的产业化处于起步阶段，在新型基础设施和与技术成果转化相匹配的机器设备方面存在着需求旺盛而有效供给不足、管理宏观调控仍在调整、投资效益不足等问题，导致即使技术要素完成转化和转移，也难以在生产制造环节完成相应的市场产品生产。

2. 行业异质性特点对生产制造效率。由于行业异质性的特点，在每一个行业的应用都需要独特的转化和转移，当转移完成后需要在生产制造环节进行二次匹配，对于不同行业的生产率差异，生产制造的成果完成情况也不一样，协同效应对行业异质性的影响具有削弱作用。

（四）消费市场开拓存在不足

1. 区域市场分割对中国制造业具有全要素生产率影响。区域市场分割对制造业普遍在规模效率、资源配置效率和技术进步方面具有部分负面效率，这方面的影响对于高端科技产品的市场开拓形成阻碍。湖北省的制造业具有“条块”的状态，市场存在严重的分割现象，造成高科技产品在市场中的自由流动受阻，阻止了产品的用户寻找。

2. “双循环”市场转向有待进一步支持。当前中国国内与国外的“双循环”市场已出现了失衡状况，相比于国内市场，高新技术产品出口在国外市场可获得更广泛更实际的运用；而相对应的产品在国内市场一方面没有足够的消费需求，另一方面没有竞争对手，卖价较为低廉，企业无法获得利润，开拓市场艰难。

四、阻碍湖北省技术要素市场化有效配置的原因

（一）作为“根基”的基础研发存在着一定的不完善

1. 国内大循环中，基础科学研究的源头作用发挥不全面。我国在“双循环经济”格局中遇到如“卡脖子”、贸易摩擦等问题，其实从本源上来讲，是在国内循环中并未做好。基础科学作为创新源头，在技术要素流动，特别是高质量流动中发挥着重要的作用，习近平总书记在2020年10月16日中共中央政治局第二十四次集体学习时强调，要提高量子科技理论研究成果向实用化、工程化转化的速度和效率，反映了高层领导人对于我国基础科学加快成果转化的希冀。

2. 政府和企业对科技创新的重视程度有待提升。虽然湖北省是全国优质教育资源聚集地，但是从近几年的数据来看，很多高校毕业生并没有将武汉作为自己下一个发展地，这也使得湖北省人才流出较为严重。这从另一个方面看出了武汉硬件配套设施的局限性。湖北省在工作环境、工薪待遇等问题上的确有待加强。人才始终是科技研究、科技发展最重要的一环，只有牢牢把握住湖北省高校人才优势，科技创新才有良好前景。

（二）成果转化各主体能力尚未充分发挥

1. 企业科技吸纳能力不强。湖北省企业主体发育不够，平均规模偏小，且对高科技产业的高投入、高风险、高回报认识不足，企业吸纳能力不强，从而导致湖北省众多科研成果难以在湖北省落地。调查显示，目前湖北省有99%高新技术企业年销售收入为100亿元以下，故而承接科技成果转化的能力较弱。而实体经济领域特别是战略性新兴产业领域企业平均规模偏小，是难以承接湖北省高校及院所成果尤其是较大成果转化的重要原因之一。

2. 供给端忽视需求端的市场需求。科技成果与本地产业融合不够紧密的主要原因是供给端忽视了需求端的市场需求。受制于科研评价机制与市场风向，科研人员往往会忽略对企业需求与市场情况，以及未能对本地产业做实际深入的考察，从而致使成果难以有效移向生产环节中，使转化价值大打折扣，未能匹配优势产业。

（三）新时代生产制造转型提出新要求

1. 产业化不足难以支撑企业。在生产制造上端存在原材料上涨，和对高技术产品的“双碳”目标约束，加上高科技技术的前沿性和创新性，湖北省高技术企业生产经营成本保持高位。但是作为技术要素转移的受让方，政策扶持倾斜受惠程度很有限，企业需要借助自己的资源来进行生产制造。

2. 外部环境不稳定因素在新冠疫情时代下增多。对于国际国内“双循环经济”环境而言，技术要素的流动需要稳定的国际环境和和谐的关贸条件，但是在疫情时代下，国际贸易条件具有内部消化，构建贸易壁垒的特点，对于技术要素的流动持保守态度。技术壁垒和供应链的阻滞对高技术制造业发展施加压力。

（四）消费市场开拓具有独特性

1. 市场分割造成一定影响。除去普遍存在的自然性市场割裂，科技设施与管理水平不同造成的技术性市场割裂对高新技术产业出口造成的冲击尤为突出。另外，由于区域性规则和隐性规则所产生的制度性价格分割，也导致了市场经济循环受限。高科技产品的特殊性还容易造成产品保护、头部企业垄断市场等现象。

2. 产业化历史条件不足。在过去历史阶段，中国在部分关键技术领域受国外技术遏制，存在产业先天条件不足、技术方面差距大、可靠性低、实用性不足等问题，在此前关键领域受到国外遏制，不得不对国外技术产生依赖性，同时在这些产业的衍生技术领域生产出的产品大多标有国外的技术标。

五、湖北省技术要素市场化配置相关对策与建议

（一）巩固基础研发支撑体系

1. 推进高端创新人才集聚。(1）湖北省应充分发挥其高校院所集聚地的优势，优化人才留鄂的优惠政策，将众多来湖北求学的优秀科研储备人才留在湖北进行发展。(2）应聚焦重点人才稀缺领域，编制稀缺重点人才的引进清单，实施多层次人才引进培育计划，加大力度吸引国内高层次科研人才和团队在湖北扎根。(3）湖北省要积极倡议在鄂科研人才参与国际科技合作交流，支持湖北省的高新区与“一带一路”共建国家、RCEP 成员国联合开展科研人才交流、关键核心技术合作和重要产能协作。

2. 创新科研人才收益分配机制。湖北省政府应当着力优化科研人才的收益分配机制，使科研人员能够充分享有自身所创造的知识、技术等创新要素带来的收益。积极

探索有关科研人才所获得的科研奖励、科研绩效收入、转化职务科技成果等所获得收益的税收优惠方式，给予更大力度财税减免的政策支持。

（二）优化成果转化流程建设

1. 提高科技成果本地转化率。(1) 鼓励湖北省高校及科研院所将创造的科技成果在本地进行转化。(2) 要积极引入国内外成果入鄂转化，各主体应站在“双循环”新发展格局下，注重省外、国外成果的引进，扎根湖北省切实的产业需求，借助湖北自贸试验区、湖北新发展格局先行区等自身区域优势，“一带一路”等国际经贸平台，与境内外创新主体展开紧密且深层次合作，实现科技成果的高质量转化。(3) 湖北省还可推进形成政策创新先行试验区。促进国家科技成果转移转化示范区、中国（湖北）自由贸易试验区等相互结合，使创新政策优势相互叠加。

2. 促进科技成果与本地产业相结合。首先，湖北省应推进产业创新平台建设。面向省内重点领域，如汽车制造、集成电路等高端产业，建造各类创新中心，利用科技创新平台打破产业发展落后桎梏，加速产业链现代化进程。其次，湖北省应着力建立高校院所科技成果转化示范区，围绕各高校院所自身创新领域建造科创策源地，如“光芯屏端网”等湖北省优势领域，进而发挥湖北省资源优势，促进技术要素在产业间流动，加速实现产业转型升级。

（三）生产制造行业全方位多层次升级

1. 加强优势产业间协同合作。湖北省应积极推动建设产业集群，推动交通运输物流设施建设，为生产制造提供有效的材料供应路径和产品输出路径，降低要素成本，提高生产效率。集中企业、科研院所、投资机构，成立产业生态圈，便利政策落实和技术要素流动上下游环节的沟通，形成强有力的产业生态圈。发挥协同分工的作用，为生产制造企业提供科研、金融、人才等优势。

2. 稳定国内循环的主体作用。对于湖北省而言，应减少对国外单一产品的依赖程度，尽可能扩大进口源地。同时，湖北省相关产业要参与全球价值链分配，深入整合全球高科技价值链，塑造和提升区域价值链，继续以全球前沿科技、一流产品和高端服务带动全省高科技领域更好发展。

（四）建设与强化消费与市场体系

1. 加速融入全国统一大市场。首先，通过改善资源供给方式，加大对交通运输、能源、水利和市政等关键行业投入力度，加快调整内部结构。其次，湖北省应推进综合交通运输体系建设。一方面要积极纳入全省的立体交通网络主骨架中，完成“九纵五横四环”的高速路网；另一方面要提高铁、水、公、空、管邮等渠道的承载能力和运输质量，完善集疏运体制与完善多种共同配送有机结合的交通运输体制，打造新时代的九省通衢。

2. 推进传统产业转型和新兴产业发展。湖北省应促进钢铁、化工、建材建筑、有色、纺织等传统产业朝高端、绿色、智能化方向改造提升。实施“优质企业培育工程”，梯度培养专精特新的“小巨人”，单项冠军和产业链领航企业。充分利用汽车产业基础良好的有利条件，抓住世界汽车产业在中国聚集和国家汽车产能在中西部地区转移这一契机，发挥东风公司、上汽通用、小鹏汽车等企业的拉动作用，围绕新能源汽车和智能网联汽车领域，继续做大做强湖北省汽车产业优势和提高产业集中度。

参考文献

[1] 赵彬．中国专利质量问题分析与对策研究［D］．天津：天津大学，2017

[2] 王崇桃，方德英，王一川．高校教师科研需求及激励对策研究［J］．中国市场，2009（18）：81－83.

[3] 罗志敏，马浚锋．高校基础科研创新如何实现？——结合“2017年度中国科学十大进展”的表征数据［J］．复旦教育论坛，2019，17（05）：84－90.

[4] 张金福，邓链．高校科研中的“孤岛现象”及其治理［J］．实验室研究与探索，2020，39（08）：244－248.

[5] 高煌婷．青海省高新技术企业技术创新能力评价体系研究［J］．中国经贸导刊，2020（17）：59－61.

[6] 安娜．基础科研机构项目经费管控趋势及对策研究［J］．管理观察，2015（16）：28－30.

[7] 黄祥国，江婷，向闻，陈汉梅．湖北省产学研合作现状、问题与对策分析［J］．科技创业月刊，2017，30（22）：86－88.

[8] 刘一红，盛建新，林洪，夏谦．湖北省科技成果转化的现状、问题及对策建议［J］．科技中国，2020（04）：82－87.

[9] 梁晶晶．我国高校科研成果转化模式分析与对策建议［J］．产业与科技论坛，2021，20（07）：230－232.

[10] 宗倩倩．高校科技成果转化现实障碍及其破解机制［J/OL］．科技进步与对策：1－8［2022－08－09］.

[11] 卢现祥，王素素．要素市场化配置程度测度、区域差异分解与动态演进——基于中国省际面板数据的实证研究［J］．南方经济，2021（01）：37－63.

[12] 许海东．浅析科研院所成果转化工作［J］．科技风，2022（07）：145－147.

[13] 吴春明，侯俊东．我国高校科技成果转化模式与对策研究［J］．江苏科技信息，2022，39（18）：8－11.

[14] 赵峰．武汉市科技成果转化高地该如何打造［J］．科技中国，2021（02）：77－80.

[15] 王荣鹏．湖北省科技成果产出与转化探析［J］．科技创业月刊，2019，32（11）：89－91.

［16］田园，刘湘赣，陈可欣，等．促进技术转移机构成果转化效能的对策研究——以湖北为例［J］．科技成果管理与研究，2022，17（01）：13－16．

［17］李晓燕，石明辉，张竞文．把握 RCEP 机遇助力湖北开放型经济发展［J］．中国对外贸易，2022（05）：52－55．

［18］卢敏，向闻，陈汉梅．“中三角”技术要素市场及其治理研究［J］．科学观察，2022，17（04）：61－67．

［19］朱常海．超越市场：论技术要素市场化配置改革［J］．科技中国，2022（04）：16－19．

后疫情时代下对武汉市社区韧性的评估：从防灾减灾的角度

吴勇浪　丁梓炫　王小川　吴　想

一、研究思路

调研思路主要如图1所示。基于后疫情时代的背景下，通过在武汉市市区不同社区的实地调研，了解当前武汉市社区层面的韧性基础与发展情况。选择武汉市社区作为研究对象，一方面基于就近便于调研的考虑，另一方面武汉市作为国内新冠疫情的肇始地，在长期疫情防控后对于城市社区应急处理能力的培育经历了一个特别的过程，具有较高研究价值。

计划将研究范围设定在武汉市市区，因此首先通过多阶段抽样选取出约30个社区作为考察样本。采用熵值法模型对社区的韧性进行总体评价，评价指标涵盖社区的经济基础、环境风险、技术风险、社会资本、自组织能力、外界支持等多方面因素。由于这些因素具有系统性与复杂性，为此采用实地调研与远程访问相结合的方式（以线下实地调研为主），并为线上线下的调研活动分别设计了调查问卷。将调研重点放在对政府、社区基层管理人员、社区居民的面对面访问和社区环境的实地考察上，辅以电话访问补充数据与信息。为了控制调研质量与获得数据的稳定性，还在正式调研前对一个社区作试调研，以此结果对问卷问题作修正。在调研结束后，将收集的数据作标准化处理，以此纳入指标计算，以此得到分析结果。

二、评价指标体系构建

（一）评价指标筛选

对国内外文献和相关法规文件整理后，发现社区评价指标体系较多。因此，通过

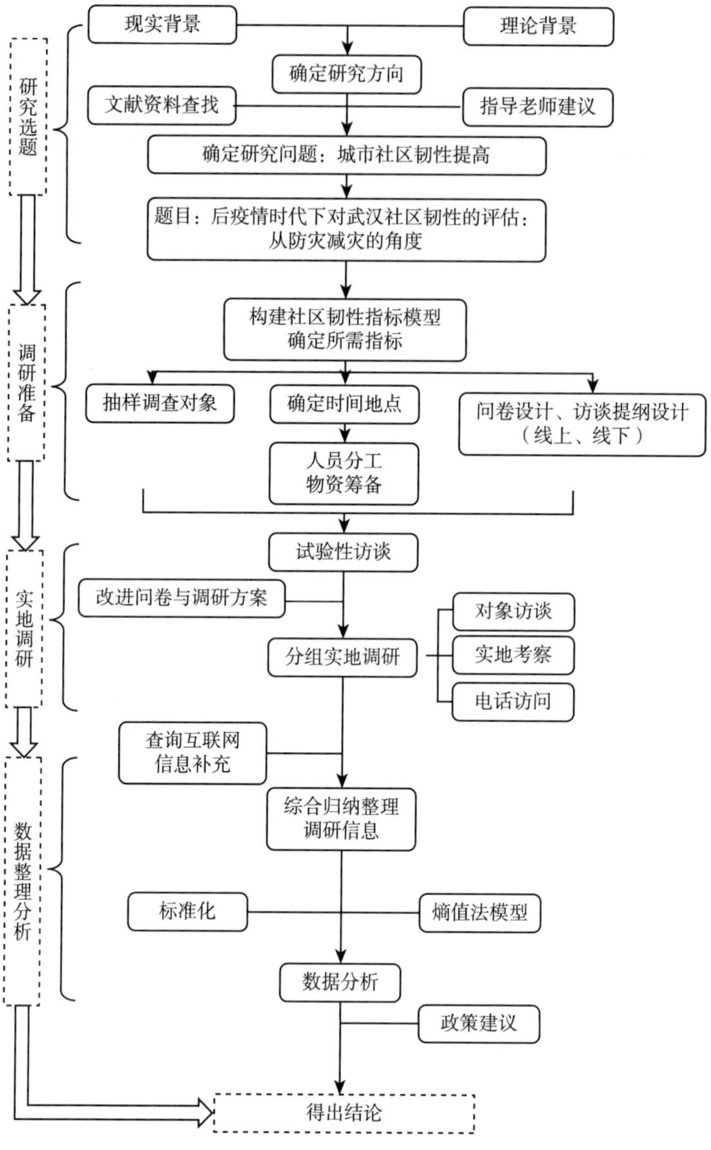

图1　研究思路

文献阅读法和频数统计法将其中受国内外学者认可度较高、被引用次数较多的评价指标体系进行归纳。分别包括杨威等学者的社区柔韧性评估指标体系、崔明家等学者的城市社区灾害应对能力评价体系，赵鹏霞等学者的韧性社区评估框架、谢赫·阿卜杜拉·阿里法特等学者的综合社区抗灾指数（CCDRI）和萨南·阿克沙的社区抗灾指数（CDRI），剔除其中出现频次低于两次的指标，并结合数据可获取难易程度和武汉市本地社区发展实况再次筛选指标，最终确定了5个一级指标和10个二级指标（见表1）。

表 1　　指标体系借鉴

指标体系	指标维度														指标总数
	一级指标					部分二级指标									
	经济韧性	社区参与弹性	组织韧性	基础设施弹性	环境适应力	年龄结构	人均收入	高等教育人群占比	周围救助力量	应急管理机制	居民灾害认知能力	社区培训	居民信任感	交通线路	
社会柔韧性评估指标体系	√	√	√	√			√			√	√		√		27
城市社区灾害应对能力评价体系	√		√	√		√	√	√	√	√					19
韧性社区评估框架	√		√	√		√		√			√	√		√	24
综合社区抗灾指数（CCDRI）	√	√	√	√	√		√							√	25
社区抗灾指数（CDRI）	√	√	√	√	√	√	√		√					√	23

资料来源：赵鹏霞．朱伟．王亚飞．韧性社区评估框架与应急体制机制设计及在雄安新区的构建路径探讨［J］．中国安全生产科学技术，2018，14（07）．

（二）评价指标表

至此建立社区防灾减灾能力韧性评价体系，其中一级指标包括社区经济韧性、社区参与弹性、制度韧性、基础设施韧性和环境适应力共 5 个；二级指标包括社区平均房价、教育水平、休闲娱乐场所数量、年均举办活动次数、年轻人占比、医疗设施数目、公交线路、公交站数量、绿化率、容积率、共 10 个二级指标，如表 2 所示。

表 2　　社区韧性评价指标体系

总目标	一级指标（$A_1 \sim A_5$）	二级指标（$B_1 \sim B_{10}$）
社区防灾减灾能力韧性评价	社区经济韧性（A_1）	社区平均房价（B_1）
		教育水平（B_2）
	社区参与弹性（A_2）	休闲娱乐场所数量（B_3）
		年均举办活动次数（B_4）

续表

总目标	一级指标（$A_1 \sim A_5$）	二级指标（$B_1 \sim B_{10}$）
社区防灾减灾能力韧性评价	制度韧性（A_3）	年轻人占比（B_5）
		医疗设施数目（B_6）
	基础设施韧性（A_4）	公交线路（B_7）
		公交站数量（B_8）
	环境适应力（A_5）	绿化率（B_9）
		容积率（B_{10}）

资料来源：赵鹏霞．朱伟．王亚飞．韧性社区评估框架与应急体制机制设计及在雄安新区的构建路径探讨[J]．中国安全生产科学技术，2018，14（07）．

三、武汉市主城区社区防灾能力韧性评价

（一）指标权重确定

1．熵权法计算过程介绍。

（1）数据标准化。为了消除外部因素对社区韧性的影响，需要先对数据进行标准化处理，实现去量纲，使得各个指标取值最终在 0 ~ 1。先构建一个关于指标体系的矩阵，选取 n 个社区，m 个指标，设矩阵中任意一个数据为 X_{ij}。表示正向指标的处理：

$$Y_{ij}=\frac{X_{ij}-\min(X_{1j},X_{2j},X_{3j},\cdots,X_{ij})}{\max(X_{1j},X_{2j},X_{3j},\cdots,X_{ij})-\min(X_{1j},X_{2j},X_{3j},\cdots,X_{ij})}+\alpha(i=1,2,3,\cdots,n;j=1,2,3,\cdots,m) \tag{1}$$

负向指标的处理：

$$Y_{ij}=\frac{\max(X_{1j},X_{2j},X_{3j},\cdots,X_{ij})-X_{ij}}{\max(X_{1j},X_{2j},X_{3j},\cdots,X_{ij})-\min(X_{1j},X_{2j},X_{3j},\cdots,X_{ij})}+\alpha(i=1,2,3,\cdots,n;j=1,2,3,\cdots,m) \tag{2}$$

其中，X_{ij}表示矩阵中第 n 个社区的第 m 个指标的数据；Y_{ij}表示经过标准化处理后获得的数据；min（X_{ij}，X_{2j}，X_{3j}，$\cdots$，X_{ij}）表示第 j 项指标中的最小值；max（X_{ij}，X_{2j}，X_{3j}，$\cdots$，X_{ij}）表示第 j 项指标中的最大值。

（2）熵值法赋权。为了减少主观因素对数据的影响，增强数据的客观性和科学性，本文通过熵值法对各个指标赋权，从而测算社区韧性。计算过程如下：

已知归化矩阵 Y_{ij}，首先计算第 m 个指标下第 Y_{ij}项占该指标的比重：

$$\rho_{ij} = \frac{Y_{ij}}{\sum_{i=1}^{n} Y_{ij}}, (i = 1,2,3,\cdots,n, j = 1,2,3,\cdots,m) \tag{3}$$

计算第 Y_{ij} 项指标的熵值：

$$e_{ij} = -k\sum_{i=1}^{n} \rho_{ij} \times \ln\rho_{ij}, (j = 1,2,3,\cdots,m) \tag{4}$$

其中，$k = \frac{1}{\ln(n)}$，$(0 \leq e_{ij} < 1)$

其次计算第 Y_{ij} 项指标的差异系数：

$$\mathrm{d}_{ij} = 1 - e_{ij} \tag{5}$$

最后计算出第 j 项指标的权重：

$$\omega_j = \frac{\mathrm{d}_{ij}}{\sum_{j=1}^{m} \mathrm{d}_{ij}}, (j = 1,2,3,\cdots,m) \tag{6}$$

2. 指标权重（见表3）。

表3　　　　指标权重

总目标	一级指标（$A_1 \sim A_5$）	权重	二级指标（$B_1 \sim B_{10}$）	权重
社区防灾减灾能力韧性评价	社区经济韧性（A_1）	0.213087437	社区平均房价（B_1）	0.068446065
			教育水平（B_2）	0.144641372
	社区参与弹性（A_2）	0.15220834	休闲娱乐场所数量（B_3）	0.07777666
			年均举办活动次数（B_4）	0.07443168
	制度韧性（A_3）	0.193538391	年轻人占比（B_5）	0.096839846
			医疗设施数目（B_6）	0.096698546
	基础设施韧性（A_4）	0.299869778	公交线路（B_7）	0.122028778
			公交站数量（B_8）	0.177841000
	环境适应力（A_5）	0.141296053	绿化率（B_9）	0.074410535
			容积率（B_{10}）	0.066885519

（二）武汉市主城区部分社区韧性综合评价

1. 各社区韧性得分（见表4）。将标准化后的数据与各指标熵权相乘，即令得分为 Z_j，则：

$$Z_j = \sum_{\substack{i=1 \\ j=1 \\ i,j<11}} \omega_i \times Y_{ij} \text{（其中，} i \text{ 为第 } i \text{ 个指标，} j \text{ 为第 } j \text{ 个社区）}$$

表 4　　社区韧性得分

社区名称	得分
中建龙城	0.379
鸿发世纪城	0.501
九万方保润小区	0.391
晒湖小区	0.329
关山街葛光社区	0.338
南国明珠一期	0.381
锦绣龙城	0.311
景虹花园	0.381
恒大御府	0.347
名都花园	0.411

2. 社区防灾减灾能力韧性整体评估。以社区平均得分 0.377 为依据，将各社区韧性划分为优秀、较为优秀、较差和差四个等级，如表 5 所示。

表 5　　社区防灾减灾能力韧性整体评估

分数等级	0.4 以上	0.377 ~ 0.4	0.354 ~ 0.377	0.354 以下
评价等级	优秀	较为优秀	较差	差

由图 2 可知，大部分社区防灾减灾能力韧性得分居于 0.3 ~ 0.4，其中得分最高的社区为鸿发世纪城，得分为 0.501；得分最低的社区为锦绣龙城。评价等级为优秀的社区有 2 个，从低到高依次为名都花园和鸿发世纪城；评价等级为较为优秀的社区有 4 个，从低到高依次为中建龙城、南国明珠一期、景虹花园和九万方保润小区；评价等级为较差的社区有 1 个，为恒大御府；评价等级为差的社区有 3 个，从低到高依次为锦绣龙城、晒湖小区和关山街葛光社区。从整体上看，各社区具备一定的抗灾基本条件和社区韧性，在面临灾害时能够较快地实现本社区运行的常态化；从部分看，不同的社区在各方面又存在着差异化，有些社区居民参与不足，有些社区周边配套设施落后或待建，具体分析将在以下展开。

（三）武汉市主城区部分社区各韧性指标评价

1. 社区房屋均价。社区房屋均价在指标体系中的权重为 0.0684，在这一项中得分最高的社区为名都花园。名都花园正居南湖城市中央风景区，周边拥有较为完善的教

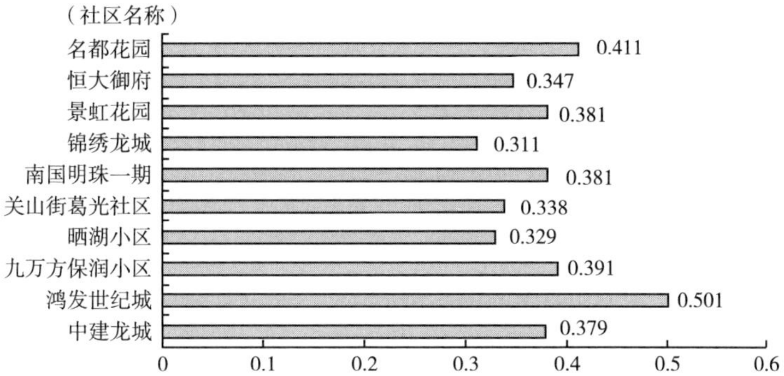

图 2　社区韧性得分

育设施和商业网点设施，这些为名都花园房价提供了条件基础，而社区的房屋均价可以从侧面反映出该社区的人均收入水准，人们拥有较高的收入可以在应对灾难时具备较强的物质恢复能力。

2. 教育水平。教育水平在指标体系中的权重为 0. 1446，在这一项中得分最高的社区为葛光社区。葛光社区位于武汉市东湖高新光谷东，周边具有华中科技大学、武汉纺织大学、武汉职业技术学院、湖北第二师范学院（主校区）等多所高校，教育资源丰厚，葛光社区的存在能够作为这些人才融入武汉的跳板，因此教育水平较高，在面对灾害时相对来讲拥有更高的应急防灾知识，能够对灾害做出更加正确、有效的处理方式。

3. 休闲娱乐场所数量。休闲娱乐场所数量在指标体系中的权重为 0. 7778，在这一项中得分最高的社区为恒大御府。恒大御府位于武汉市青山区，周边有南干渠商业步行街，港星教育书店、中百仓储超市等休闲购物中心。一方面，这能够让恒大御府向下完善生活圈末梢细胞，增强与周边的联系；另一方面，社区居民之间的联系可以更加紧密。

4. 年均举办活动次数。年均举办活动次数在指标体系中的权重为 0. 0744，在这一项中得分最高的社区为名都花园。名都花园位于洪山区雄楚大街，近些年内积极举办如宣讲、活动艺术节等社区活动，极大地增强了居民与居民之间的互动关系，同时居民的社区参与感得到很大提升，对社区的认同感加强。

5. 年轻人占比。年轻人占比在指标体系中的权重为 0. 0968，在这一项中得分最高的社区为葛光社区。葛光社区位于武汉市东湖高新区光谷东，在年轻人占比这一项得分最高意味着葛光社区在相同人数下年轻人数量越多，年轻人占比越高，越可以提升面对危机时社区的应对能力，例如，社区内的志愿者数目更多，志愿服务体系更加完善。

6. 医疗设施数目。医疗设施数目在指标体系中的权重为 0. 0967，在这一项中得分最高的是名都花园。名都花园附近有数量众多的医疗设施，如益丰大药房、好药师大药房、武汉广福中西医结合门诊部。丰富的医疗设施除了能够为社区居民提供便捷的医疗服务外，在防灾减灾中同样可以提供所需的医疗资源。

7. 公交线路和公交站数量。公交线路和公交站数量两者在指标体系中的权重分别为0.1220和0.1778，在这两项中得分最高的社区均为鸿发世纪城。畅通的道路能够将社区内部空间与外部相连通，同时社区内部也可以在保留原有社区内部道路结构的基础上，疏通街区车行道路，完善片区的标识系统，形成有效的分流交通网络。

8. 小区绿化率。小区绿化率在指标体系中的权重为0.0744，在这项中得分最高的社区为景虹花园。景虹花园注重本社区内的绿化建设，绿化率达到45%，其内部通过多层次的绿色植株搭配形成点、线、面相结合的绿色空间系统，不仅提升了社区的生活品质，同时能够形成集游憩、生态和防灾为一体的社区绿色韧性网络，降低社区环境的脆弱性。

9. 容积率。容积率在指标体系中的权重为0.0669，在这项中得分最高的社区为九万方保润小区。容积率是指小区的地上总建筑面积与净用地面积的比率，在一定程度上与居民的居住舒适度相关，越低的容积率则能够带给居民更高的舒适度。根据问卷调查，在这一小区居住的居民满意度也处于较高水平，可见开发商应当将建筑强度保持在合理的水平。

四、政策建议

（一）组织层面

1. 发挥党组织在社区韧性建设中的领导核心作用。（1）要更多发挥党员干部的先锋模范作用，通过强化党员干部学习，加强干部的责任感与归属感，以党员干部带头带动社区居民们强化社区韧性的积极性。（2）需要优化党组织韧性，在社区内形成以党组织为核心、与其他各类组织形成配合的组织体系与结构。强化党组织韧性，有利于完善基层社区应急管理体制，提升应对危机的管理能力与管理效率。强化党组织对居委会、业委会与物业组织的领导，强化组织韧性，是强化基层社区韧性的关键之举。

2. 发挥政府组织在社区韧性建设中的职能定位。推进政府职能优化转变的同时，坚持发挥应有职权，加强社区韧性基础设施建设，以此推进社区韧性机制强化。（1）需要明晰政府在基层社区的定位，在社区韧性机制完善中，政府更多扮演的是非领导角色，需要做到适度行使职权，同时不干涉社区行使职权。（2）政府需要发挥其职权，大力支持社区韧性基础设施建设，并提供政策支持、资源配给与行政保障，深化社区风险特征与薄弱环节的把握，针对尚未完善的区域进行有意识的补助建设，完善社区风险应急体系，为社区整体韧性机制优化保驾护航。

3. 志愿服务组织。社区基层组织需建立成熟高效的社区志愿队伍和应急组织并进一步调动基层社区组织在风险应对中的积极性。（1）社区组织在社区范围内应该大力积极引导和动员具有医疗救护、消防、心理卫生等专业技能的居民、业主组建社区应急互助组织，促进社区居民之间的救援协作能力。（2）强化宣传教育，促进广大社区居民的参与意识与参与能力。加强对于各类居民的宣传教育，培育居民的社区参与意识、增强参与能力，在社区风险应对与区域应急方面起着重要作用。

（二）风险治理角度

1. 健全基层风险治理机制和社区风险治理方式。（1）需要健全基层风险治理机制，重点关注社区的多样性，推进差异化治理方式。针对各式不同社区，明确各自治理的侧重点。准确把握各类社区的风险特征与风险类型，对症下药，优化对应基础设施建设，增强风险应对能力。（2）对于社区内部多主体进行相对应的多样性治理，面对不同的人群采用不同措施，重点关注社区中的弱势群体，降低社区内部的脆弱性。社区对弱势居民应该做到定期访问，了解他们的需求，针对特殊情况进行各式技能的学习。在社区宏观设计和防灾减灾设备设施的配置上要充分考虑老年人、残疾人、儿童对无障碍应急通道的需求，以及特殊失能人群所需的特殊应急设备等。同时加强社区价值导向，为弱势群体提供有效的社会保障。

2. 强化社区智慧化水平。依托数字化先进技术强化应对风险能力，打造智慧化社区。（1）要加强社区内数字化基础设施建设，为社区各项具体事务的处理提供设施支持，提升处理速度与效率。设施建设包括社区内各类智能化数字化设备和5G网络等以及社区网络平台和各类自媒体的建设。（2）要建设有序联通的社区网络平台。通过线上互动线下交流使社区居民之间建立起良好稳固的关系，增强社区黏性，强化社区韧性，以此加强社区在应对风险危机时的稳定性，为危机处理建设稳定的社会基础。

（三）营造韧性文化角度

1. 优化街坊邻里关系，活跃彼此交流。友好和谐的邻里关系，能够承担一定程度上的社会风险救护责任，是维持社区韧性的重要影响因素，也是营造社区韧性文化的关键所在。（1）活跃居民之间的交流沟通，增进居民之间的彼此信任与支持力度，强化社区交流，巩固社区韧性的维持。（2）积极动员居民参与社区风险识别、社区风险评估、社区防灾减灾规划等安全培训活动，加深社区与居民、居民与居民之间的广泛交流，合力打造维护社区韧性网络。

2. 着力于社区应急互助观念的培育与建设。培育社区应急互助观念也是加强社区韧性、打造韧性文化的重要途径之一，良好的社区应急互助观念，能够在面对风险事件时，降低事件对于社区与居民的冲击，保护社区稳定与维护居民安全。社区应该积极引导医疗卫生、心理健康等相关政府与非政府组织进入社区进行宣传与培训，培育一批具有医疗卫生、心理健康等专业技能的居民参与进社区服务队，促进社区应急救援能力提升。

（四）韧性机制角度

1. 风险发生前。加强社区基层对风险事件的预警监测工作，完善社区预备应对措施。（1）需要对各类风险事件进行措施性预防，完善预备应对措施与应对体系。定期开展实战演练，全力提高应对能力，为下一步措施的更新制定提供了有效依据，也提升了预案的有效性、稳定性与可操作性，磨合提高了社区相互协调配合能力。（2）完善社区应对应急事件的基础设施建设，加强日常维护管理。加大对于应急事件的基础设施投入，强化日常维护，保证基础设施的运行。对于社区内可利用空间资源，加快推进“平灾结合，综合利用”的应急避难场所建设，确保在突发事件发生后，能够快速、有序疏散安置，最大限度地减少人员伤亡与财产损失。

2. 风险发生中。当风险事件发生，做好社区群众的疏散与安抚工作，保障人民群众的安全。当社区风险事件发生时，社区需要建立一套行之有效的韧性机制与风险应对制度。（1）组织相关人员在风险事件发生后，依据现实情况判断是否能够赶赴事发现场，进行紧急处理。立即做好效能疏导、治安秩序、人员疏散与群众安置等工作，并投入前期救援，尽全力稳定现场情况，防止紧急事件进一步扩大。（2）立即成立风险事件应对工作组，领导指挥应对风险事件。成立风险事件应对工作组，实现对于突发事件的有序处理。

3. 风险发生后。有序组织社区救灾工作，高效进行救援活动。同时协同上级组织进行事后工作与处置，以及负责灾后重建与善后工作。在上级部门的协调下，统一实施灾后重建与善后工作，协助有关部门进行突发事件的调查处理与损害核定，迅速组织落实灾后恢复与补偿计划。

参考文献

［1］曹巍，刘娟，董晔．新型城镇化背景下城市韧性评价研究［J］．合作经济与科技，2022（04）：11－13.

［2］陈昶岑．后疫情时代韧性社区的建设与治理［J］．建筑与文化，2021（12）：180－181.

［3］杨秀平，王里克，李亚兵，侯玉君，牛晶．韧性城市研究综述与展望［J］．地理与地理信息科学，2021，37（06）：78－84.

［4］吴佳，朱正威．公共行政视野中的城市韧性：评估与治理［J］．地方治理研究，2021

(04)：31－43，78.

［5］邢晓婧，刘萍萍．韧性城市的神经末梢——以社区为基础的安全健康单元构建［C］．面向高质量发展的空间治理——2020 中国城市规划年会论文集（19 住房与社区规划），2021：115－124.

［6］叶芬梅，罗涵，邱辰璐．社区韧性评估指标研究述评：基于38 篇中外文献的分析［J］．西安电子科技大学学报（社会科学版），2021，31（02）：40－49.

［7］石媛．韧性城市视角下城市社区减灾能力评价体系研究［D］．南京：南京工业大学，2020.

［8］崔明家，王兴鹏．韧性视角下城市社区灾害应对能力评价体系研究［J］．广西城镇建设，2019（12）：119－122.

［9］赵鹏霞，朱伟，王亚飞．韧性社区评估框架与应急体制机制设计及在雄安新区的构建路径探讨［J］．中国安全生产科学技术，2018，14（07）：12－17.

［10］杨威．应急管理视角下社区柔韧性评估研究［D］．大连：大连理工大学，2015.

［11］李云霞．南昌城市社区应急管理能力韧性评价及其提升对策研究［D］．南昌：江西财经大学，2022.

［12］沈丽娜，田玉娉，杜雅星．老旧小区韧性评价体系及韧性改造研究——以西安老城东南片区为例［J］．城市问题，2021（08）：45－54.

［13］黄献明，朱珊珊．基于气候灾害影响下的韧性社区评价及建设研究进展［J］．科技导报，2020，38（08）：40－50.

［14］孙立，展越．面向应急管理的社区公共空间韧性评价指标体系研究［J］．北京规划建设，2020（02）：23－26.

［15］Shaikh Abdullah Al Rifat，Weibo Liu. Measuring Community Disaster Resilience in the Conterminous Coastal United States［J］．ISPRS International Journal of Geo-Information，2020，9（08）.

［16］Sanam K. Aksha，Christopher T. Emrich. Benchmarking Community Disaster Resilience in Nepal［J］．International Journal of Environmental Research and Public Health，2020，17（06）.

“健”在“线上”，即刻云端

——后疫情时代“云健身”用户体验感对健身持续性的研究及个体锻炼行为的影响机制研究

车沛洋　黄雨薇　陇怡萌　张知章　谢凌菲

一、问题导论

（一）选题背景

1. 政策背景。

（1）健康中国，对健康的重视。国民健康不仅是民生问题，也是重大的政治、经济和社会问题。2016 年 8 月，习近平总书记在全国卫生健康工作会议上明确指出，没有全面健康，就没有全面小康。我们应该把人民的健康放在首位。2022 全国两会调查结果出炉，“健康中国”关注度位居第九位。在党的政策引领下，各行各业愈发重视国民健康，以人民健康发展为基础，从多方面共同建设健康中国。

（2）“后奥运时代”，全民运动兴起。2008 年，第 29 届奥运会在北京举办。2022 年 2 月 20 日晚，北京冬奥会圆满闭幕。两次奥运盛会也成功激发了国人对于体育运动的热情。数据显示，近 30 天，百度百科冬奥相关词条浏览量上涨 276%，百度知道冬奥会相关提问量上涨 162%。在“后奥运时代”，让人们从赛场的旁观者变为居家的运动者，激发了全民运动的热情，掀起了“云健身”的时代热潮，使得有形与无形的“奥运遗产”在全民运动中发挥更大作用。

（3）“互联网＋”进军多领域。随着媒介的发展，“互联网＋”的模式在各个领域不断发展与应用，健身方式也从传统的体育场运动、健身房运动向“互联网＋体育”“新媒体＋体育”模式转变，从“keep”“fit 健身”等健身软件的出现到健身视频博主、从基础的视频跟练到直播互动、个性化定制训练计划等功能不断齐全，“云健身”

形式不断创新发展，满足人们的多样化需求。其与传统的健身房相比，以多采用流量变现的方式，使得用户付费成本较低，且对运动的时间地点、形式设备等并无硬性要求，灵活性更强，诸如“2 分钟教室办公室拉伸运动”“7 分钟睡前运动”等视频在 B 站拥有近千万人次的播放量。

（4）疫情暴发，居家健身成为常态。2020 年初新冠疫情大规模来袭，居家生活成为了全民常态。在疫情防控的情况下，球馆、健身房无法经营，人们甚至很难下楼进行常规运动。2020 年初，国家体育总局发布《关于大力推广居家科学健身方法的通知》，要求各地体育部门要利用各类媒体广泛宣传居家健身的重要性，推广居家健身方法，普及科学健身知识。2021 年 8 月，结束东京奥运会征程的中国运动员们在归国后同样开始了隔离生活，为保持良好的身体状态，也为带动全民健身运动，他们纷纷用视频 vlog 的形式记录起在隔离酒店的居家运动，网友们纷纷在社交平台上热议响应，居家健身的浪潮也被进一步推向高潮。

2. 市场环境。

（1）云健身获资本加持，进入蓬勃发展阶段。随着人们逐渐重视身体健康，健身服务行业开始迅猛发展。一些健身 App，例如 Keep 等应运而生。与此同时，资本也盯上了如此广阔的一片市场。近几年来，健身行业受投资额逐渐增多，尤其是向一些备受消费者青睐的健身软件企业直接注资更是不计其数。其中，以行业龙头企业为例，自 2014 年开始，Keep 共计完成 8 轮融资，融资额达 18 亿元。在资本刺激下，云健身平台自然有着长足发展劲头，如今市面上健身软件如雨后春笋，所提供的功能也是五花八门，可以说，在疫情情况下，人们基本的居家云健身需求是可以被满足的。在此基础上，我们深入挖掘影响用户锻炼持续性的因素，寻找“云健身”平台服务可改进的不足之处，为消费者提供更好的服务，从而使得商家与客户双赢。

（2）用户活跃，需求和问题并存。分别在健身网友聚集地——哔哩哔哩“健身”专栏、微博话题“#健身”、豆瓣“健身运动达人”小组进行了数据爬取。这三种平台在其各自领域均具有一定代表性。微博因为其为社交媒体的特殊形式，大多数用户在话题中进行的均为打卡和成果展示，也会分享自己的健身 tip 与训练计划，同时话题“#健身”具有更多教练聚集，有一些私人定制计划的广告推广和建议。在该平台上用户信息反馈多为正面，但是仍存在着答疑不足，用户一边锻炼一边产生动作规范等问题，同时搭配减脂的其他计划方案的需要上升。

因为哔哩哔哩属于网络视频网站，所以选取了热度较高的若干专栏，对其中评论进行数据爬取。青年群体占比较高，其中“云健身”方式集中为视频和直播，受众较为广泛且健身基础较弱，因此，哔哩哔哩中的评论多为打卡、新手、加油、难度和其他情感类词汇（见图 1）。该平台用户具有更强大的交互感，但是评论区中仍有很多用户请教，但还是没有得到解决，或是等到很久之后才得到其他用户的回复帮助；其次用户感受、分享课表和求教在评论区的发表量较大。

图1　哔哩哔哩的评论词汇

对于豆瓣网络小组这种类似论坛形式的平台，因为用户多以发帖的形式进行经验分享和问题讨论，所以针对该小组帖子进行数据爬取发现，其中用户较为注重健身效果，很多发帖都包含“效果”“减肥”等带有目标性的词汇，除此之外也有很多帖子请教在健身过程中出现的问题、减脂配合方案（见图2）。

图2　豆瓣网络小组的评论词汇

（二）选题意义

1. 理论意义。“云健身”逐渐成为后疫情时代下人们普遍使用的健身模式，但其发展时间尚短，存在不规范管理、功能不齐全、部分教程专业性不强等不足之处。已有的相关研究多对健身及人体身心健康的影响、健身方式对健身意愿的影响进行探究，而忽略健身持续性这一影响健身效果的重要因素，人们也更常将健身的持续性与个体意志力等内在因素挂钩，忽视平台使用体验等外部因素对持续性使用意愿的影响，本次调研将从体验感这一切入点入手，研究其对个体锻炼持续性的影响机制，从而对平台的改进及个体锻炼习惯的适应性转变提供意见，并鼓励更多对影响健身行为外部因素的相关研究，使锻炼的心理效应得到更多关注度。

2. 应用意义。

（1）从体验感出发，为增强用户持续性使用意愿提供平台改进意见。人们对健身的重视与媒介的不断发展带来了多种多样的“云健身”形式，人们趋于选择时下最火、最热门的健身博主、健身视频，但在一时兴起的尝试后往往发现“这个视频并不适合我”“我不喜欢这样的方式”，难以坚持下去成了“云健身”的一大难题。究其原因，除了个体意志、目标外，平台的用户体验感或对持续性使用意愿产生一定影响，本研究将探寻二者之间的影响机制，以得到平台如何提升使用感，增加用户黏性的改进意见，为全民运动，打造良好居家健身生态环境助力。

（2）在云健身平台多追求短期效果显著的背景下，提升对持续性使用意愿的关注度。在调查中小组发现，不同的健身平台均出现诸如“21 天练出马甲线”“30 天狂甩十斤”等追求短期效果显著的噱头，且受到广大用户的追捧，这样一味追求短期效果的健身方式往往在锻炼心理上起到短期激励的作用，但在方式上会对健身新手造成一定的错误引导，也使人们对持续性锻炼的关注度下降，如何引导“云健身”平台向科学健身，持续健身的方向发展，成为此次研究的目标与意义。

二、研究内容

（一）研究思路

为了解“云健身”用户体验感对于个体锻炼行为持续性的影响，寻找提高锻炼效果的策略，探究云健身市场现状，挖掘“云健身”潜在价值，本文制定了如下研究思路：首先，随着防疫管控的常态化，线下健身房之类的聚集性场所仍存在着较大的接触隐患，而戴口罩已经逐渐成为主流趋势，在大力宣传全民健身的政策下，为了满足人们日常锻炼的需求，简单易获得的“云健身”成为了多数人的选择（见图3）。对提供“健身”资源的主流新媒体——哔哩哔哩、豆瓣“健身小组”、新浪微博进行文本挖掘，以期有效、准确地从健身新媒体用户的数据中初步分析出“云健身”用户所使用的健身途径、健身形式以及存在的不足。然后，归纳总结出目前已经有一定使用人群的健身途径，给出“云健身”的准确定义，并按照其功能将其分为视频类、直播类、运动器械类、个性增值服务类。

（二）研究方法

1. 文献调查法。在调研前期，采取文献调查法，利用计算机检索、知网、图书馆

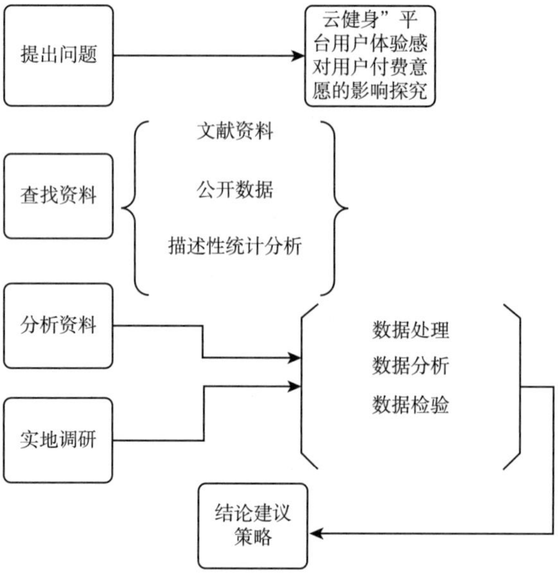

图3 “云健身”平台

数据库等资源，查阅“云健身”普及情况、“云健身”用户使用情况、“云健身”主要方式和途径等及相关文献。其中以“云健身”为关键词，检索出文献三十余篇，以“锻炼持续性”为关键词检索出文献一百余篇，得到了相关方面的信息。

2. 问卷调查法。针对本次调研目的，设计了《云健身用户体验感对个体锻炼持续性的影响调查》，问卷表的设计主要可以分为四个部分：被调查者基本情况（性别、年龄、受教育程度、职业、月可支配收入等）、被调查者“云健身”平台使用状况（使用频次、使用强度以及持续周期等，未使用过的情况视作无效问卷）、“云健身”平台体验感（从五个维度设计了李克特五级量表）以及用户对“云健身”平台的满意度（见表1）。

表1 云健身用户体验感对个体锻炼持续性的影响调查问卷

选项	合理		基本合理		一般		不太合理		不合理	
	频率	占比（%）	频率	占比（%）	频率	占比（%）	频率	占比（%）	频率	占比（%）
问卷结构	3	30	7	70	0	0	0	0	0	0
问卷内容	2	20	8	80	0	0	0	0	0	0
问卷总体	3	30	7	70	0	0	0	0	0	0

3. 深层访谈法。对一部分被调查者进行了深层访谈，按照拟好的访谈大纲了解受访者对“云健身”平台的使用情况和建议，由浅入深、循序渐进，深入了解了各用户对

于“云健身”平台的不同感受、偏好及其使用“云健身”平台后锻炼持续性的改变。

（三）项目创新

1. 调研背景紧跟时代变化，时效性强。一方面，本次调查建立在后疫情时代之下，随着新冠疫情逐渐常态化，人们愈加意识到了健身的重要性。但由于病毒的传播扩散广泛，线下健身、户外运动被迫叫停，因此，着眼于新冠疫情下的“云健身”。另一方面，自2021年起，“十四五”时期全民健身政策相继出台。在建设社会主义现代化体育强国的大背景下，通过研究用户体验感对个体锻炼持续性的影响机制，从而对“云健身”方式提出改善建议，扩大其受众群体，使个体锻炼更加高效有用。

2. “云调查电子问卷”提高数据有效性。纸质问卷是最常见的调查形式。在调查过程中，采用了“云调查电子问卷”，以智能客户端的形式呈现，然后运行电子问卷页面并将其放入。在调查过程中，只需要将问卷链接（或二维码）给被调查者即可。进入页面后即可填写，替代传统纸质问卷形式。这种调研方式可以筛选出无效问卷，提高数据质量，节省纸质打印成本。

3. 研究思路逻辑清晰。从定量和定性的角度出发，针对研究对象划分构成它的用户体验因素，分别为交互性、可靠性、可获得性、有用性、愉悦性（舒适性）五个维度。以用户体验感五个维度为自变量，用户的锻炼持续性为结果变量，通过建立用户体验感影响个体锻炼持续性的模型，并对研究提出的假设和模型进行验证，从而得出相应结论和策略。

三、调研方案

（一）调研目的

1. 收集武汉市城镇居民在疫情期间以“云健身”方式进行锻炼的使用情况，并基于使用人群搜集用户群体的基本信息，以此了解“云健身”用户群体的画像特征，从而找到调研切入点。

2. 收集调查中以“云健身”方式进行健身的人群的使用动机、用户体验感等有效信息，分析各项指标对用户锻炼持续性的影响水平及程度。

3. 收集调查中未使用“云健身”进行健身锻炼的人群的反馈信息，包括不选择“云健身”的原因、未来是否选择“云健身”等，在此基础上利用数据挖掘技术对用户体验感对用户锻炼持续性影响的研究，以此更好地完成课题。

4. 收集以上数据，探究“云健身”平台提升用户体验感的可能性和发展途径，结合用户对“云健身”体验感的期待阈值，对“云健身”平台提出具有共性可实施的建议。

（二）调研项目

在设计调查项目的过程中，我们将问卷归类为：被调查者的基本情况、被调查者是否使用过“云健身”平台、“云健身”平台使用现状、“云健身”平台体验感、被调查者使用“云健身”平台后锻炼的持续性、满意度六个维度及一个甄别题（见表2）。

表2　调研项目

类别	项目	选项	题号
被调查者基本情况	性别	①男；②女	1
	年龄	①18岁及以下；②19～24岁；③25～35岁；④36～45岁；⑤46～55岁；⑥56岁及以上	2
	受教育程度	①初中及以下；②高中或中专；③大专；④大学及以上	3
	职业	①学生；②公职人员（国家机关、党群组织、企业、事业单位负责人）；③商业、服务业人员；④专业技能人员（教师、医生、工程技术人员、作家等专业人员）；⑤自由职业；⑥失业或待业；⑦其他	4
	月可支配收入	①0～1000元；②1001～2000元；③2001～5000元；④5001～10000元；⑤10001～20000元；⑥20001元以上	5
	健身基础	①健身达人；②健身小白	6
	是否有体育锻炼的习惯	①是；②否	7
	是否去过健身房锻炼	①是；②否	8
	自身锻炼的自觉性如何	①非常差；②比较差；③一般；④比较好；⑤非常好	9
被调查者是否使用过“云健身”平台	是否进行过线上健身锻炼	①是；②否	10
“云健身”平台使用现状	“云健身”和健身房的偏好程度	①云健身；②健身房	11
	使用“云健身”类型	①直播类；②个性增值服务；③运动器械类；④视频类；⑤其他	12
	线上锻炼途径的偏好程度	①非常不喜欢；②比较不喜欢；③一般；④比较喜欢；⑤非常喜欢	13
	每周锻炼计划	①0～1天；②2～3天；③4～6天；④每天	14
	平均单次健身时长	①0～15分钟；②16～30分钟；③31～60分钟；④1～2小时；⑤2小时以上	15

续表

类别	项目		选项	题号
“云健身”平台体验感	交互性	平台交流互动程度	①不符合；②不太符合；③一般符合；④比较符合；⑤十分符合	16
		交流意愿	①不符合；②不太符合；③一般符合；④比较符合；⑤十分符合	
	可获得性	合适资源的选取简单	①不符合；②不太符合；③一般符合；④比较符合；⑤十分符合	
		运动种类全面	①不符合；②不太符合；③一般符合；④比较符合；⑤十分符合	
		平台个性化程度高	①不符合；②不太符合；③一般符合；④比较符合；⑤十分符合	
		负担得起“云健身”的费用	①不符合；②不太符合；③一般符合；④比较符合；⑤十分符合	
	愉悦性	使用期间感到有趣、轻松	①不符合；②不太符合；③一般符合；④比较符合；⑤十分符合	
		平台界面美观	①不符合；②不太符合；③一般符合；④比较符合；⑤十分符合	
		操作便捷	①不符合；②不太符合；③一般符合；④比较符合；⑤十分符合	
	可靠性	信任平台的健身科学性	①不符合；②不太符合；③一般符合；④比较符合；⑤十分符合	
	实用性	平台健身是有用的	①不符合；②不太符合；③一般符合；④比较符合；⑤十分符合	
		选择的运动，在强度、要求等方面适合程度	①不符合；②不太符合；③一般符合；④比较符合；⑤十分符合	
		达到预期的锻炼效果	①不符合；②不太符合；③一般符合；④比较符合；⑤十分符合	
		平均的持续运动周期	①1 周以内；②1～4 周；③1～2 月；④3～6 月；⑤6～12 月；⑥1 年以上	17
被调查者锻炼持续性（使用“云健身”平台后）	单次健身时长		①0～30 分钟；②31～60 分钟；③1～2 小时；④2～3 小时；⑤3 小时以上	18
	您在这些平台锻炼时的持续周期		①1 周以内；②1～2 周；③2～3 周；④3～4 周；⑤1 月以上	19
被调查者满意度	对使用的“云健身”满意程度		①不满意；②不太满意；③一般满意；④比较满意；⑤十分满意	20
甄别题	请选择非常满意		①满意；②不满意；③非常满意；④非常不满意	21

（三）调研流程设计（见图4）

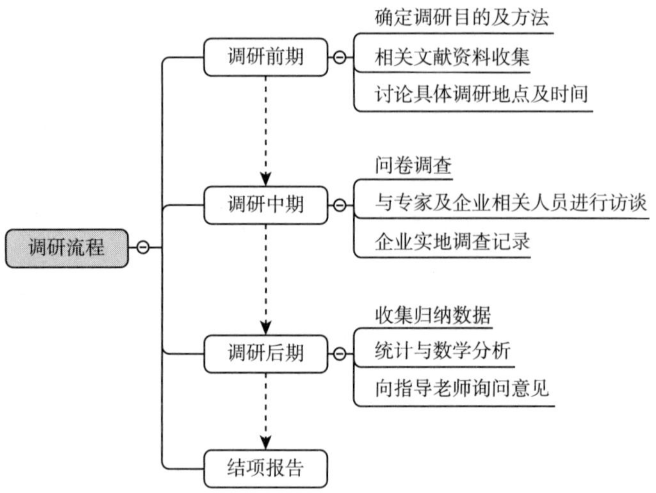

图4　调研流程设计

四、结论建议

（一）用户对于“云健身”平台的体验感如何是影响用户付费意愿的重要原因

根据问卷结果分析，可以得出“云健身”平台能够给用户提供何种、何种程度的体验感，会直接导致用户是否在平台上付费购买服务。两者之间呈正方向变动关系。

（二）用户对于“体验感”的评价最主要建立在“有用性”指标上

在本次问卷中，将“体验感”分解成3项指标，分别是交互性、可获得性、有用性。其中：（1）用户对于“云健身”是否有用的判断最大程度地影响其是否拥有良好体验感。（2）交互性也是重要指标之一。“云健身”平台所上传的视频以及相关功能，是否构成交互路径，给予用户较好的、较开放的互动体验，也是影响用户付费意愿的一大因素。一般来说，越好的交互体验越能刺激用户进行付费行为，且付费意愿呈高平稳状态。（3）可获得性、愉悦性是较有用性、交互性稍弱的影响因素，但同样不可忽视。“云健身”平台所提供的服务能便宜获得、使用服务后有较好的愉悦感在一定程度上能促进用户付费意愿的产生、增长。

（三）“云健身”平台使用人群特征

通过调查我们发现，使用“云健身”平台的人群主要是：(1) 18~45岁人群。在此群体中，随着年龄增长，使用“云健身”平台的概率越来越高。(2) 可支配收入在1000~5000元范围内。低于该范围，则健身需求较低且不愿实施“云健身”行为乃至付费行为，高于该范围则更愿意付出高额价位换取线下更为高端的服务。(3) 有健身习惯。调查结果显示，有健身习惯的人更容易使用“云健身”方式进行健身，也更愿意在“云健身”平台中付费购买服务。

参考文献

[1] 王磊，矫杰．智慧高校健身俱乐部解决方案设计［J］．济宁学院学报，2013，34（06）：70－73.

[2] 徐颗科．个性化健身教学系统的设计和实现［D］．北京：北京邮电大学，2016.

[3] 朱敏，尚鲜连，刘洋，袁华俊，朱帅．基于微信小程序的健身服务平台的设计与实现［J］．电脑知识与技术，2020，16（10）：67－68，70.

[4] 白桦，刘媛媛，黄立军．大规模疫情时期构建中国居家健身远程教育系统探究［J］．河北体育学院学报，2022，36（02）：22－29.

[5] 刘亚奇，刘勇．“互联网＋体育”背景下我国健身软件发展研究［J］．武术研究，2016，1（08）：145－147.

[6] 范保柱．全民健身背景下运动健身类APP功能与应用状况研究［C］．2018年中国生理学会运动生理学专业委员会会议暨“科技创新与运动生理学”学术研讨会论文集．［出版者不详］，2018：186－187.

[7] 胡佳漪．用户体验对健身类APP用户付费课程购买意愿的影响研究［D］．上海：上海体育学院，2021.

[8] 黄胡燚．成都青年女性对健身及APP的认知和使用研究［D］．成都：成都体育学院，2021.

[9] 王铮，邓嵘，蒋乾灵．基于用户感知的健身APP持续使用因素研究［J/OL］．包装工程：1－15［2022－03－23］.

[10] 钟丽萍，刘建武，范成文，周进．新冠肺炎疫情下在线健身的实践逻辑、发展态势与推进策略［J］．武汉体育学院学报，2020，54（09）：34－41.

[11] 齐春燕，王来东．后疫情时代居家健身的重构和可持续发展［C］．第三十届全国高校田径科研论文报告会论文专辑．［出版者不详］，2020：212－214.

[12] 杨小明，林大参，宋良葵．后疫情时期农村全民健身的发展走向［J］．南京体育学院学报，2021，20（01）：15－19.

[13] 侯光定，孙民康，杨水金，余磊，李锐．后疫情时代下全民健身的功能、任务与路径研究

[J]. 辽宁体育科技, 2021, 43 (03): 1-5.

[14] 代圣楠, 兰文靖, 胡荷, 荀康劲. 新冠肺炎疫情期间在线健身视频用户使用意愿的影响因素调研报告 [C]. 第三届 "全民健身 科学运动" 学术交流大会论文集. [出版者不详], 2021: 86-87.

数字经济驱动农民收入增长的影响机理与实证研究

——以湖北省国家级电子商务进农村综合示范县为例

周志卓　彭也轩　骆子言　张　娜　陈　媛

一、研究背景

（一）农民收入增长始终是我国重点关注的民生问题

全党工作的重中之重一直是农业、农村、农民问题，因为其是国计民生的根本性问题。2022 年 10 月 16 日，党的二十大在北京顺利召开，在此次大会中，坚持农业农村优先发展成为了一个热点问题，引发了热烈的讨论，党的二十大代表们在讨论报告时也表示，民族要复兴，乡村必振兴。中国国民经济的基础和根底是农业，各行各业发展的基石是农业；整个社会的稳定由农村稳定奠定基础，农村的富裕更是直接关乎着农民收入的变化。

新冠疫情暴发以来，我国经济萎靡，农民收入增长疲软，城乡收入差距虽有所缓和，但农村居民收入增长速度远低于城市居民收入增长速度，差距仍然较大，与城市居民相比，农村居民收入仍处于一个较低的水平（见图 1）。

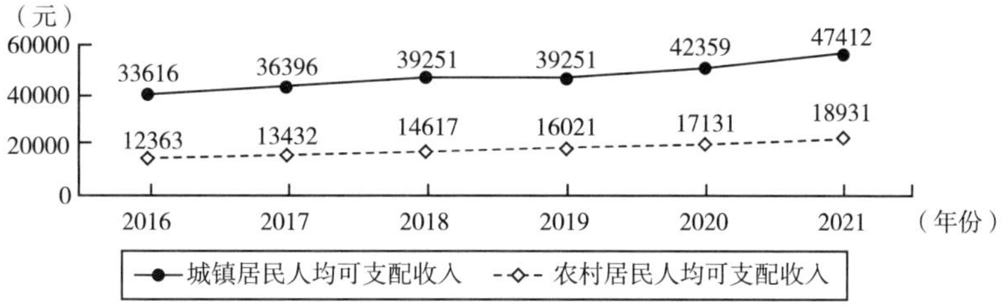

图 1　2016～2021 年城乡人均可支配收入

资料来源：国家统计局．中国统计年鉴，2016－2021．

（二）中国数字经济发展现状

1. 数字经济发展取得新突破，其作为宏观经济的“加速器”“稳定器”，数字经济对宏观经济的作用愈发凸显，并且产业数字化对数字经济增长的主引擎作用更加凸显（见图 1 和图 2）。

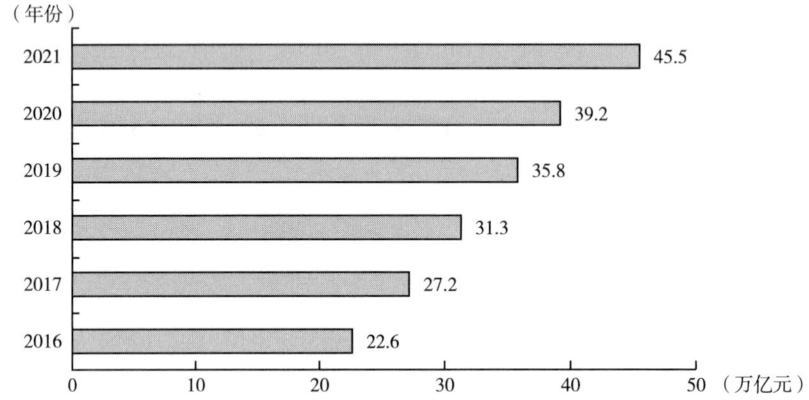

图 2　2016～2021 年我国数字经济规模

资料来源：中国信息通信研究院．中国数字经济发展报告，2016－2021.

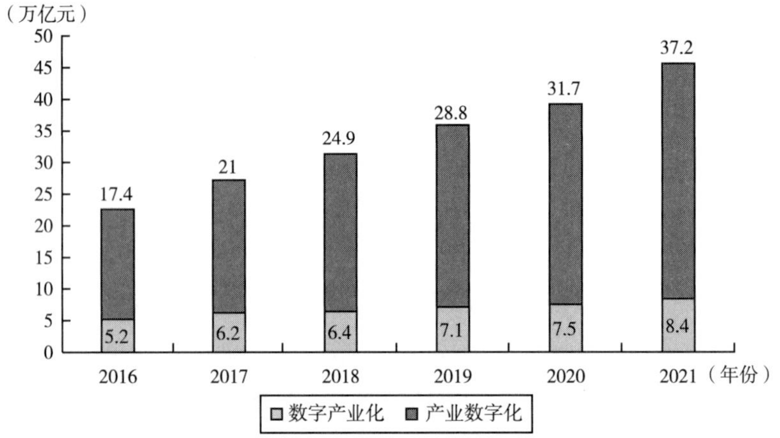

图 3　2016～2021 年我国数字经济内部结构数据

资料来源：中国信息通信研究院．中国数字经济发展报告，2016－2021.

2. 数字产业化夯实基础，内部结构持续软化，规模增加，所占 GDP 比重上升。数字从产业内部细分行业来看，电信业保持稳中向好运行态势，电子信息制造业经历波谷后迎来快速增长，软件和信息技术服务业保持较快增长，互联网和相关服务业持续健康发展。

3. 农业数字化转型初见成效。农业生产信息化水平不断提升，农村电商有效助力乡村振兴，数字乡村建设深入推进。

（三）电子商务进农村综合示范县政策的实施背景

1. 农村互联网的快速发展，网络基础设施不断建设，用网人数大幅度上升（见图4）。截至2017年，中国网民规模达77198万人，全年共计新增网民4074万人，互联网普及率55.8%，在网民总体增速逐年收窄、城镇化率稳步提升的背景下，农村非网民的转型难度也将加大。未来，需要进一步的政策和市场激励措施来促进农村互联网用户的增长。

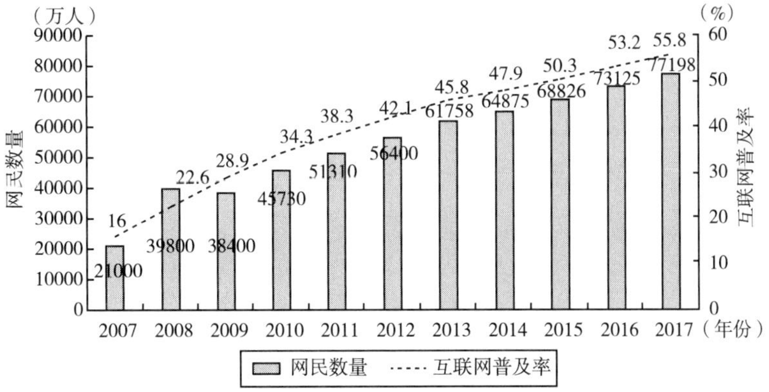

图4　中国网民规模和互联网普及率

资料来源：中国互联网络发展状况统计调查。

2. 大量农村人口，推动市场下沉，促进内需。2019年8月30日，中国互联网络信息中心在北京发布了第44次《中国互联网络发展状况统计报告》，报告显示，2016年6月~2019年6月，中国网购用户从44772万人增至63882万人，使用率从63.1%增至74.8%（见图5），用户年均增加6370万人。尽管报告没有单独列出农村数据，但在城市网购用户市场趋于饱和的现实背景下，农村市场肯定贡献了大部分份额。实施电子商务进农村政策，加强农村网络基础设施建设，以网购为跳板，充分利用农村市场，扩大内需。

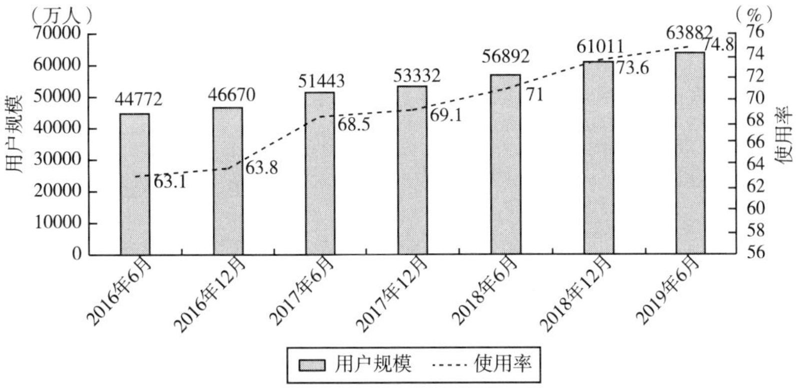

图5　2016年6月至2019年6月网络购物用户规模及使用率

资料来源：互联网络信息中心．中国互联网发展状况统计调查，第38~44次。

二、研究意义

（一）理论意义

1. 将数字经济与示范县政策结合起来，实证数字经济对农民收入的影响效果。数字经济发展深刻影响和改变着广大农民的生产生活方式，成为乡村振兴、共同富裕的助推器。共同富裕是社会主义的本质要求，而农民增收是社会主义本质要求的体现，随着数字乡村的深入建设，以电子商务为代表的数字经济成为助力巩固脱贫攻坚成果同乡村振兴衔接的超常规武器，中央一号文件连续七年对农村电商作出部署，县域农村电商发展保持良好态势，数字经济平台在政策的指引下不断深入农村市场，在促进产销对接、提供就业等多方面为农民增收提供机会。本课题以示范县政策为切入口，从该政策与农民收入影响因素方面设置变量，分析数字经济与农民收入影响因素的关系，实证数字经济对农民收入的影响效果。

2. 以渐进双重差分析法为研究方法对以往研究进行补充与深入。目前，多数学者专注于数字经济对城乡收入差距、电商助农增收途径等方面的研究，少有将数字化大背景与数字经济平台相结合，基于示范县政策对农民增收机理的考察，本文探索将对以往研究进行深入及补充。课题研究方法选取也具有一定意义，由于“湖北省国家级电子商务进农村示范县”连续多年增新，若利用政策实施时间的统一性的传统双重差分法会产生较大的误差，这一示范县政策提供了良好的准自然实验研究，故本文运用渐进双重差分法评价这一政策对农民收入增长的政策效果，以验证电子商务驱动农民收入增长的影响机理。

（二）实际意义

1. 为政府政策的设计提供抓手。数字经济已成为实现中国经济高质量发展的新动能和重要增长极，但在农村地区，尤其是经济水平相对落后的农村地区，信息基础设施不完备，市场信息闭塞，农民受教育程度较低，自我承担风险能力较弱，农户一方面希望收入增加，另一方面又受客观条件制约，其主动参与数字经济平台与示范县政策的积极性会大大减弱，此时，政府制定相关政策并采取激励措施作用尤为凸显。但政府政策实施的过程中还存在些短板与瓶颈问题，本课题示范区政策的实证研究有利于抓住政策实施中的问题，为政府政策的设计提供借鉴意义，减少行政成本与投资资金的损耗，将投入更好地花在助农“刀刃”上，更好地助力数字经济赋能农民增收，乡村振兴。

2. 为数字经济助农平台的决策提供借鉴。在数字经济推动乡村发展政策的引领下，无数平台参与到扶贫助农的活动当中，深耕下沉市场，打通销售渠道、直播带货等为实现农民增收带来条件，充分显示了数字经济驱动农民增长的“后发态势”。但是目前，农村电商助农的过程中仍然存在农户与电商融合度不够、电商人才缺乏等问题，数字化助农任重而道远。本文在分析研究过程中明晰数字化平台助农过程中存在的问题和可行性助农措施，有利于数字化平台助农增收有更明确的方向性，提高助农的效率与效益和助农的精准性，实现数字化平台与农民增收双赢互助的稳定局面。

三、实证分析结论

（一）数据描述

主要研究变量的描述性统计如表 1 所示。

表 1　　描述性统计

变量名称	变量符号	mean	sd	Min	max
人均可支配收入	*Y*	12279	4610	3915	23224
人均可支配收入的增速	ln*Y*	9. 336	0. 418	8. 273	10. 05
	treat	0. 245	0. 431	0	1
	post	0. 600	0. 491	0	1
农业发展水平	*Agri*	0. 210	0. 103	0. 0810	1. 000
产业结构	*Structure*	0. 460	0. 105	0. 198	0. 863
财政支出水平	*Finance*	0. 220	0. 185	0. 0312	1. 844
农业机械化水平	*Mechanization*	64. 05	46. 73	12	178
县域人力资本	*People*	0. 0371	0. 0117	0. 0166	0. 124
ICT 基础设施水平	log（*ICT*）	10. 86	0. 522	9. 159	12. 17
金融发展水平	*Loans*	0. 561	0. 341	0. 204	2. 006
对外开放程度	*Exports*	0. 0436	0. 101	0. 000873	1. 155

（二）基准模型回归

通过双重差分法考察了示范县政策对农民收入增长的促进效应。表 2 第（1）列表示，在控制地区和时间固定效应下，将电子商务综合示范县政策的增收效应变量 $treat_r post_t$ 作为解释变量时的结果。其中发现 $treat_r post_t$ 显著为正，表明示范县政策对农民收入的增长具有正向的作用。为了验证该关系，在表 2 第（2）列加入控制变量的控制项，增收效应变量 $treat_r post_t$ 仍显著为正。具体地说，以表 2 第（2）列为例讨论基准模型回归结果。增收效应变量 $treat_r post_t$ 的估计结果表明，实施电子商务进农村综合示范县政策试点县农民人均收入提升了 4.8%。

表 2　　基准模型回归结果

被解释变量	（1）	（2）
	a1	a1
	lnY	lnY
$treat_r post_t$	0.520*** (0.0607)	0.314*** (0.0561)
Agri		-0.893*** (0.262)
Structure		-0.0508 (0.284)
Finance		-0.196* (0.108)
Mechanization		0.00684*** (0.00216)
People		-8.244*** (1.799)
log（*ICT*）		-0.256*** (0.0503)
Loans		0.0874 (0.110)
Exports		-0.237 (0.179)
Observations	690	690
R-squared	0.976	0.612
yearfix	Yes	Yes
idfix	Yes	Yes

注：括号中为标准误；***、**、* 分别代表 1%、5%、10% 的显著性水平。

（三）平行趋势检验和安慰剂检验

1. 平行趋势检验。图 6 为平行趋势检验，其中“0”表示政策实施的第一年即 2014 年，通过平行趋势检验图，可以发现，政策实施的前五年以及政策实施后的前三年，增收效应变量 $treat_r post_t$ 的置信区间都包含了 0，说明在这些年中政策实施的增收效应在实验组和控制组的变化趋势是一致的，不存在显著差异。然而，政策实施后的第四、五年政策效应显著为正，说明政策实施后的一段时期对农民增收产生了正向的影响。

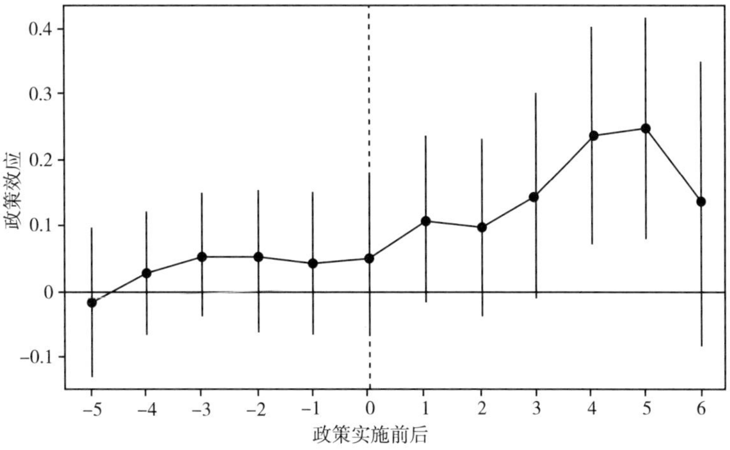

图 6　平行趋势检验

2. 安慰剂检验。

（1）时间安慰剂检验。如表 3 为将政策实施时间提前四年的时间安慰剂检验，可以看出，政策实施时间提前四年后新的增收效应变量 $treat_r post_t\_4$ 的效果不显著，说明实验组和控制组的增收趋势几乎一致，并没有出现因为政策冲击而产生显著收入增长的效果，表明提前四年作为政策冲击的时间点假设不成立，进一步证明政策时间点 2014 年的合理性。

表 3　　时间安慰剂检验

政策实施提前四年的时间安慰剂检验 *variables*	(1) 高维回归 lnY	(2) 面板回归 lnY
$treat_r post_t\_4$	0.642 (0.901)	0.642 (0.901)
Agri	−0.140 (0.129)	−0.140 (0.129)
Structure	0.347 (0.278)	0.347 (0.278)
Finance	−0.0761 (0.0733)	−0.0761 (0.0733)
Mechanization	−0.000143 (0.00129)	−0.000143 (0.00129)

续表

政策实施提前四年的时间安慰剂检验 variables	(1) 高维回归 lnY	(2) 面板回归 lnY
People	0.500 (0.999)	0.500 (0.999)
log (*ICT*)	0.00499 (0.0301)	0.00499 (0.0301)
Loans	-0.167** (0.0676)	-0.167** (0.0676)
Exports	0.00372 (0.113)	0.00372 (0.113)
R-squared	0.976	0.964

注：括号中为标准误；***、**、*分别代表1%、5%、10%的显著性水平。

（2）个体安慰剂检验。对总样本进行随机抽样，基于双重差分回归，提取安慰剂检验结果的P值，并将P值分布情况绘制在图7中。图中安慰剂检验大多数估计值结果的P值位于0.1以上，在10%的水平上不显著，且高于 *treated*×*post* 的P值0.057，这表明安慰剂对于因变量 lnY 的作用不显著，也就是说，在个体安慰剂检验中虚拟的DID作用不显著。

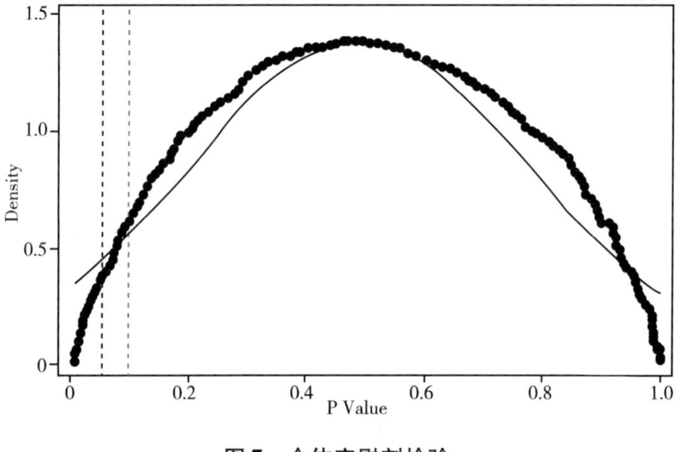

图7　个体安慰剂检验

（四）稳健性检验

1. 缩尾处理稳健性检验。在样本数据足够多时，为了剔除一些极端值对研究的影响，对连续变量 lnY 进行缩尾处理稳健性检验，如表4所示，在1%和99%分别做极端的处理，将小于1%的数用1%的值赋值，大于99%的数用99%的值赋值，以防止受到异常变量的影响，使得对于政策效应DID的分析结果更加可靠。

表 4　　缩尾处理稳健性检验

variables	lnY
$treat_r post_t$	0.0490 * (-0.0249)
Agri	-0.0264 (-0.117)
Structure	0.674 *** (-0.135)
Finance	-0.11 (-0.0665)
Mechanization	-0.0014 (-0.0009)
People	-0.746 (-0.787)
log（*ICT*）	0.0244 (-0.0246)
Loans	-0.306 *** (-0.0495)
Exports	-0.0006 (-0.0933)
R-squared	0.941

注：括号中为标准误；***、**、*分别代表1%、5%、10%的显著性水平。

2. 稳健性检验之时间趋势检验。表 5 第（1）列是对 *Agri* 即农业发展水平变量控制时间趋势的稳健性检验；表 5 第（2）列是对 *Loans* 即金融发展水平变量控制时间趋势的稳健性检验。从表 5 中可见控制时间趋势之后，增收效应变量 $treat_r post_t$ 显著且为正，说明增收效应变量 $treat_r post_t$ 仍然与被解释变量 lnY 关系显著。

表 5　　稳健性检验之时间趋势检验

variables	(1)	(2)
	lnY	lnY
Agri	-62.02 (65.24)	-0.0276 (0.117)
Structure	0.658 *** (0.136)	0.677 *** (0.136)
Finance	-0.112 * (0.0665)	-0.110 (0.0667)

续表

variables	(1)	(2)
	lnY	lnY
Mechanization	-0.00159 (0.000962)	-0.00145 (0.00100)
People	-0.718 (0.788)	-0.735 (0.790)
log (*ICT*)	0.0273 (0.0248)	0.0230 (0.0252)
Loans	-0.311 *** (0.0498)	4.425 (17.30)
Exports	0.00916 (0.0939)	-0.00261 (0.0939)
$treat_r post_t$	0.0470 * (0.0250)	0.0499 ** (0.0252)
Agri 固定效应和时间趋势的交互项	0.0308 (0.0324)	
Loans 固定效应和时间趋势的交互项		-0.00235 (0.00858)
Observations	690	690
R-squared	0.941	0.941

注：括号中为标准误；***、**、* 分别代表 1%、5%、10% 的显著性水平。

(五) 异质性检验

考虑到不同的地区，往往存在着较大的差异，本文分别对宁夏回族自治区及广东省进行回归，结果见表 6 第（1）~（3）列。数据显示，通过结果表明示范县政策对各个地区农民的收入都有增长的促进效果，但是其中的增收效应存在着明显的地区异质性，说明在相对发达的地区，农民的电子商务采纳意愿更强，电子商务的普及力度更大，从而更容易在电子商务综合示范县政策中获益。

表 6　　地区异质性检验

被解释变量	(1)	(2)	(3)
	湖北省	广东省	宁夏回族自治区
	lnY	lnY	lnY
$treat_r post_t$	0.520 *** (0.0607)	0.640 *** (0.025)	0.008 (0.023)

续表

被解释变量	(1)	(2)	(3)
	湖北省	广东省	宁夏回族自治区
	lnY	lnY	lnY
控制变量	Yes	Yes	Yes
固定地区	Yes	Yes	Yes
固定时间	Yes	Yes	Yes
观测数	690	852	107

注：括号中为标准误；***、**、*分别代表1%、5%、10%的显著性水平。

四、总结与建议

（一）总结

通过对访谈资料的分析，总结出以下结论：湖北省国家级电子商务进农村综合示范县政策对农民收入增长的效果有一定的促进作用，通过对湖北省示范县和非示范县市的面板指标数据的分析发现，湖北省电子商务进农村综合示范县政策对当地农民收入的作用显著并且系数为正。通过实证分析发现，对于农民收入增长作用最大的因素是第二产业的发展，同时发现政策的另一目标——助推第一产业农业的发展，效果并不是很明显。总体来说并没有达到预期的目标效果。

（二）建议

根据调研走访掌握的资料来看，农民收入的增长主要是果农和虾农以及农村的农民工进入第二产业进行工作所引起的收入增长，而在农村继续进行种植农作物的粮农收入增长则不明显，并且粮农对于数字经济和电子商务的了解程度不高，这在一定程度上使得电子商务政策对粮农的收入增长影响程度不足，在政策下达后期出现了余力不足的现象，许多粮农由于生活压力由种植粮食改为种植水果。根据国家示范县政策的实施进度，当地的数字经济与电子商务如何进一步向农村普及？农民的后续收入如何取得？农民收入怎么持续？政府如何进一步帮助农村中的粮农？都是遗留下来难以解决的问题。据此，提出以下建议：

1. 加强政策引导，不断拓宽电子商务的发展空间。电子商务对农民的增收效应主要局限在果农、虾农等部分农民主体，影响力有限，为增强数字经济和电子商务的增收效应，应着力推动形成政府引导、农民主体、多方参与的电子商务进农村机制，拓宽电子商务的发展空间，扩大其影响范围，增加多种农民主体的经济收入。

2. 拓展电子商务进农村的资金筹集渠道，使资金“多源化”。电子商务进农村的资金渠道主要来源于国家和各级财政的专项资金投入，该项工程规模庞大，基础设施的建设和后期支出需要稳定而持续的资金流，如若政府减少或停止发放资金补偿，后续工程将难以推进。当地政府需要出台有利于中小企业入驻的政策，积极引导社会人员和市场的参与，鼓励社会公益机构和广大民众对电子商务进农村的捐助和资助，同时积极吸收项目资金，扩展资金来源。

3. 加强生产端扶持，实现产销对接。当前农产品销售的主要问题在于缺乏标准化以及农民不能根据市场的需求进行种植，从而导致农产品难以销售，因此政府要在农产品生产端进行管理和扶持，建立配套的筛选机构，加大产销对接的力度，从源头上解决农产品销售问题，减少农产品滞销，从而提高农民收入。

4. 实施政策落实的考核机制，切实保障政策的有效实施。省级主管部门应该负责开展绩效自评，组织对市县开展绩效评价，并对年度任务的完成情况进行评估。要督促市县通过网络管理系统进行项目资金使用情况的填报，将此填报作为绩效评价的重要依据。并且还将进行定期抽查，如若发现问题应总结成效、改正问题，将政策进一步落实。

五、结　语

通过对湖北省电子商务进农村综合示范县潜江市的调研走访，了解到当地以政府资金扶持、建设或改善县电商服务中心和村电商站点，建立改造县、乡、村三个层次的配送体系，开展电商培训、建立起电商产业园等为主要方式，在最大程度地提升电商水平的基础上为农民提供收益，助力农民收入增长目标的实现。

通过对样本面板资料数据的分析发现，湖北省国家级电子商务进农村示范县政策虽对农民收入增长有所发挥，但效率并没有最大化地实现。此外，资金如何筹集和分配、政策能否持续等问题也为农民收入增长的作用发挥提出挑战。政策应进一步补齐县域商业基础设施短板，特别要进一步完善县、乡、村三级物流配送体系，发挥县城和乡镇物流枢纽作用，支持建设改造一批县级物流配送中心和乡镇快递物流站点，完善仓储、分拣、包装、装卸、运输、配送等设施，增强对乡村的辐射能力。整合县域邮政、供销、快递、商贸等物流资源，发挥连锁商贸流通企业自建物流优势，开展日用消费品、农资下乡和农产品进城等物流快递共同配送服务，降低物流成本。

尽管在国家电子商务示范县政策的运行中不可避免地会遇到诸如收入增长效应有待提升等困境，但它走的正是一条可持续的发展道路。相信只要政府、企业、农民三方都能坚持实行和积极配合，在目标支持下积极行动和完善，农民收入增长效应将会得到最大限度的激发。

参考文献

[1] 数字经济及其核心产业统计分类（2021）[J]. 中华人民共和国国务院公报，2021（20）：16－30.

[2] 赵涛，张智，梁上坤. 数字经济、创业活跃度与高质量发展——来自中国城市的经验证据[J]. 管理世界，2020，36（10）：65－76.

[3] 张鹏. 数字经济的本质及其发展逻辑[J]. 经济学家，2019（02）：25－33.

[4] 陈修颖，苗振龙. 数字经济增长动力与区域收入的空间分布规律[J]. 地理学报，2021，76（08）：1882－1894.

[5] 蔡跃洲，牛新星. 中国数字经济增加值规模测算及结构分析[J]. 中国社会科学，2021（11）：4－30.

[6] 中国电子信息产业发展研究院. 2019 年中国数字经济发展指数白皮书[R]. 2019.

[7] 国家统计局. 数字经济及其核心产业统计分类（2021）国家统计局令第 33 号[R]. 2021.

[8] 小松崎清介. 信息化与经济发展[M]. 北京：北京社会科学文献出版社，1994.

[9] 杨京英，闾海琪，杨红军，高析. 信息化发展国际比较和地区比较[J]. 统计研究，2005（10）：23－26.

[10] 赖一飞，叶丽婷，谢潘佳等. 区域科技创新与数字经济耦合协调研究[J]. 科技进步与对策，2022，39（12）：31－41.

[11] 葛和平，吴福象. 数字经济赋能经济高质量发展：理论机制与经验证据[J]. 南京社会科学，2021（01）：24－33.

[12] 许宪春，张美慧. 中国数字经济规模测算研究——基于国际比较的视角[J]. 中国工业经济，2020（05）：23－41.

[13] 蔡冬松，柴艺琳，田志雄. 基于 PMC 指数模型的吉林省数字经济政策文本量化评价[J]. 情报科学，2021，39（12）：139－145.

[14] 黄敦平，朱小雨. 我国数字经济发展水平综合评价及时空演变[J]. 统计与决策，2022，38（16）：103－107.

[15] 周丰祺，刘纳新. G20 国家数字竞争力评价及启示[J]. 经济体制改革，2022（03）：164－171.

[16] 李蕾. 黄河流域数字经济发展水平评价及耦合协调分析[J]. 统计与决策，2022，38（09）：26－30.

[17] 程广斌，李莹. 基于投入产出视角的数字经济发展水平区域差异及效率评价[J]. 统计与决策，2022，38（08）：109－113.

[18] Tapscott D. The digital economy：promise and peril in the age of networked intelligence [M]. New York：McGraw-Hill，1996.

[19] G20 Digital Economy Development and Cooperation Initiative：G20 2016 Hangzhou Summit [C].

Hangzhou, 2016.

[20] Goldfar b A, Tucker C. Digital Economics [J]. Journal of Economic Literature, 2019, 57 (01): 3-43.

[21] Bukht R. Defining, Conceptualising and Measuring the Digital Economy [Z]. University of Manchester, Global Development Institute, 2017: 57, 1-24.

[22] Zwass. Electronic Commerce: Structures and Issues [J]. International Journal of Electronic Commerce, 1996.

[23] Eurostat. Digital economy and society in the EU-A browse through our online world in figures—2018 edition [R]. 2018.

惠民保是否会挤出百万医疗保险的需求

——基于PSM-DID模型的实证分析

金正广　梁玉玲　魏靖懿　侯宇倩　周雯萱

一、研究背景

（一）惠民保行业发展现状

惠民保，即城市定制型商业医疗保险，是各个城市自行定制、商业保险公司承保，由政府、保险公司及其他第三方机构共同开发的新型保险产品，是我国普惠式商业医疗保险的重要尝试，对我国多层次医疗保障体系（见图1）的构建具有重大意义，具有低保费、高保额、低门槛等特点。从产品形态来看惠民保与短期（无续保条款）百万医疗保险高度相似，可以看作是各个城市根据自身情况所研发的补充性医疗保险，即建立在基本医疗保险报销基础之上，对患者部分自付和自费进行再次报销的保险产品。

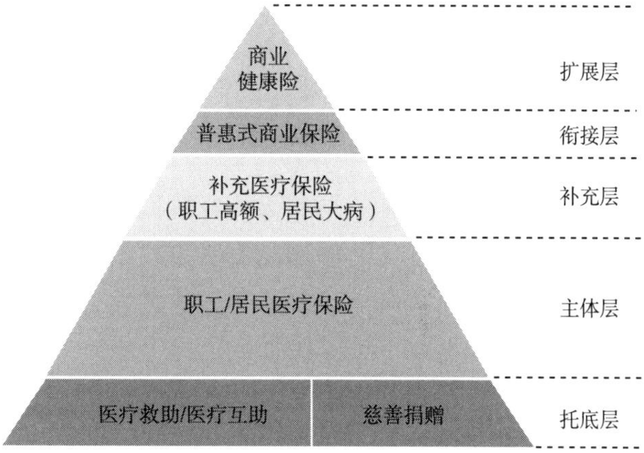

图1　中国多层次医疗保障体系构成情况

资料来源：中国医疗保险．“多层次”医疗保障体系的3大亮点与3大挑战，2020－04－08.

2020 年被称为城市定制型商业医疗保险——惠民保元年，这一年，全国各地纷纷推出具有本城特色的惠民保，“温暖一座城”。截至 2022 年 9 月 30 日，全国各地共推出 263 款惠民保产品（见图 2），覆盖了 29 个省级行政区 39 个城市。

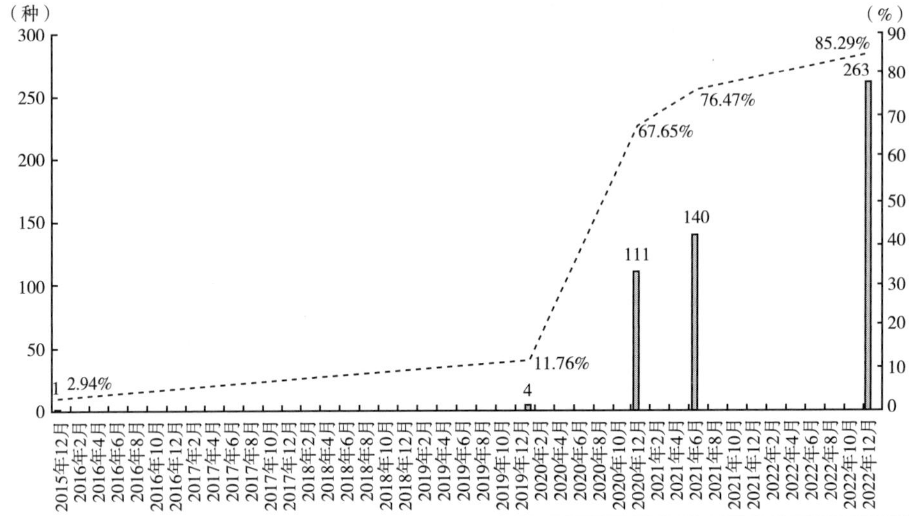

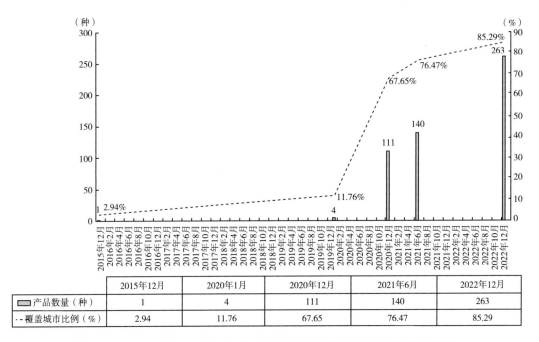

	2015年12月	2020年1月	2020年12月	2021年6月	2022年12月
产品数量（种）	1	4	111	140	263
覆盖城市比例（%）	2.94	11.76	67.65	76.47	85.29

图 2　2015 年 12 月至 2022 年 12 月我国惠民保产品数量及覆盖城市比例趋势

资料来源：惠民保官网．复旦大学保险创新与投资研究中心整理．

（二）惠民保与百万医疗保险的联系与矛盾

2020 年，惠民保如“雨后春笋”般兴起，保险公司、健康管理公司、流量平台，药品创新支付公司等各方争相涌入赛道。业内有观点认为，惠民保迅速在中国发展导致一部分本该被百万医疗保险覆盖的投保人群被抢占，产生了惠民保对百万医疗保险的挤出效应。

惠民保与短期型（无续保保证条款）的百万医疗险高度相似，但是从具体的保险条款中可以看出，百万医疗的保障整体上比惠民保高出一个等级。所以，从保障实质上看，惠民保是基本医保和大病医保的有效补充，而百万医疗险作为商业报销型医疗保险，又是对惠民保的补充，本质上并不矛盾。

但是，在保险实务中，由于保险公司宣传惠民保时过度“神化”其优点，民众对医疗保险理解能力不够以及保险代理人对产品的解释能力与我国医疗保障体系的复杂性之间存在矛盾。

今天，仍有群众对于基本医保以及个人的医疗费用负担存在一定的理解偏差，同时，保险代理人对于医疗险这种低价的获客产品没有太深的理解力，在向潜在投保群体介绍惠民保产品时也有解释偏差。这种市场宣传教育的不足，代理人队伍知识匮乏的背景之下，造成了惠民保以及百万医疗险市场定位的模糊。

究其主要原因，百万医疗经历了近年来的高速发展，其保障范围已经面临着饱和的难题。惠民保“低保费，高保额”的产品特点对“高保费，高保额”的百万医疗险造成了很大的冲击，再加之惠民保无健康告知、无年龄限制、无职业限制、新市民可保等优点，对百万医疗险进一步造成冲击。

二、文献综述

2020~2021 年，经历新冠疫情、经济增速放缓、居民消费支出萎靡、保险代理人队伍规模萎缩，以及短期健康险新规和城市定制型商业医疗保险（以下简称“惠民保”）等客观因素影响，往昔网红产品百万医疗险生存空间被挤占，签单速度放缓，市场份额下降。近年来，学术界以及保险业内人士对百万医疗险与惠民保的发展问题关注度不断提高，涌现出一些有针对性的研究文章。

（一）惠民保与百万医疗的发展现状研究

我国学者戴梦希（2021）主要针对惠民保在抢占市场份额、挤占市场空间方面展开了研究，从百万医疗保险发展过程中存在的误导销售、虚标保额等乱象出发，到银保监会发布《关于规范短期健康保险业务有关问题的通知》，对百万医疗造成一定的打击，文章评述了百万医疗保险自身发展存在的一定问题，再过渡到从政策支持、中国民众对惠民保和百万医疗保险关系的认知错误、对百万医疗保险的定位错误等方面讲述了惠民保是如何抢占市场份额的。学者王笑（2021）同样将惠民保抢占市场的原因很大程度上归结于民众对于医疗保险理解能力的变化以及代理人对产品的解释能力和保险保障体系复杂性之间的矛盾，并阐释了惠民保“后浪推前浪”的效应，文章表明 2020 年百万医疗保险渗透率在 0~65 岁客户群众市场渗透率为 7.4%，远低于商业健康险 26.4% 的渗透率，说明在惠民保有力竞争下，百万医疗保险仍有较大的发展空间。这两篇研究有很大的启示作用，但是均缺少模型构建、数据分析等方面的研究。任禹凡和郑家昆（2022）采用行为经济学视角对惠民保的可持续发展展开研究，分别从政策安排、产品设计、经营管理等方面提出惠民保可持续发展的有效路径，对本文的研究方向有一定的借鉴意义。对于惠民保的可持续发展领域，蒋舒和封进（2022）从政府职能入手，通过对比中国香港的自愿医保计划、美国的奥巴马评价医改法案等，从“如何进一步提高参保率”“如何确定保障范围”“如何定价”“如何进行医疗服务控费”等方面对惠民保的可持续发展进行讨论。对惠民保的市场定位有较为明确的阐释。

（二）惠民保对百万医疗保险的挤出效应研究

王其菲、张若楠、王静（2021）针对性地研究了惠民保对百万医疗保险的挤出效应，文章主要通过对比产品间的异同，重点针对客户群体定位和产品定位两方面分析了惠民保对百万医疗保险的挤出效应程度，最后对惠民保和百万医疗保险的发展提出了相关建议。周海珍和胡梦丹（2022）在基本医疗保险对商业医疗保险的挤出效应方面展开研究，其数据主要来源于中国健康与养老追踪调查（Charls，2018）的调查结果，确定了11790个样本数量，使用logit模型进行挤出效应研究。该研究样本数量较大但是数据较老，尤其是近几年第三支柱补充性商业保险快速增长，因此忽略了这一部分的影响。但是作为比较经典的挤出效应研究，对本文的研究有一定启发。

（三）文献述评

目前学术界在“惠民保对百万医疗的挤出效应”的研究上，大多在分析保费数据、保险渗透率、产品定位、民众心理预期等方面，取得了一定成果。本文在上述学者的研究基础上，引入psm-did模型与动态视角研究，将在一定程度上丰富该领域的学术成果。

三、保单条款对比

（一）典型产品保障对比

以“360城惠保”和“尊享e生2021”为例，对惠民保与百万医疗进行保障分析（见表1）。

表1　“360城惠保”VS“尊享e生2021”保险条款对比

保险公司		泰康人寿等6家公司联合承保	众安保险
产品名称		360城惠保	尊享e生2021
投保规则	承保年龄	不限年龄	0～70岁
	等待期	30天	30天
	每年最高报销	100万元（住院） 100万元（特药）	300万元（一般住院） 600万元（100种重疾+121种罕见病）
	医院范围	医保定点医院	二级及以上公立医院

续表

保险公司		泰康人寿等6家公司联合承保	众安保险
产品名称		360城惠保	尊享e生2021
保障内容	社保内住院医疗费	80%报销/2万元免赔额	
	特定药品费	80%报销（限15种）	100%报销/1万元免赔额
	社保外住院医疗费	—	
	质子重离子	—	100%报销/0免赔/限额600万元
其他保障	特殊门诊	—	有
	门诊手术	—	有
	就医绿色通道	—	有
	费用垫付	—	有
续保	满期未停售	需审核	无需审核
保费	0岁	19元	756元
	30岁	39元	293元
	60岁	39元	1456元

（二）保单对比总结

通过深入挖掘市面上具有代表性的惠民保保单以及百万医疗保单，总结出两款保险的产品共性，并做了进一步的对比分析，如表2所示。

表2　　惠民保和百万医疗保险对比总结

对比分析		惠民保	百万医疗
投保条件	年龄	一般不限制	有限制，各产品不一样，基本上65周岁以上可选产品稀少
	身份限制	一般规定为当地基本医保参保人群，投保人群体有逐步扩大的趋势，如武汉市“江城安心保”，规定新市民（在武汉市居住满70天以上的消费者）也可投保	有社保费率会低一些
	健康状况	既往症不可保：很严重的既往症，结节一类不算在内	要求严格：既往症大部分不可保。结节如果已经做了手术且良性，术后无并发症，可能会标体承保；未手术除外可能性较大
		既往症可保：报销比例低，免赔额高	
保险责任		住院责任	住院责任
		门诊责任	特殊门诊：肾透析，器官移植后的抗排异治疗，肿瘤门诊治疗
		特药责任	门诊手术：做完即回家
			住院前后门急诊

续表

对比分析	惠民保	百万医疗
费率	几十元到几百元不等，保费相对较低	以百元计算，保费随年龄增长，60 周岁以上保费过千元
免赔额	较高，一般为 2 万元	较低，一般为 1 万元，部分产品重疾 0 免赔
报销比例	50% ~80%	100%，以社保身份购买社保报销 100%
报销范围	社保范围内和特定药品费	更广更全面，不限社保报销，自费药、进口药、自费项目都能报销
续保	惠民保无续保条款，有停售后无法续保的风险	目前许多百万医疗保险有续保保证条款，个别险种甚至有保证续保 20 年的条款

四、研究设计

（一）变量选取

1. 被解释变量。基于研究目的，被解释变量即为百万医疗保险的投保意愿。投保意愿通过人均百万医疗保费数额、居民对百万医疗保险认知程度、居民百万医疗最大保费投入意愿体现。

2. 核心解释变量。本文选取了惠民保颁布的城市虚拟变量（Di）、惠民保颁布实施的时间虚拟变量（Gt）、惠民保颁布实施的时间虚拟变量与惠民保颁布的城市虚拟变量的交互项，也即组别划分变量与时间虚拟变量的乘积（$Di \times Gt$）作为核心解释变量。其中，系数 $\beta1$ 反映了实验组与对照组之间百万医疗投保意愿的差距；系数 $\beta2$ 反映了惠民保颁布推行前后实验组与对照组百万医疗保险投保意愿的差距。虚拟变量交互项 $\beta3$ 是双重差分的估计量，可以反映出惠民保颁布后对实验组产生的净效应（见表 3）。

表 3　　被解释变量与核心解释变量

Yit 为被解释变量	输出最终结果：是否影响投保意愿
Di 为组别划分变量	$Di=1$：代表“实验组”
	$Di=0$：代表“控制组”
Gt 为时间虚拟变量	$Gt=1$：代表“惠民保已推行”
	$Gt=0$：代表“惠民保未推行”
系数 $\beta1$	实验组与对照组之间百万医疗投保意愿的差距
系数 $\beta2$	惠民保推行前后实验组与对照组百万医疗投保意愿的差距
系数 $\beta3$	惠民保推广对实验组百万医疗险投保意愿的净影响

续表

Yit 为被解释变量	输出最终结果：是否影响投保意愿
Xi 为控制变量	需求意愿影响指标： 包含个人特征因素、家庭因素、经济因素、认知因素、产品因素
	经济运行基本指标： 包含地区 GDP、地方财政支出总额、城镇居民人均消费性支出
常量 λi	表示个体效应
常量 υt	表示时间效应
常量 εit	表示随机误差项

3. 控制变量。本文选取了包括个人特征因素、家庭因素、经济因素、认知因素以及产品因素在内的控制变量进行实证分析，具体的变量选择与变量描述如表 4 所示。

表 4　　控制变量

控制变量		百万医疗的需求意愿影响指标
		经济运行基本指标
需求意愿影响指标	个人特征因素	受访者性别
		年龄
		个人及家庭成员大额医疗支出经历
	家庭因素	受访者婚姻状况
		受访者家庭人口数
	经济因素	受访者的家庭年收入
		受访者年均医疗费用支出额
	认知因素	受访者的文化程度
		受访者的风险意识
		受访者对产品的了解程度
	产品因素	对社会基本医疗保险的满意度
		是否购买过其他商业健康保险产品
		是否购买过城市普惠医疗产品
经济运行基本指标		地区 GDP
		地方财政支出总额
		城镇居民人均消费性支出

（二）模型设定

为分析惠民保的推广对于百万医疗投保意愿的影响，本文以南京市和上海市颁布惠民保的年份 2021 年作为政策的实施起点，选取样本中推行惠民保的城市作为实验组，选取未推行惠民保的城市作为对照组，通过双重差分方法（DID）对照两个组在惠民保推行前后的差异性变化，从而评估惠民保对投保百万医疗保险意愿的影响。

首先，双重差分方法（DID）在使用过程中假定实验组和对照组有相似的发展趋势，避免因为样本选择偏差影响评价的效果（见图 3）。其次，结合倾向得分匹配法（PSM），以匹配的方式筛选出与实验组同质性较好的对照组，降低“推行惠民保”与“未推行惠民保”在百万医疗投保意愿上的差异程度。最后，利用双重差分方法（DID）估计出惠民保推行的政策效应。

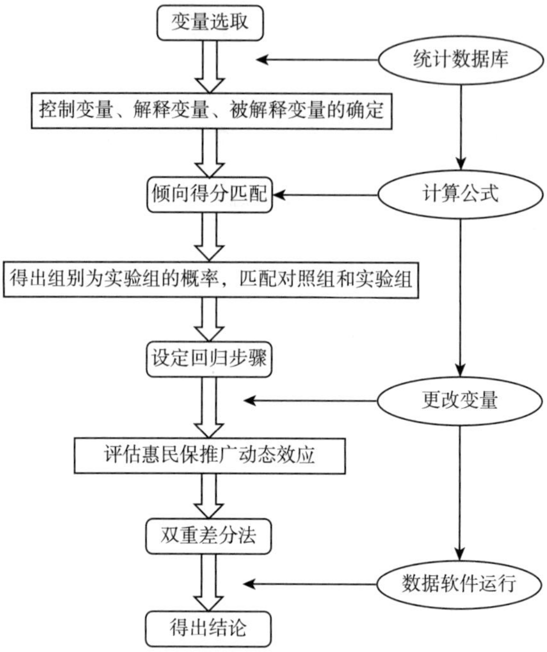

图 3 PSM-DID 模型设计

本文以“惠民保”推出前后为时间节点，以是否推行“惠民保”作为组别划分依据，利用双重差分法定量评估惠民保对于百万医疗保险投保意愿的影响。计算公式如下：

$$Yit = \beta 0 + \beta 1 \cdot Di + \beta 2 \cdot Gt + \beta 3 \cdot Di \times Gt + \sum_{i=1}^{n} \beta i \cdot Xi + \lambda i + \upsilon t + \varepsilon it \qquad (1)$$

五、实证分析

（一）倾向得分匹配结果

根据研究设计，进行逐年 PSM 匹配的实验组选取在 2021 年推行惠民保的南京和上海市，对照组选取在 2018 ~2022 年未推行惠民保的天津和深圳。选取既影响百万医疗投保意愿又与惠民保推广相关的变量作为协变量，并进行逐年 PSM 匹配，运用 Probit 模型估计倾向得分，采用卡尺最近邻匹配。为确保匹配样本的效果，进行了平衡性检验，通过对比匹配前（见表 5）与匹配后（见表 6）的数据来检验二者的差异性，以保证后续进行 DID 回归的适配性。

表 5　　匹配前逐年平衡性检验

变量	2018 年	2019 年	2020 年	2021 年	2022 年
需求意愿影响因素	-0.014 (-1.178)	-0.016 (-1.134)	-0.009 (-0.813)	-0.01 (-0.885)	-0.01 (-0.885)
经济运行因素	-0.050* (-1.832)	-0.058* (-1.805)	-0.051* (-1.699)	-0.027 (-1.622)	-0.027 (-1.622)
样本量	4	4	4	4	4

注：括号中为标准误；***、**、*分别代表 1%、5%、10% 的显著性水平。

表 6　　匹配后逐年平衡性检验

变量	2018 年	2019 年	2020 年	2021 年	2022 年
需求意愿影响因素	-0.017 (-0.740)	0.039 (1.576)	0.007 (0.439)	0.009 (0.595)	0.009 (0.595)
经济运行因素	0.015 (0.510)	-0.022 (-0.953)	-0.002 (-0.108)	-0.001 (-0.135)	-0.001 (-0.135)
样本量	4	4	4	4	4

注：括号中为标准误；***、**、*分别代表 1%、5%、10% 的显著性水平。

逐年匹配后各协变量的系数值变小，同时伪 R^2 的结果也明显变小，说明对照组具有良好的可比性和稳定性。在进行逐年匹配前，实验组与对照组的核密度分布差异较大，在完成逐年匹配后，实验组与对照组的核密度曲线接近，配对样本之间的差异显著缩小，进行逐年匹配后实验组和对照组的匹配效果良好（见图 4、图 5）。

（二）惠民保推行对百万医疗的平均影响效应

利用 PSM-DID 的方法对惠民保推行对“百万医疗”的影响效应进行估计，首先根据 PSM 的结果进行基础性分析选出惠民保推广地级市南京市为实验组，非惠民保推广地级市深圳市为对照组，评估惠民保推广的政策效果，由于样本数据为面板数据，需要考虑个体异质性以及时间变化的年份积累效应，通过豪斯曼检验，根据 Prob > chi2 = 0.0000 的结果，选择固定效应模型，同时检验时间效应是否显著（见表 7）。

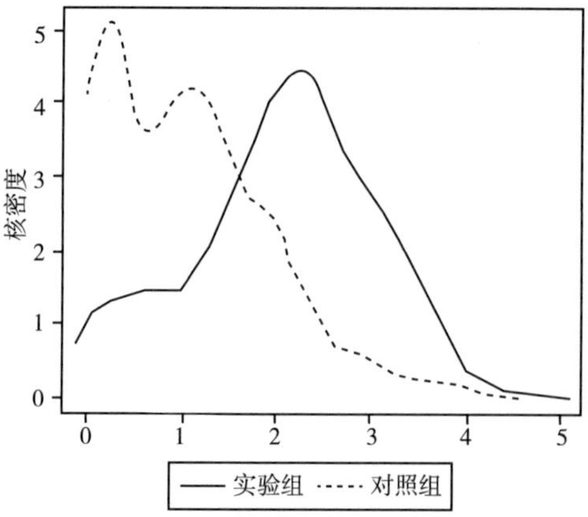

图 4　匹配前的倾向得分值

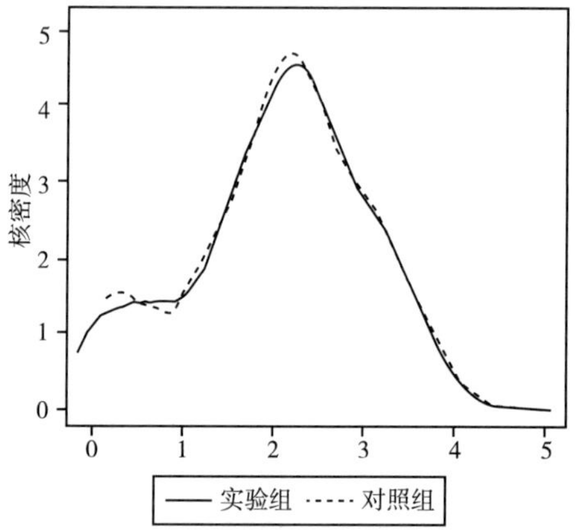

图 5　匹配后的倾向得分值

表 7　　惠民保推广对百万医疗影响的平均效应检验结果

变量	交互项	时间变量	控制变量	时间固定效应	个体固定效应	常数项	判定系数
人均百万医疗保费数额	-3.453 (-0.68)	-3.688 (-0.73)	Yes	Yes	Yes	43.58 (-9.57)	0.874
对百万医疗保险认知程度	14.75 (-0.85)	111.4*** (5.49)	Yes	Yes	Yes	54.39 (-1.29)	0.895
百万医疗最大保费投入意愿	-8.435 (-1.36)	-8.999 (-1.45)	Yes	Yes	Yes	18.112*** (-3.14)	0.807

注：括号内为标准误；***、**、*分别代表1%、5%、10%的显著性水平。

（三）惠民保推行对百万医疗的动态影响效应

更改时间虚拟变量的设定，评估“惠民保”推广的动态效应，引入实验组南京市的惠民保推广后 2021～2022 年时间节点虚拟变量和政策实施变量的交互项，构建动态效应回归模型。基于上述分析最终回归模型设定如下：

$$Yit = \beta 0 + \beta 1 \cdot Di + \beta 2 \cdot Gt + \sum_{n=2021}^{2022} g_n \cdot Di \times Gt + \sum_{i=1}^{n} \beta i \cdot Xi + \lambda i + \upsilon t + \varepsilon it \quad (2)$$

其中，Yit 为被解释变量，即惠民保推广给对照组和实验组投保意愿带来的差异，对公式进行 DID 估计，可得回归结果，如表 8 所示。

表 8　惠民保推广对百万医疗的影响的动态检验结果

变量	交互项（2021）	交互项（2022）	控制变量	时间固定效应	个体固定效应	常数项	判定系数
人均百万医疗保费数额	－3.453 （－0.68）	－3.688 （－0.73）	Yes	Yes	Yes	43.58 （－9.57）	0.874
对百万医疗保险认知程度	14.75 （－0.85）	15.86 （－0.88）	Yes	Yes	Yes	54.39 （－1.29）	0.895
百万医疗最大保费投入意愿	－8.435 （－1.36）	－9.573 （－1.44）	Yes	Yes	Yes	18.112*** （－3.14）	0.807

注：括号内为标准误；***、**、*分别代表 1%、5%、10% 的显著性水平。

在惠民保推行后，其对百万医疗的投保意愿产生了影响，且其交互项系数通过了显著性检验，由回归结果可见宏观上惠民保的推行对百万医疗产生了显著的挤出效应。但惠民保的推行客观上增强我国城乡居民自主选择商业保险的必要性，随着自主选择性行为的增多，参保人员对百万医疗和惠民保的了解增强，惠民保的推广对城乡居民百万医疗保险的认知程度产生了显著的正向影响。由于惠民保具有比百万医疗的参保门槛更低、起付要求更高、报销力度更小的特性，其推行不会对要求更高报销比例、更广泛报销范围的居民产生影响，即对百万医疗最大保费投入意愿影响较小。

六、对策建议

（一）提高消费者风险管理意识与保险素质

首先，提高消费者的保险素质，让消费者对各类产品有一个更深的理解以及清晰的定位是实现我国保险业良性发展，解决投保人与保险公司之间矛盾的重要途径。在医疗保险领域，政府、社会组织、保险公司要承担起宣传教育责任，重点要提高消费者、保险公司代理人对我国基本医保、个人医疗负担、医疗保障体系的认知程度和理解程度。同时，要规范保险公司对惠民保等普惠型保险产品的宣传，避免虚假宣传，导致群众抱有在基本医保和惠民保之外，不再需要任何商业险为自己做健康保障的错误认知。

（二）明确保险市场定位

在提高消费者保险素质的基础上，应该找准百万医疗险与惠民保各自准确的市场定位。《健康险蓝皮书》指出，保险公司的高端客户与市场上的普惠人群对健康保险有着不同的需求。中高端客户更加青睐高品质、高质量的医疗服务，所对应的就是保费、保障程度都较高的保险产品。而普惠人群更加倾向于性价比高，低保费、高保额，甚至还能进行大病保障的保险产品。从长期动态的视角来看，就多层次的个人医疗险市场而言，百万医疗保险与惠民保的市场定位有着明显区别，两者各有优势，彼此补充。

（三）两款保险的未来展望

在未来，百万医疗保险的发展趋势是向中高端延展，因为当整个城市的保险意识、居民的保险素质提高，民众消费能力增强时，人们对保险保障水平的要求就会更高。百万医疗险应抓住该层次的保险需求，向消费者提供更加优质、全面、先进的医疗资源。今后百万医疗保险可以将目光放在医疗险长期化、与健康管理相结合、利用奖励性政策鼓励续保等方面。

惠民保今后的发展更应该注重其基础性、补充性的特点，增强惠民保业务的可持续性。可以将投保人群扩大到新市民等城市常住人口，发展团体投保，实施医保个账支付保费来加强与基本医保的衔接等来拓展客户，提高整体的参保率。惠民保真正做到“一城一策”“温暖一座城”，还应破除信息壁垒，实现数据共享，需要各地医保局、卫健委联合信息管理部门，将当地居民就医数据汇总、收集、整理，为保险公司提供充足的数据来制定合理费率和保险条款。同时，面对逆向选择和死亡螺旋问题，可以考虑年龄差异化费率等措施来降低风险，实现惠民保的可持续发展。

参考文献

［1］戴梦希．怎样让“惠民保”扛得住？［N］．金融时报，2021－10－20（010）．

［2］王笑．关注度下降：百万医疗险何去何从？［N］．金融时报，2021－09－29（012）．

［3］王其菲，张若楠，王静．惠民保对商业医疗保险挤出效应研究［J］．今日财富，2021（22）：34－36.

［4］朱铭来，仝洋，周佳卉，陈召林．多层次医疗保障体系评估——基于复合维度的发展指数测算［J］．保险研究，2022（10）：3－18.

［5］胡璎珞，李成志．城市定制型商业健康险发展现状的若干阶段性思考［J］．中国保险，2022（08）：8－15.

［6］蒋舒，封进．惠民保未来发展中的市场定位与政府职能—— 中国香港自愿医保计划和美国奥巴马平价医改法案的启示［J］．上海保险，2022（10）：6－12.

［7］张秋，郑柏枫，熊睿，邬楚雯，曾欣桐，凌凯诺，陈漫漫．多层次医疗保障体系下惠民保发展的“粤浙范式”［J］．卫生经济研究，2022，39（10）：44－47.

［8］刘云堃，杨强，董田甜．“ 惠民保”可持续发展的协同治理模式探究——基于江苏典型地区的比较分析［J］．中国卫生政策研究，2022，15（04）：30－35.

［9］任禹凡，郑家昆．行为经济学视角下“惠民保”的挑战和解决方法［J］．中国保险，2022（04）：37－39.

［10］于保荣，贾宇飞，孔维政，李亦舟，纪国庆．中国普惠式健康险的现状及未来发展建议［J］．卫生经济研究，2021，38（04）：3－8.

［11］郑秉文．惠民保的政策红利与制度创新［J］．中国卫生，2021（09）：29－31.

［12］苏泽瑞．普惠性商业健康保险：现状、问题与发展建议［J］．行政管理改革，2021（11）：90－99.

［13］隆琴．百万医疗保险高额医疗费用的商保和政府合作开发模式研究［D］．北京：对外经济贸易大学，2020.

［14］周海珍，胡梦丹．试论基本医疗保险对商业医疗保险的挤出效应［J］．上海保险，2022（03）：50－56.

语言经济学视角下跨境电商营销沟通战略优化路径分析
——以山姆全球购为例

陆宇晨　陈勇升　李恬瑶　王陆岩　徐常睿

一、导　论

（一）政策背景

1. 中国持续推进高水平对外开放。2020 年以来，我国先后出台了《外商投资法》《外商投资安全审查办法》等法律文件，确定了坚持内外资一致的原则，规定了国家对外商投资不实行征收，禁止了强制技术转让等，切实落实稳外资的各项政策措施，推进重大外资项目落地实施，加强外商投资服务。

2. 跨境电商迎来发展机遇。“互联网 + 外贸”形式出现的跨境电商在中国发展迅猛，国家多次颁布了包括《关于扩大跨境电商零售进口试点的通知》《“十四五”电子商务发展规划》等在内的政策建议，将跨境电商零售进口试点范围将扩大至所有自贸区、综试区等，并提出要支持跨境电商高水平发展、推动数字领域国际合作走深走实。

（二）现实背景

1. 全球跨境电商规模保持快速增长（见图 1）。

2. 全球零售市场逐渐向电商化转型（见图 2）。

3. 收入增长放缓刺激高性价比商品的需求。数据显示，新兴经济体的家庭平均年收入约为 18000 美元。疫情导致 2020 年全球劳工收入较 2019 年下降 8.3%。因此，性价比对中低端市场中收入较低的消费者而言尤为重要。

4. 品牌化趋势显现，客户驱动的营销战略日益重要。以美国为例，科韬（Criteo）指出，超过 50% 的调查对象表示自己的购买决策会被品牌价值所影响。跨境电商出口

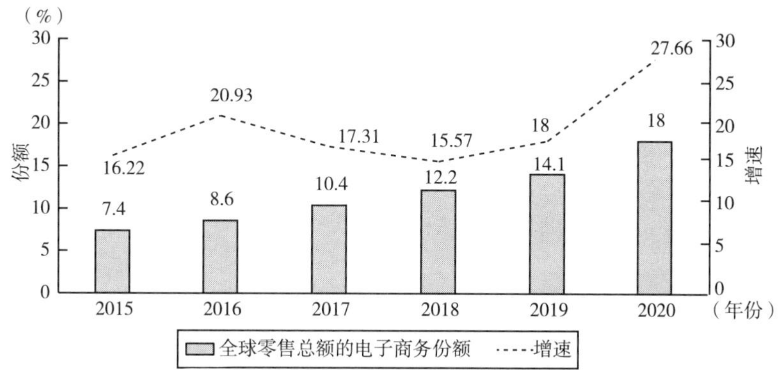

图1 2015~2020年全球零售总额的电子商务份额及增速

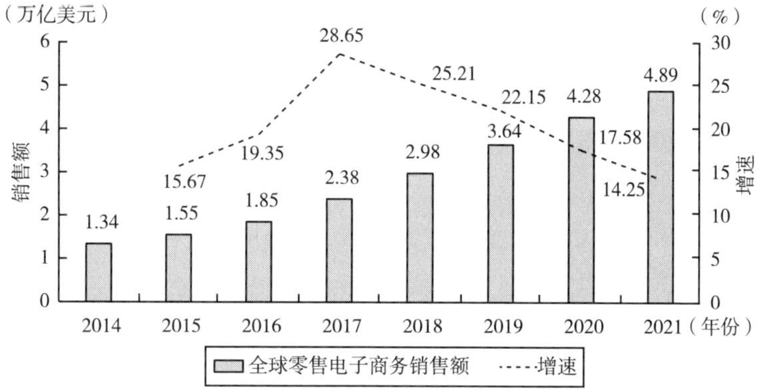

图2 2014~2021年全球零售电子商务销售额及增速

“品牌化”的趋势越来越明显，通过精准沟通提升客户黏性，以进一步提升公司营业利润已成为跨境电商发展的一个重要趋势。

二、跨境电商现状分析

（一）政治与法律环境

近年来，我国出台了多项有关跨境电商的政策（见表1）。

表1　近年来跨境电商关键政策

时间	跨境出口关键政策	利好意义
2012年12月	国家发改委、海关总署国家跨境贸易电子商务服务试点工作启动	首次设立跨境电商服务试点城市
2013年2月	商务部《支付机构跨境电子商务外汇支付业务试点指导意见》	最早对跨境支付业务的指导支持

续表

时间	跨境出口关键政策	利好意义
2013 年 8 月	国务院《关于实施支持跨境电子商务零售出口有关政策意见的通知》	最早以跨境电商为专门主题的独立文件
2014 年 1 月	海关总署《关于增列海关监管方式代码的公告》	增设“跨境贸易电子商务 –9610”代码
2014 年 7 月	海关总署《关于跨境贸易电子商务进出境货物、物品有关监管事宜的公告》《关于增列海关监管方式代码的公告》	明确了对跨境电商的监管框架；增设“保税跨境贸易电子商务 –1210”代码
2015 年 3 月	国务院《关于同意设立中国（杭州）跨境电子商务综合试验区的批复》	首次设立跨境电商综试区
2018 年 9 月	财政部等四部门《关于跨境电子商务综合试验区零售出口货物税收政策的通知》	明确跨境出口无票免征政策
2020 年 6 月	海关总署发布《关于开展跨境电子商务企业对企业出口监管试点的公告》	增设“跨境电子商务企业对企业直接出口 –9710”“跨境电子商务出口海外仓 –9810”代码
2021 年 7 月	国务院发布《关于加快发展外贸新业态新模式的意见》	明确培育一批优秀的海外仓企业

（二）经济环境

1. 我国跨境电商交易规模持续拓展（见图 3）。

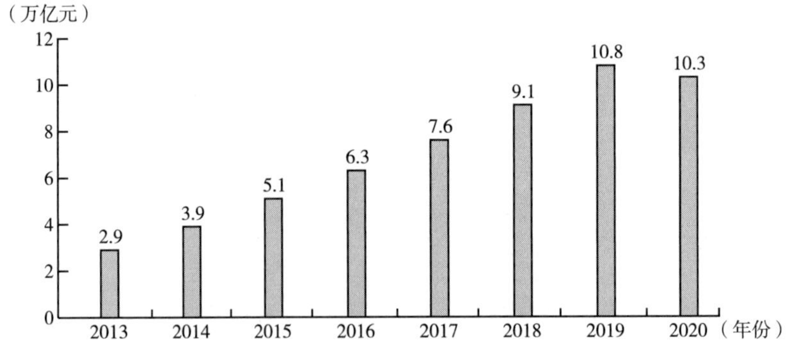

图 3　2013～2020 年中国跨境电商交易规模

资料来源：中商产业研究院．中国跨境电商行业市场前景及投资机会研究报告，2013 –2020.

2. 中国跨境电商加快资本化（见图 4 和表 2）。

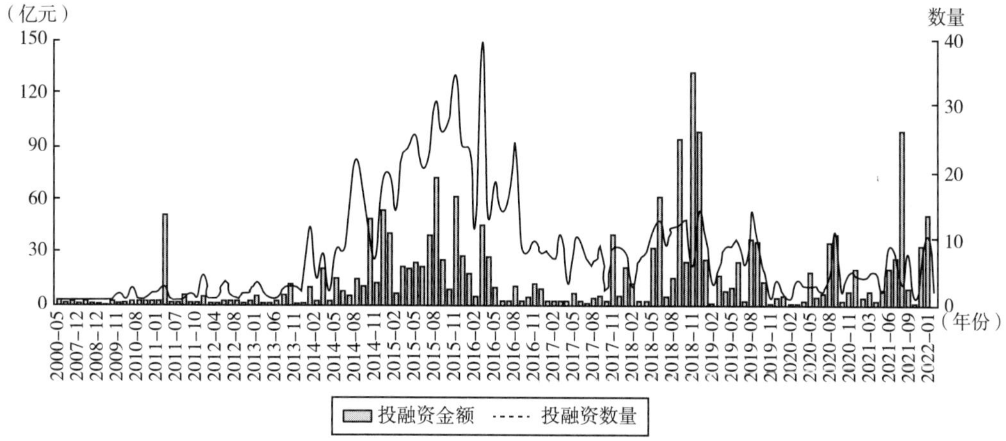

图 4　2000～2021 年中国跨境电商投融资数据监测

资料来源：中商产业研究院. 中国跨境电商行业市场前景及投资机会研究报告，2013－2020.

表 2　2021 年上半年跨境电商领域 TOP10 融资事件

序号	融资方	所属行业	融资金额	融资轮次	投资方
1	行云集团	进口电商	6 亿美元	C +	泰康保险、云锋基金、嘉实投资等
2	全量全速	出口电商	1 亿美元	A	今日资本，山行资本、IDG 资本等
3	空中云汇	跨境服务商	1 亿美元	D + +	Greenoaks，Grok Ventures 等
4	爱客科技	跨境服务商	6600 万美元	B	Tiger Global、高瓴资本
5	细刻	出口电商	5000 万美元	B	星纳赫资本、腾讯投资
6	易仓科技	蹄境服务商	4000 万美元	B	eWTP、五岳资本、创世伙伴等
7	领星	蹄境服务商	2 亿元人民币	B	老虎基金、源码资本、钟鼎资本等
8	马帮	蹄境服务商	1. 5 亿元人民币	A +	华映微盟基金
9	店小秘	蹄境服务商	1. 5 亿元人民币	B	GGV 纪源资本，鼎辉投资、昆仑资本
10	SHOPSHOPS	进口电商	1500 万美元	B	Lightshed Ventures 等

（三）社会与文化环境

直播电商模式逐渐兴起，抖音平台借助自身流量等优势在疫情条件之下的电商市场抢占一席之地。同时千禧一代年轻消费者有契机且愿意尝试新鲜事物，追求性价比、新鲜感、实用性。

（四）技术环境

1. 数字化力量推动逆势增长（见图5）。

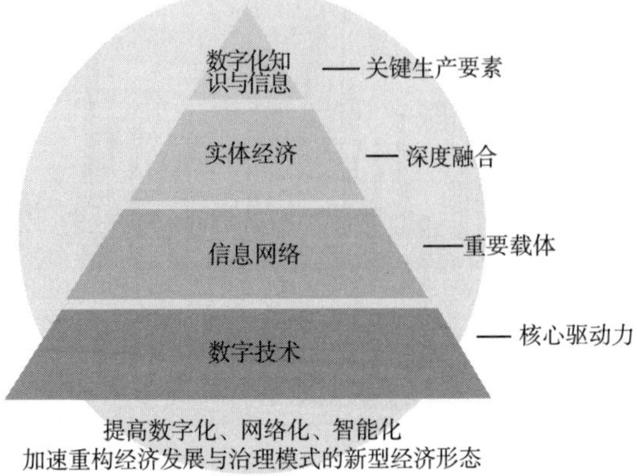

图5　数字经济结构

我国数字经济不断发展，加强了互联网时代中国在国际社会上的优势，使国内各个领域的开始互相渗透，在推动了国内消费体系快速发展的同时，也促使中国的各个领域逐渐融入国际社会。

2. 跨境电商物流快速发展（见图6）。

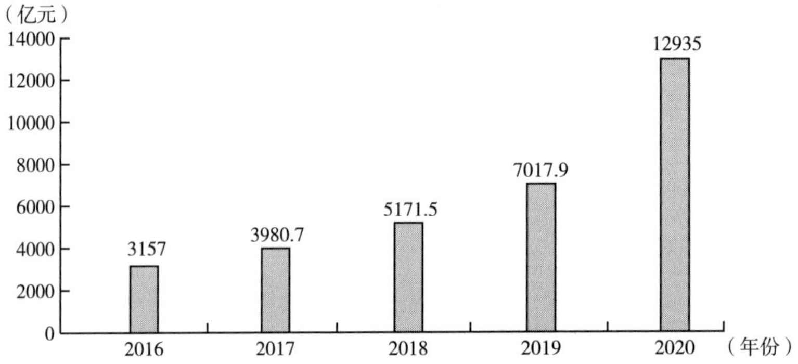

图6　2016～2020年国内跨境电商物流行业整体规模

资料来源：夏玲玲.2020年我国跨境电商出口物流行业发展现状及趋势分析. 华经情报网.

三、项目论证

（一）基于消费者需求、偏好调查的营销战略分析

1. 消费原因调查。本项目对其消费原因进行归类分析，得出在营销上可以侧重对

于性价比、购物体验的营销，并建设自有品牌（见图7）。

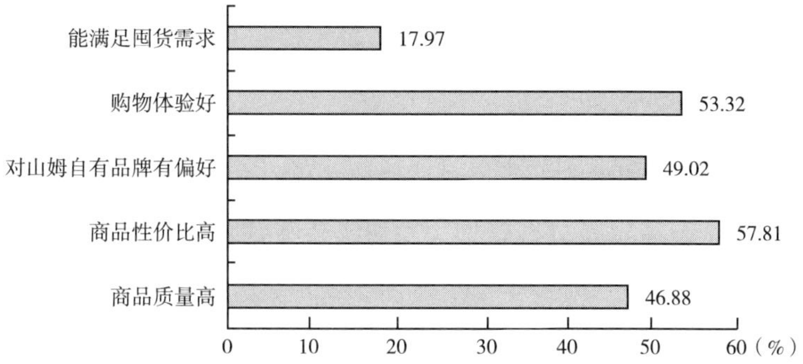

图7　在山姆消费的原因

2. 未消费原因调查（见图8）。

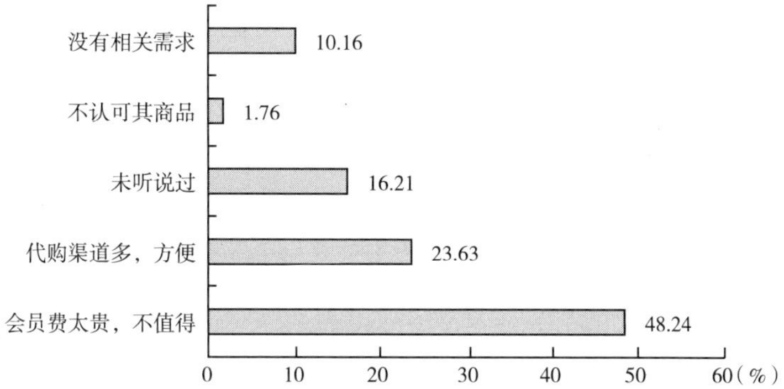

图8　不在山姆购物的原因

同理，需要加大品牌营销，同时进行价值营销，充分体现本品牌价值。

3. 基于山姆全球购消费者满意度。（1）山姆全球购基本服务仍存在有待改善之处。（2）目前山姆全球购存在定价过高的情况，消费者“望而生畏”成为阻碍消费的一大因素。此外，对于新兴模式的引入需求较为迫切，打破因价格水平而带来的僵局，需要进一步提升产品价值等，使得产品更为符合定价（见表3）。

表3　　消费者对山姆营销的满意水平评价

服务类型	得分均值	得分排序
产品质量	3. 66	1
产品性价比	3. 36	4
购物环境	3. 35	6
购物方式	3. 45	3
售后服务	3. 36	5

续表

服务类型	得分均值	得分排序
个性化服务体验	3.52	2
员工态度	3.32	7

4. 基于消费者偏好均值排序。综合均值排序结果，可以发现在不改变产品价格的前提下，需要充分基于商品本身进行营销，并切实从消费者体验出发，开展多样化营销（见表4）。

表4　消费者对山姆全球购服务的需求偏好

选项	均值	排序
商品质量	4.35	1
商品性价比	3.36	6
购物环境	3.35	8
购物方式	3.45	4
售后服务	3.36	7
个性化服务体验	3.52	2
员工态度	3.32	9
优惠活动	3.52	3
商品网络热度	3.41	5

（二）营销对象需求偏好分析与精准营销——消费者画像构建

1. 如图9所示，画像能将消费者在系统中留下的碎片化消费记录与其基本信息进行聚合与抽象，形成该用户的专属“消费画像”，更直观清晰地反映消费者的消费能力与偏好。

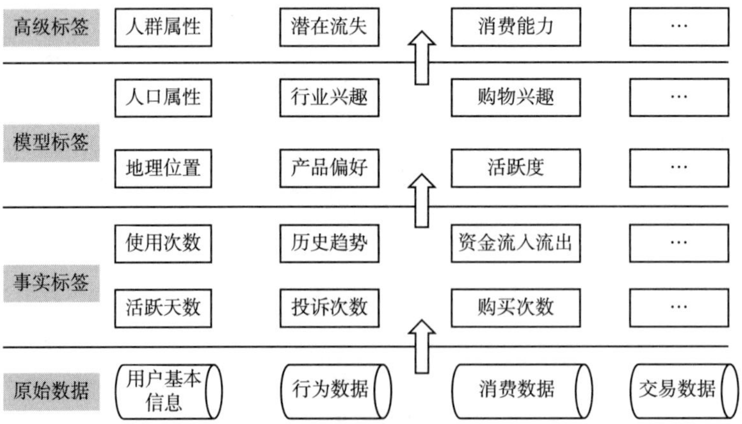

图9　消费者画像架构

2. 构建消费者画像数据模型。如图 10 所示，在调研过程中通过问卷形式初步对山姆全球购的画像进行了初步的数据获取。

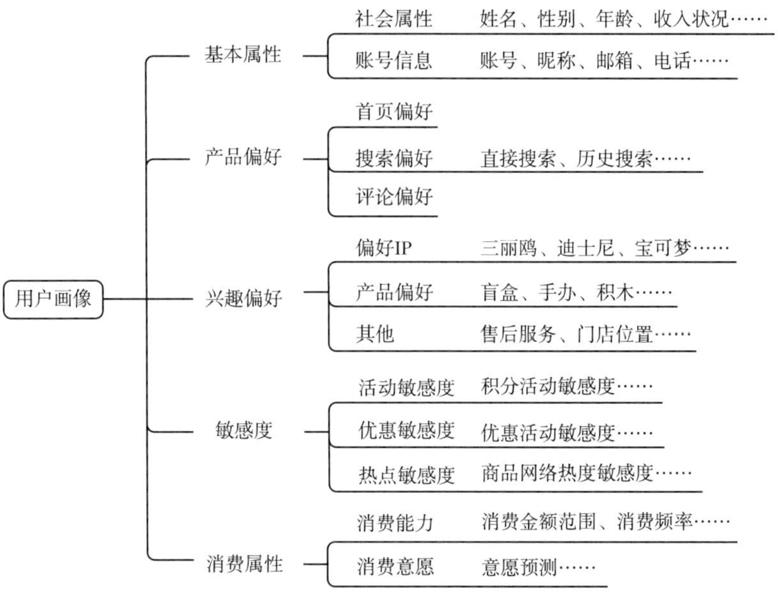

图 10　消费者画像模型构建

由图 11 和图 12 可以看出，山姆全球购的客户大部分为 31～44 岁人群，整体更加年轻化且女性比例偏高，这表明中青年人对于山姆全球购的接受程度和需求水平更高，受众群体多为已经有稳定事业的成年人。

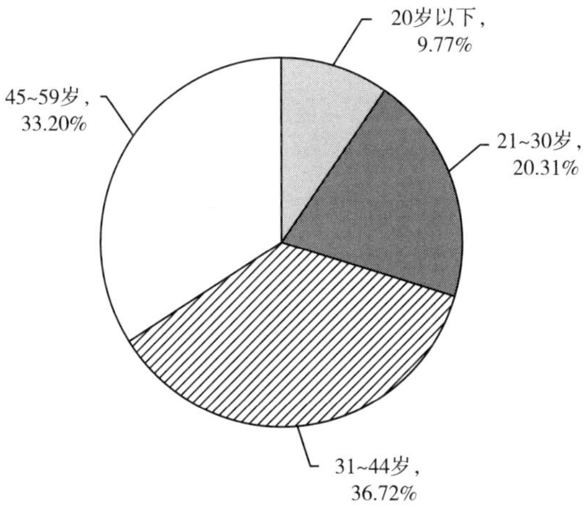

图 11　年龄层次

通过问卷结果发现，到山姆全球购消费的人群整体学历较高，如图 13 所示。

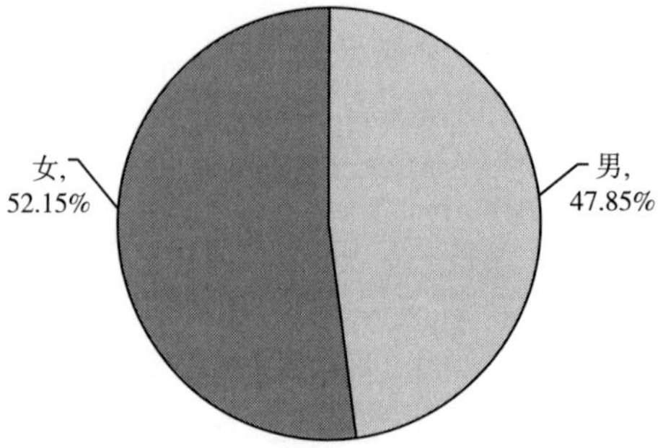

图 12　性别比例

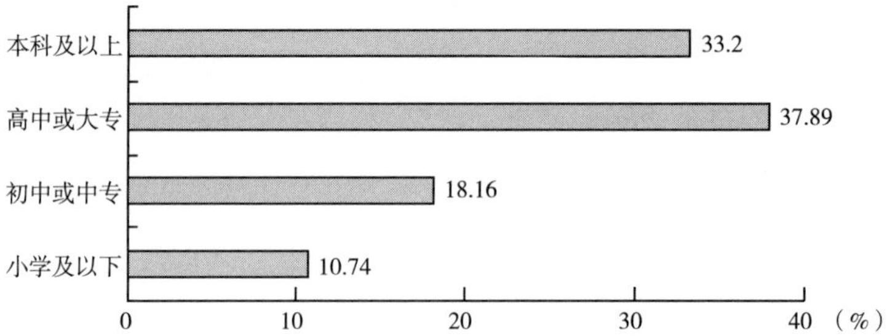

图 13　学历分布

根据问卷显示，到山姆购物群体以企业单位职工居多，他们有稳定的工作，较稳定的收入，如图 14、图 15 所示。

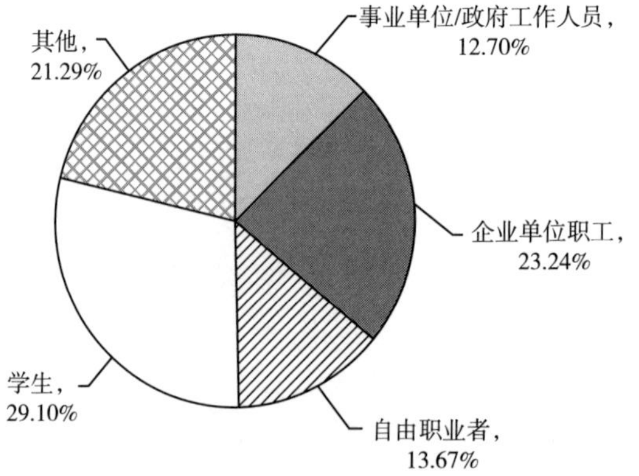

图 14　职业分布

从兴趣偏好和敏感度统计结果可以看出（见图 16），用户较为关注商品质量、商品性价比等方面，说明质量与价格仍然是消费者最为关注的点。同时，优越的门店位置取决于是否有便捷的交通，这也是受众群体的重要关注点。

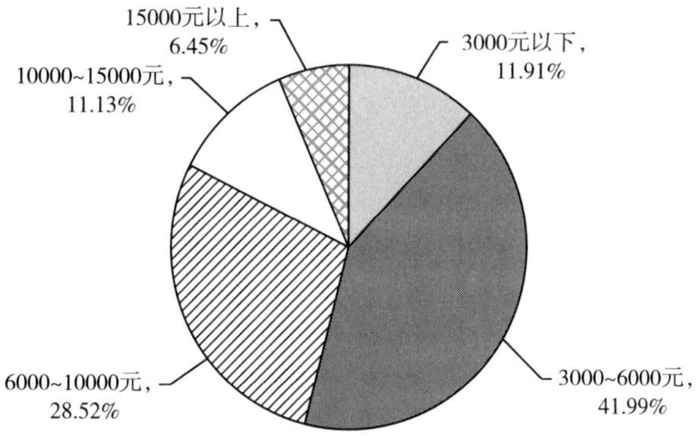

图 15　收入分布

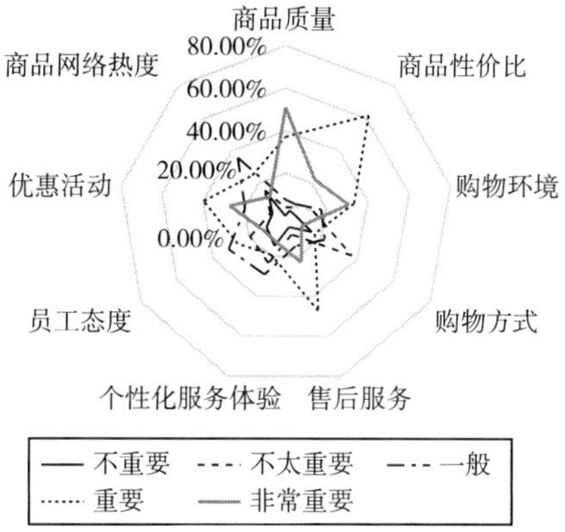

图 16　敏感度

从购物频次的分布可以看出，山姆全球购的销售处于一个健康稳定的状态，客户留存率较高，如图 17 所示。

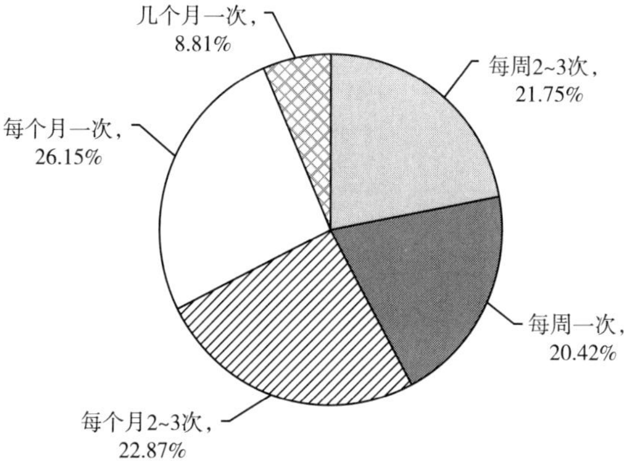

图 17　购物频次

3. 基于RFM消费者分群模型的消费者价值分析。RFM分析就是根据客户活跃程度和交易金额的贡献，进行客户价值细分的一种方法。要从用户的业务数据中提取三个特征维度：最近一次消费时间（recency）、消费频率（frequency）、消费金额（monetary）。通过这三个维度将用户有效地细分为8个具有不同用户价值及应对策略的群体，如图18所示。

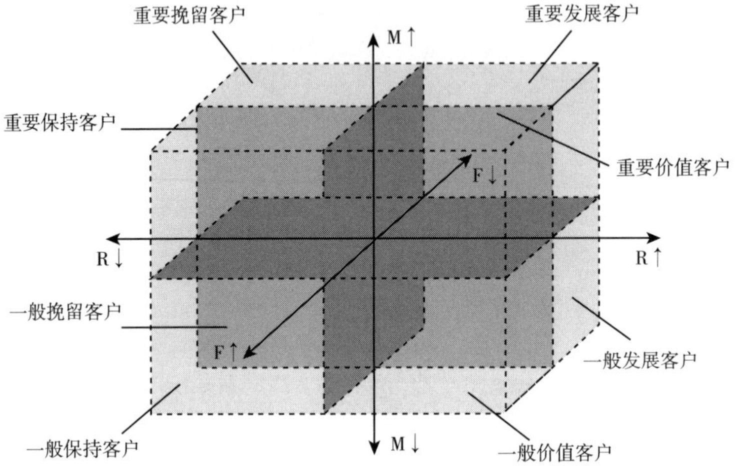

图18　RFM消费者分群模型

R（recency）：客户最近一次交易时间的间隔。

F（frequency）：客户在最近一段时间内交易的次数。

M（monetary）：客户在最近一段时间内交易的金额。

故可以通过三个维度的数据来将用户进行分群，如表5所示。

表5　客户分群

R分类	F分类	M分类	客户类型
高	高	高	高价值客户
低	高	高	重点保持客户
高	低	高	重点发展客户
低	低	高	重点挽留客户
高	高	低	一般价值客户
低	高	低	一般保持客户
高	低	低	一般发展客户
低	低	低	潜在客户

进而利用收集到的数据对山姆全球购部分用户进行分群，如图 19 所示。

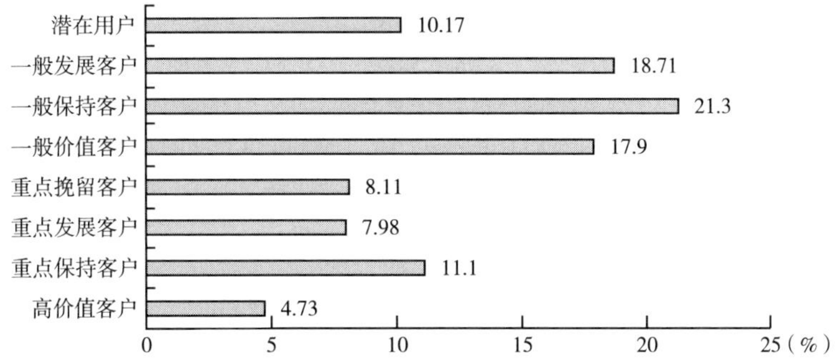

图 19　各类客户所占比重

如图 19 所示，山姆全球购的高价值用户较少，仍然存在较多的潜在用户，山姆全球购需要根据更加完备的数据画像来改善自己的营销方案，从而更好地满足消费者的需求。

RFM 模型可以帮助山姆全球购识别优质客户。可以制定个性化的沟通和营销服务，为更多的营销决策提供有力支持。

（三）话语分析

1. 自我塑造—积极话语分析—企业文化陈述。（1）使用相应语料库检索方法，研究目标企业文化描述资料中心态信息的使用，以及它们对企业形象构建的影响。（2）通过提炼目标企业网站上包含的领导控制、业务实施、技术创新等物质层与企业战略、目标、理想等意识形态的内容，建立一个完整的语料库，以便更好地了解企业的发展趋势。（3）使用 BFSU Collocator 软件，可以从文本中抽取出与题目词有关的强匹配词，并通过互信息值和对数似然比的测试，将题目词之间跨距设定为 5，以此来筛选出最佳的强匹配词，并去除冗余信息。例如，Sam 是一个主体词，可以在表 6 中找到。

表 6　Sam 强搭配词信息

排序	搭配词	互信息值	对数似然比
1	Logistics	6. 8538	32. 7718
2	Fulfillment	5. 9604	25. 6083
3	Employees	5. 489	22. 2934
4	more	5. 165	19. 2245
5	network	5. 052	17. 7639
6	customer	4. 784	16. 5743

根据表6的数据，企业文化陈述中的强搭配词通常都具有积极的意义，例如fulfillment。然而，许多名词形式的词汇也具有一定的评价意义，尤其是在与其他词或短语搭配使用时，这种评价意义并不容易判断。借助语料库索引行，能够获取相应的语境信息，以主体词为节点词，搜索它与强匹配词在语料库中的具体组合和共现状况，并根据文本细读提取出符合条件的评价性词汇，最终将这些词汇进行分类和统计，以便更好地理解语言环境。

考虑篇幅问题，仅以Sam/customer为节点词进行操作（见表7）。总体来看，目标企业在对企业文化进行阐述时，情感类词汇使用较少（23%）。而情感作为个体态度的鲜明标志，这一类资源词汇的较少使用，反映出企业更侧重于从客观角度构建和评价自身文化，而非掺杂过多主观因素。但毋庸置疑，目标企业使用了大量的积极评价，从语言层面构建了优质的企业形象，向消费者传达了正面信息。

表7　资源词汇分析

态度资源	子资源		百分比（%）
情感	意愿性	Offer，give，future	23
	愉悦性	Love	
判断	安全性	Trust	37
	能力性	Help，succeed，power	
	可靠性	Prepare，support	
鉴赏	反应性	Better，faster，need	40
	构成性	Network	
	评估性	Opportunities，great	

2. 外部塑造—新闻语料—批判话语分析（见表8）。

表8　新闻语料批判话语分析

站名	获取/爬取时间段	爬取内容	关键词
新华网、搜狐新闻等	2021年	山姆全球购	山姆/山姆全球购
新华网、搜狐新闻等	2022年	山姆全球购	山姆/山姆全球购

因篇幅受限，本文仅对批判话语分析人际功能中的“情态”维度进行探究，“情态”通过以包含情态色彩副词为代表的情态词汇进行反映。

表9中是对报道语料中的情态副词进行检索并识别其强烈程度后得到的结果。在本环节中，本小组进行了语料抽样，抽样了各年份检索行中前二十个副词进行识别。

表 9　　报道语料使用情况分析

年份	高	中	低
2021	10（13.9%）	12（16.7%）	11（15.3%）
2022	42（21.4%）	22（11.2%）	24（12.2%）

可以从表 9 知悉，其中不同年份三种程度的情态副词使用情况存在一些方面的明显差异。显然可以得知，2021 年的时间节点中，表示低程度、不确定、消极色彩的情态副词更多；而到了 2022 年的阶段，情态副词的使用大多采用更为笃定、程度更高的情态。可以认为，2021 年对山姆全球购相关内容的报道中，包含不确定性、消极性的情态；而 2022 年，虽仍有部分消极性情态，但积极性情态出现频次显著提升。

3. 形象构建检验—社会评价—批判话语分析（见表 10）。

表 10　　社会评价批判话语分析

站名	获取/爬取时间段	爬取内容	关键词
新浪微博	2022 年	山姆全球购	山姆/山姆全球购

情态可以由多种词类进行表达，但最主要是通过副词进行表达，在本文中，对该语料中的所有副词进行“词表”（wordList）检索后，筛除其中不表示情态的项目后得到表 11，对其中的情态词汇进行程度归类。

表 11　　情态副词（部分）

项目	频数
不	104
真正	21
没有	19
可能	13
确切	8
总体上，大概	6
经常，总是	5
很少，将近，正式地，十分，显然，正式地，重要地	4
特别是，明确地、纯粹地、严格地，当然，很大程度上，实际上	3
特别是，完全，适当地，略微，有效地	2
仅仅，理论上，情感上，确切地，基本上，极端地，过度地，公平地，广泛地、压倒性地、愉快地，一般地，公开地，真实地，反复地，真诚地、痛苦地、纯粹地、历史地、高度地，从统计上、战略上、实际上、肯定地说，传统上，法律上	1

进行情态动词程度归类以后，得到表 12。通过对表 12 语料所使用的情态动词程

度分类统计，可以明显获知在该主题下中国网民多使用中等程度的情态副词进行谈论，其中包含的所谈论的时间存在广泛的不确定性。故而由此可知，对于海南自贸试验区的语言培训服务产业议题，中国网民对其发展并非笃定支持，而仍然存在广泛的不确定空间。

表 12　　语料所使用的情态动词程度分类统计

程度	高	中	低
情态成分（部分例子）	1. 确切地 2. 总共 3. 确实 4. 真正 5. 确切 6. 纯粹 7. 大部分 8. 完全 9. 全部 10. 准确	1. 可能 2. 也许 3. 大概 4. 正式地 5. 差不多 6. 勉强 7. 意义重大 8. 显然 9. 容易 10. 当然 11. 特别是	1. 不合理 2. 难以置信 3. 很少 4. 仅仅 5. 从不
总数	15	51	3

4. 优化路径。企业文化叙述中应大量使用积极语言，这有利于给阅读人一个信心、愉快的印象，并能建立顺利、可信且令人信服的人物形象。然而，目标企业通常会有意识地避免使用客观的情感因素，特别是在宣传性文字中，必须考虑文体要求，才能最大程度地实现语言的意义。

企业在使用类和鉴赏类词汇时，应该特别注意防止企业文化描述空洞和夸张。在面对国外使用者时，中国跨境进口电子商务公司应该特别注意表述的合理化和真实感，以防止引发文化冲突和不必要的贸易纠纷。中国电子商务公司应该在企业文化建设中更加重视员工的需求，并且要注重主题性差异。

（四）跨境电商营销话语英译分析

虽然山姆会员制商店在市场上竞争力强大，然而其在中国市场仍然作为定位中高端的超市，未能较好与本土市场融合，这与其营销文本中的英语翻译也有一定的关系。

1. 营销主要信息翻译不全。广告营销文本及促销文本中通常包括产品简介、产品信息、广告用语等。通过实地考察研究及文本调研，发现山姆会员商店的广告行为中众多的营销话语未能提供准确的中译信息。

如图 20 所示，山姆会员店的标签及广告册上各商品上均有字母标注，但对产地、使用说明、生产标准、搭配购买等消费者较感兴趣的信息并无中译文，无法推动各产品协同营销。

图 20　山姆会员商店的广告营销话语

2. 营销广告译文需提升交际性、感染度（见表 13）。

表 13　营销话语翻译现状

汉英语料翻译差别		食品数量	比重（%）
全译		32	21.3
选译	仅译感染型文本	47	31.4
	仅译感染型和信息型文本	38	25.3
	仅译表达型文本	3	2
	仅译信息型和表达型文本	30	20
总计		500	100

两类语料的比重反映仍有部分营销文本未能将感染型文本较完整翻译，信息与文本表达形式较为单一；同时，部分营销话语在翻译的同时也需要注重语言本土化、语言雅致。

3. 营销语言本土化程度不足。通过对山姆商店各营销语言的抽样调查，研究组发现山姆会员店各营销话语的英译仍基本停留在词达意阶段，需要将语言本土化程度进行提升，在价值观、社会认同方面更要与本国消费者齐平，优化提升跨境电商交流过程的体验。

4. 总结。山姆会员制商店应该在翻译中符合基本核心价值观、文化特色以及语言特点，营销文字翻译的准确程度直接影响消费者人身安全，而其中文字的感染性和宣传作用则直接影响消费者的购买欲望。

经过调研分析，发现国内山姆会员店营销语料翻译仍存在复杂的问题。如无译文、用词不当、拼写不统一、语法错误等基础性问题，也存在语言本土化程度欠缺、与当地价值观不够符合等语言文化交叉性问题。

5. 优化路径分析。

（1）严谨处理文本。产品营销中，对文本信息应进行积极提取，认真修整。在翻译中，尽量减少错译、漏译，提高文本可读性，提取最具有说服力和特色的部分，从而在营销中吸引眼球，给消费者留下更深刻印象。

（2）建立受众意识。在翻译过程中，译者应当为目标读者服务，也就是为电商平台中的消费者服务。翻译须建立明确受众意识，提升感染度和认可度，跳出母语的思维意识，建立双语思维，重视读者参与。

（3）融入本土文化。在广告营销翻译中，应当在保留商品和会员店原有特色和风格的同时融入本土文化精髓，译者应重视消费者参与，美化已有表述，从而实现文化效益，为跨境电商营销可持续发展奠定基础。

参考文献

［1］邵益珍．英语在跨境电商发展中的应用及需求分析［J］．中国市场，2016（44）：35－36，49.

［2］杨霓．出口跨境电商平台中的产品信息英译翻译策略探究［J］．国际公关，2020（07）：279－280.

［3］乔慧．跨境电商背景下电子商务英语翻译与农村电商发展关系研究——以辽宁东港农村电商为例［J］．农业经济，2016（12）：96－97.

［4］丁红朝，郭云云．目的论视角下跨境电商网店产品标题英译策略［J］．电子商务，2018（07）：50－51，66.

［5］邹幸居．我国农业出口跨境电商本地化策略研究［J］．农业经济，2020（09）：127－128.

［6］田广，刘瑜．论文化因素对“一带一路”跨境电商的影响［J］．社会科学辑刊，2021（03）：95－104.

［7］王晰巍，贾若男，孙玉姣．数据驱动的社交网络舆情极化群体画像构建研究［J/OL］．情报资料工作：1－15［2021－11－15］.

［8］陆晓杨．新零售下零售行业付费会员制发展探究——以山姆会员店为例［J］．现代营销（学苑版），2021（06）：78－79.

［9］Horton，Raymond L. Buyer Behavior：A Decision Making Approach［M］．London：Bell and Howell，1985.

［10］Thaler，R. Toward a positive theory of consumer choice［J］．Journal of Economic Behavior and Organization，1980（01）：39－60.

［11］Donghui Lin，Yohei Murakami，Toru Ishida. Towards Language Service Creation and Custom ization for Low-Resource Languages［J］．Information，2020，11（02）.

［12］An Empirical Research on Current Status and Developmental Countermeasures of Langu age Services Industry in China［J］．International Journal of Contents，2019，15（02）.

［13］Huifang Luo，Yongye Meng，Yalin Lei. China's language services as an emerging industry［J］．Babel，2018，64（03）.

“为何而言?”全透明视角下企业社交媒体的使用对员工知识分享行为的影响

——以飞书为例

陈思兰　岑雨祥　龙　薇　魏姝汀

一、导　言

(一) 研究背景与意义

全透明社交下企业社交媒体作为企业内部的沟通渠道，使得组织内员工间的工作日常和社交网络全部可见，这种沟通可见性也被认为是企业社交媒体独特的功能特征，能够提高员工“谁知道谁”“谁知道什么”的元知识准确性，进而促进知识转移和分享，但同时也会潜移默化地影响着员工的动机和行为，促使员工有选择地回避分享自己的经验知识。为避免全透明视角下企业社交媒体的使用带来的负面影响，从而帮助企业和员工在平台上更好地进行知识共享，最大化企业社交媒体对员工知识分享行为影响的潜在价值，识别驱动员工在企业社交媒体平台上进行知识分享的前因并厘清其具体的影响机理是本文亟待解决的问题。

在数字化经济浪潮席卷的背景下，作为一种新型的信息技术被引入企业，以飞书为代表的企业社交媒体掀起了组织内管理变革的新一轮浪潮，“赋能共享”就是变革的重要方向。基于上述现实背景和政策背景，本文将以“飞书”为例试图探究全透明视角下企业社交媒体的使用对员工知识分享行为的影响机理。根据印象管理理论，本研究认为员工的在线印象管理策略可能起到中介作用，是线上平台中员工进行知识分享的前因。此外，还需进一步探究自我效能感和组织政治知觉在其中的调节作用，后续将对研究提出的基础框架和研究模型进行详细阐述。

随着企业社交媒体的使用越来越广泛，员工需要逐渐适应企业内部信息管理系统不断转型升级的模式，相应地也会面临诸多挑战。通过研究，一方面，可以帮助具有不同印象管理策略的员工更好地适应企业社交媒体的使用，同时也可以帮助管理者更好地理解企业社交媒体影响员工知识分享行为的动机，进而引导管理者在进行员工招聘与筛选时注重员工的印象管理策略倾向，最终根据企业实际发展需要对不同印象管理策略的员工采取不同的激励方式。另一方面，对组织制定工作规范和制度要求，引导员工充分利用企业社交媒体的可见性获得知识具有启示意义，有效缓解了由于企业社交媒体的使用造成对员工非工作生活的入侵渗透而降低员工知识分享效率和质量的企业难题。

以往研究大多只关注某几种印象管理策略的使用，而很少注重不同印象管理策略组合或者模式的研究，因此，本文基于印象管理理论分析全透明视角下企业社交媒体的使用，为员工在不同场合下的印象管理策略提供新思路。本文将印象管理策略的研究由线下拓展至线上，揭示员工不同的印象管理策略是影响其进行知识分享的动机。

（二）文献综述

综合国内外学者的相关研究，(1) 目前很多关于企业社交媒体使用的研究聚焦于企业对公共社交媒体的使用，即企业通过公共社交媒体加强与企业外部利益相关者如顾客、合作伙伴、竞争对手等的联系，塑造企业外部形象，进行宣传营销活动等，而对于企业社交媒体在企业内部的运用、发挥作用的机制、对企业内部员工、管理、信息沟通和知识分享等方面的研究较少。(2) 关于企业社交媒体对组织绩效影响的研究较多，聚焦于对知识分享影响的研究较少。在数字经济背景下，随着企业逐渐摆脱粗放式发展，转向精细化发展，企业之间的竞争不再是单纯的资金、规模方面的竞争，更多地转向知识、人才、技术、创新等方面的深层次竞争。企业内部的知识分享有利于企业形成自己独有的知识存量、资源库，为企业发展积蓄力量，因此对企业内部知识分享的研究具有重要意义和必要性。(3) 目前关于印象管理的研究大多是基于线下的环境，线上的印象管理研究较少，并且大多是关于公共社交媒体上个人的印象管理以及企业和组织对外的印象管理，关于在企业社交媒体的环境下员工印象管理的研究较少。(4) 印象管理策略会影响组织行为，但员工的知识分享行为作为一种组织公民行为，受到印象管理策略影响的关系仍不明确。本文将基于全透明视角，对企业社交媒体的使用对员工知识分享行为的影响机制进行研究，以印象管理（包括获得型印象管理和防御型印象管理）作为其中的中介，为如何更好地发挥企业社交媒体在员工知识分享中起到的作用提供范式。

（三）模型构建

鉴于现有的文献多为研究企业社交媒体的使用对工作绩效、创新绩效等因素的影响，对于企业社交媒体的使用对知识分享行为的影响研究较少，本文使用 SEM 模型将全透明视角下企业社交媒体的使用作为自变量，将获得型印象管理和防御型印象管理作为中介变量，将自我效能感和组织政治知觉作为调节变量，将知识分享行为作为因变量，探究全透明视角下企业社交媒体的使用对知识分享行为的影响。

使用所构建的 SEM 模型进行路径分析，认为各潜变量之间存在关系并提出研究假设，即自变量与中介变量之间存在关系、中介变量与因变量之间存在关系、自变量通过中介变量对因变量产生影响，调节变量强化自变量与中介变量之间的关系，并进行假设检验，从而得到全透明视角下企业社交媒体的使用与知识分享行为之间的关系，研究模型如图 1 所示。

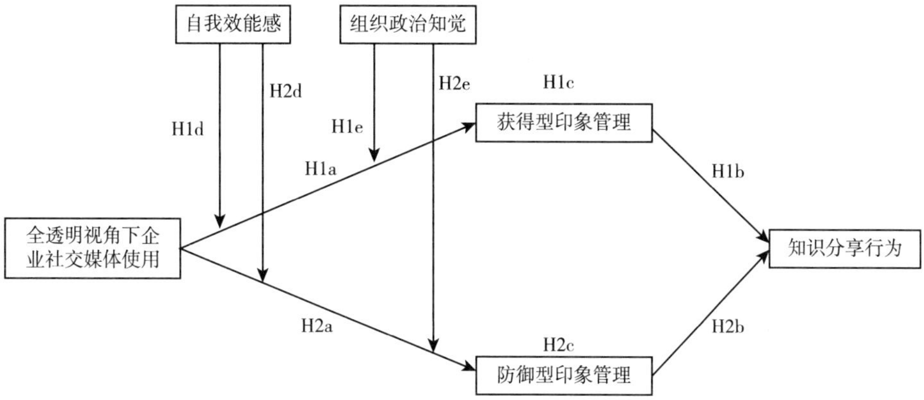

图 1　研究模型

二、模型实证研究验证

数据收集工作于 2023 年 1 月开展，通过在专业问卷平台问卷星上制作该问卷，通过网络上各平台以及渠道进行传播，共回收问卷 195 份。为保证数据的真实性，本问卷中设置了测谎题。根据测谎题对样本进行清洗后，剩余有效问卷 179 份，有效率 91.8%。

（一）信效度检验

1. 信度检验。采用克朗巴哈系数这一指标来检验信度，利用 SPSS 27.0 进行分析。

通常，克朗巴哈系数达到0.6则意味着信度良好。如表1所示，各潜变量克朗巴哈系数均达到0.6；总体克朗巴哈系数达到0.936。故表明该问卷收集得来的统计数据具有良好的信度。

表1　克朗巴哈系数

变量	题项	克朗巴哈系数	总体克朗巴哈系数
全透明视角下企业社交媒体的使用	5	0.913	0.936
组织政治知觉	5	0.977	
获得型印象管理	6	0.943	
防御型印象管理	6	0.906	
知识分享行为	3	0.820	

2. 效度检验。

（1）KMO和巴特利特球形检验。如表2所示，通过KMO和Blartlett球形检验，得到KMO值为0.942，大于0.6，且*P*值小于0.05。表明本问卷数据可以进行因子分析。

表2　Blartlett球形检验结果

效度检验指标	指标数值
KMO值	0.942
*P*值	0.000

（2）验证性因子分析（见表3）。

表3　验证性因子分析

题项			*Estimate*	*Scer*	*P*
*Q*5	<--	全透明视角下企业社交媒体的使用	1	—	—
*Q*4	<--	全透明视角下企业社交媒体的使用	0.902	0.062	14.519***
*Q*3	<--	全透明视角下企业社交媒体的使用	0.86	0.062	13.868***
*Q*2	<--	全透明视角下企业社交媒体的使用	0.851	0.064	13.246***
*Q*1	<--	全透明视角下企业社交媒体的使用	1.022	0.067	15.167***
*Q*11	<--	获得型印象管理	1	—	—
*Q*12	<--	获得型印象管理	1.097	0.074	14.731***
*Q*13	<--	获得型印象管理	1.089	0.074	14.719***
*Q*14	<--	获得型印象管理	1.133	0.076	14.976***
*Q*15	<--	获得型印象管理	1.11	0.077	14.454***

续表

题项			*Estimate*	*Scer*	*P*
*Q*16	<--	获得型印象管理	1.03	0.071	14.572***
*Q*22	<--	防御型印象管理	1	—	—
*Q*21	<--	防御型印象管理	0.88	0.071	12.327***
*Q*20	<--	防御型印象管理	0.821	0.071	11.643***
*Q*19	<--	防御型印象管理	0.755	0.068	11.046***
*Q*18	<--	防御型印象管理	0.9	0.074	12.105***
*Q*17	<--	防御型印象管理	0.905	0.077	11.683***
*Q*23	<--	知识分享行为	1	—	—
*Q*24	<--	知识分享行为	1.192	0.119	10.028***
*Q*25	<--	知识分享行为	0.987	0.111	8.885***

注：***、**、*分别代表1%、5%、10%的显著性水平。

（3）结构效度。结构效度又称模型拟合度，在此处主要为SEM模型（不含调节变量）拟合度，由AMOS运行数据得到。衡量结构效度的主要指标如表4所示。绝对适配度指标、增值适配度指标、简约适配度指标中除了GFI、AGFI为合理，其余均达到理想状态。综合来看，本文构建的SEM模型拟合度（不含调节变量）较高。

表4　　　　结构效度指标

指标类别	适配度指标	判断标准	指标值	适配效果
绝对适配度指标	CMIN/DF	<3	2.101	理想
	RMSEA	<0.08	0.079	理想
	GFI	>0.9（理想）；>0.8（合理）	0.855	合理
	AGFI	>0.9（理想）；>0.8（合理）	0.817	合理
增值适配度指标	CFI	>0.9（理想）；>0.8（合理）	0.941	理想
	IFI	>0.9（理想）；>0.8（合理）	0.941	理想
	TLI	>0.9（理想）；>0.8（合理）	0.932	理想
简约适配度指标	PGFI	>0.5	0.676	理想
	PNFI	>0.5	0.874	理想

（4）收敛效度（见表5）。收敛效度的主要衡量指标为组合信度CR与平均提取方差AVE，各个潜变量的CR均大于0.5，AVE均大于0.36，表明研究量表的收敛效度良好。

表5　　　　收敛效度指标

潜变量	平均方差萃取 AVE 值	组合信度 CR 值
全透明视角下企业社交媒体使用	0.681	0.914
组织政治知觉	0.894	0.977
获得型印象管理	0.735	0.943
防御型印象管理	0.62	0.907
知识分享行为	0.613	0.826

（5）组合效度。当各个因子的平均提取方差 AVE 的平方根值均大于该因子与其他因子相关系数，表明研究量表具有较好的区分效度，如表 6 所示，本文研究中仅有全透明视角下企业社交媒体使用的 AVE 平方根不满足，总量表具有较好的区分效度。

表6　　　　组合效度指标

指标	全透明视角下企业社交媒体使用	组织政治知觉	获得型印象管理	防御型印象管理	知识分享行为
全透明视角下企业社交媒体使用	0.825				
组织政治知觉	-0.015	0.946			
获得型印象管理	0.921	0.265	0.857		
防御型印象管理	0.91	-0.205	0.769	0.787	
知识分享行为	0.143	0.712	0.311	0.027	0.783

注：***、**、*分别代表1%、5%、10%的显著性水平；斜对角线数字为该因子 AVE 的根号值。

（二）结构方程模型路径分析

误差项的估计系数为因子负荷量的平方，均大于0，通过违犯估计检查。非标准化因子负荷量与结构路径系数的 *P* 值也均小于0.05，均显著，通过违犯估计检验。由表7可知，4条路径的 *P* 值小于0.01，显著，故不拒绝 H1a、H1b、H2a、H2b 假设。

表7　　　　路径系数

路径	*std*	*Unstd.*	*P* 值	支持性
全透明视角下企业社交媒体的使用→获得型印象管理	0.942	0.894	***	支持
全透明视角下企业社交媒体的使用→防御型印象管理	0.957	0.754	***	支持
获得型印象管理→知识分享行为	-1.130	-0.775	***	支持
防御型印象管理→知识分享行为	1.339	0.761	***	支持

注：***、**、*分别代表1%、5%、10%的显著性水平。

AMOS 中 SEM 模型运行结果如图 2 所示。

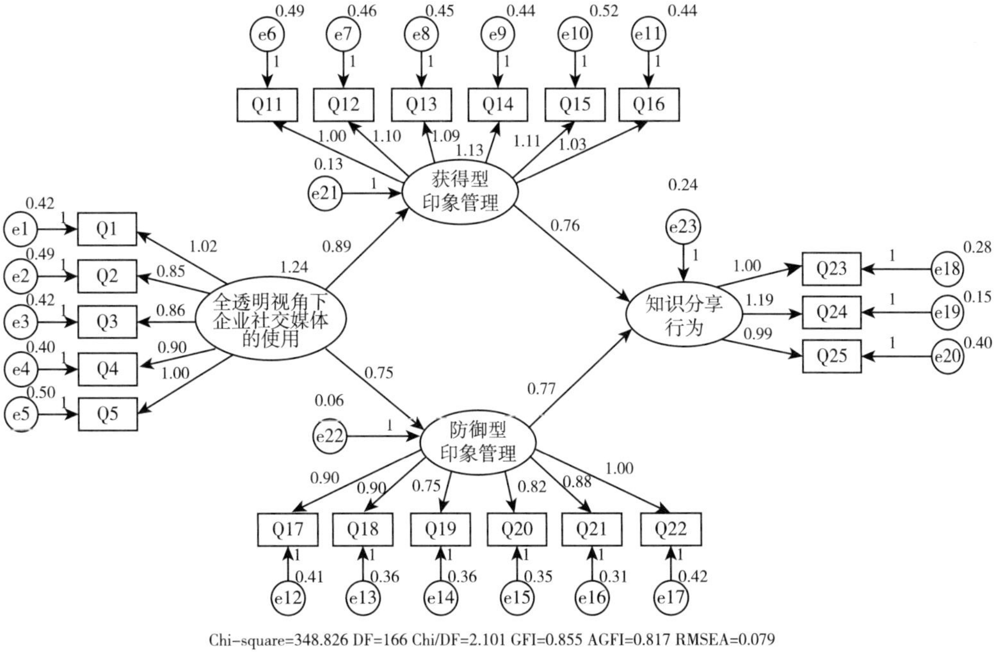

图 2　AMOS 中 SEM 模型运行结果

(三) 中介效应分析

运用 SPSS 27.0 进行中介效应检验，采用 Bootstrap 程序方法，进行 10000 次模拟抽样。由表 8 可知，直接效应与获得型印象管理的间接效应置信区间均未包含零点，故无法拒绝 H1c 假设；而防御型印象管理的间接效应置信区间包含零点，故拒绝 H2c 假设。因此，获得型印象管理在全透明视角下企业社交媒体的使用与知识分享行为之间起到中介作用，且为部分中介效应；而防御型印象管理在全透明视角下企业社交媒体的使用与知识分享行为之间不起中介作用。

表 8　　中介效应检验

路径	Effect	se	t	p	LLCI	ULCI
直接效应	-0.507	0.197	-2.571	0.011	-0.896	-0.118
获得型印象管理的间接效应	0.699	0.107	—	—	0.486	0.913
防御型印象管理的间接效应	-0.095	0.112	—	—	-0.317	0.127

(四) 调节效应分析

运用 SPSS 27.0 进行调节效应检验，同样采用 Bootstrap 程序方法，进行 2000 次模拟抽样。由表 9 可知，由于交互项的置信区间不包含零点，所以组织政治知觉在全透明视角下企业社交媒体的使用与获得型印象管理之间的调节效应显著存在。具体来说，由全透明视角下企业社交媒体使用的影响系数可知，其对获得型印象管理的影响呈正向且显著（置信区间不含零点），而同时交互项影响系数为正值且显著（置信区间不含零点）。因此，组织政治知觉在全透明视角下企业社交媒体的使用与获得型印象管理之间起正向调节作用。不拒绝 H1e 假设。

表 9　　调节效应检验（获得型印象管理路径）

路径	coeff	se	t	p	LLCI	ULCI
全透明视角下企业社交媒体的使用	1.023	0.022	46.971	0.000	0.980	1.066
组织政治知觉	0.215	0.015	14.033	0.000	0.185	0.245
交互项	0.054	0.014	3.749	0.000	0.026	0.083

同样的由表 10 可知，由于交互项的置信区间不包含零点，所以组织政治知觉在全透明视角下企业社交媒体的使用与防御型印象管理之间的调节效应显著存在。具体来说，由全透明视角下企业社交媒体使用的影响系数可知，其对防御型印象管理的影响呈正向且显著（置信区间不含零点），而同时交互项影响系数为负值且显著（置信区间不含零点）。因此，组织政治知觉在全透明视角下企业社交媒体的使用与防御型印象管理之间起负向调节作用。不拒绝 H2e 假设。

表 10　　调节效应检验（防御型印象管理路径）

路径	coeff	se	t	p	LLCI	ULCI
全透明视角下企业社交媒体的使用	0.690	0.021	33.002	0.000	0.649	0.731
组织政治知觉	-0.102	0.015	-6.922	0.000	-0.131	-0.073
交互项	-0.034	0.014	-2.433	0.016	-0.061	-0.006

（五）有调节的中介效应分析

由表 11 可知，当中介变量为获得型印象管理时，在组织政治知觉较高、中等、较低（均值+标准差、均值、均值-标准差）时，置信区间均不包含零点，且总有调节的中介效应置信区间也不包含零点，故此时有调节的中介效应成立。

表 11　　有调节的中介效应分析（获得型印象管理路径）

路径	Effect	BootSE	BootLLCI	BootULCI
-1.516	0.647	0.104	0.440	0.855
0.000	0.704	0.108	0.487	0.916

续表

路径	Effect	BootSE	BootLLCI	BootULCI
1. 516	0. 760	0. 114	0. 531	0. 984
有调节的中介效应	-0. 084	0. 037	-0. 164	-0. 016

具体而言，在高组织政治知觉的企业内，员工建言行为的中介效应最明显，中介效应效应量达到0. 760。而组织政治知觉中等的企业内，员工建言行为的中介效应有所下降，中介效应效应量为0. 704。组织政治知觉低的企业内，员工建言行为的中介效应最低，中介效应效应量仅为0. 647。

由表12可知，当中介变量为防御型印象管理时，有调节的中介效应置信区间包含零点，故此时有调节的中介效应不成立。

表12　　有调节的中介效应分析（防御型印象管理路径）

路径	Effect	BootSE	BootLLCI	BootULCI
-1. 516	-0. 101	0. 119	-0. 332	0. 128
0. 000	-0. 094	0. 112	-0. 319	0. 116
1. 516	-0. 087	0. 105	-0. 303	0. 104
有调节的中介效应	0. 005	0. 005	-0. 008	0. 014

综合来看，仅在获得型印象管理路径下，有调节的中介效应显著。也就是说，全透明视角下企业社交媒体的使用主要是通过正向作用于获得型印象管理，通过其部分中介作用正向作用于知识分享行为，在此过程中，组织政治知觉在全透明视角下企业社交媒体的使用与获得型印象管理之间起正向调节作用。

三、结论与启示

（一）模型结论

通过对概念模型的数理分析，得到如下结论：全透明视角下企业社交媒体的使用正向影响知识分享行为，获得型印象管理在二者之间起部分中介作用。同时，组织政治知觉在全透明视角下企业社交媒体的使用与获得型印象管理之间起正向调节作用。而防御型印象管理在全透明视角下企业社交媒体的使用与知识分享行为之间的中介效应不显著。

（二）实践启示

1. 针对企业社交媒体设计开发者。由于主要是获得性印象管理策略中介了企业社交媒体的使用与知识分享行为，获得型印象管理是一种积极主动地呈现自己良好形象的策略，匿名等半透明化形式会阻碍员工的获得型印象管理动机，因此应该推进企业社交媒体沟通的全透明化。

企业社交媒体的全透明环境主要是指实名制发言、发言和点赞评论等所有人可见、无权限设置的协同文档、信息公开群等，这些功能都是企业社交媒体设计开发者在设计和改进功能时可以考虑的因素，通过这些功能的设计和优化，能够打造全透明的企业社交媒体环境，从而促进企业内部的知识分享，为知识分享行为提供必要的环境基础。同时，企业社交媒体的设计开发者可以利用现有的新兴技术，同时结合不同企业社交媒体的优劣势，对现有产品进行更新迭代，优化提升。

2. 针对企业管理者。企业管理者需要根据不同软件的属性以及企业的实际需求选择合适的企业社交媒体，才能更好地发挥企业社交媒体对企业发展的促进作用。同时，企业从管理层到基层，形成鼓励知识分享的良好氛围，促进企业内部的知识分享。企业要将知识分享产生的临时、零散、冗杂知识转化为永久、系统、有价值的知识，就需要建立知识管理系统，达到知识萃取和知识沉淀的效果。

在过往的思维模式中，管理者或许更多强调默默办实事、脚踏实地等观念，在传统儒家思维浸润的国内企业更是如此。但研究显示，员工的获得型印象管理动机也是促进知识分享，增加企业知识存量，助力领导者有效知识管理的重要途径。因此，管理者应当摒弃对印象管理过于绝对的消极看法，考虑其积极影响，在日常管理中客观、积极看待员工获得型印象管理行为。最后，在人力招聘时，可以适度考核员工的组织政治知觉，作为评分维度新的一环，从而增加员工综合素质评估的全面性，并为企业内知识分享氛围打好员工特质的基础。

参考文献

［1］Bock G. W. , Zmud R. W. , Kim Y. G. , & Lee J. N. Behavioral intention formationin knowledge sharing: examining the roles of extrinsic motivators, social-psychological forces, and organizational climate. MIS Quarterly, 2005, 29 (01): 87 - 111.

［2］Ghaleb AL-Baddareen, Souad Ghaith, Mutasem Akour, Self-Efficacy, Achievement Goals, and Metacognition as Predicators of Academic Motivation, Procedia-Social and Behavioral Sciences, Volume 191, 2015, 2068 - 2073.

［3］Ferris G. R. , Frink D. D. , Galang M. C. , et al. Perceptions of organizational politics: Prediction, stress - related implications, and outcomes ［J］. Human relations, 1996, 49 (02): 233 - 266.

[4] Tedeschi J. T., Gaes G. G., Norman N., Melburg V. Pills and attitude change: misattribution of arousal or excuses for negative actions? [J]. The Journal of general psychology, 1986, 113 (04): 309-328.

[5] Tsai W. C., Huang T. C., Wu C. Y., Lo I. H. Disentangling the Effects of Applicant Defensive Impression Management Tactics in Job Interviews [J]. International Journal of Selection & Assessment, 2010, 18 (02): 131-140.

[6] Wang S., & Noe R. A. Knowledge sharing: A review and directions for future research [J]. Human Resource Management Review, 2010, 20 (02): 115-131.

[7] Leonardi P. M. Ambient awareness and knowledge acquisition: Using social media to learn "who knows what" and "who knows whom" [J]. MIS Quarterly, 2015 (39): 747-762.

[8] Leonardi P. M., Huysman M., Steinfield C. EnterpriseSocial Media: Definition, History, and Prospects for the Study of Social Technologies in Organizations [J]. Journal of Computer-Mediated Communication, 2013, 19 (01): 1-19.

[9] Wietske Van Osch & Charles W. Steinfield Strategic Visibility in Enterprise Social Media: Implications for Network Formation and Boundary Spanning [J]. Journal of Management Information Systems, 2018, 35: 2, 647-682.

[10] Rui J. R., Stefanone M. A. Strategic image management online: self-presentation, self-esteem and social network perspectives [J]. Information Communication & Society, 2013, 16 (08): 1286-1305.

医养结合背景下慢性病老人防、治、管一体化社区服务体系的构建及实证研究

——以糖尿病为例

龙宽宇　覃楚佳　孙　璐　于竞茗　何美丽

一、选题依据

当前，老龄化问题愈发严峻，而老年人又是慢性病的高发人群。在双重压力之下，国家出台多项政策保障老年人健康养老。而当前众多的养老模式并不能很好满足老年人的健康养老需求。因此，本文将以医养结合为背景，构建老年慢性病防、治、管一体化的社区服务体系。

二、调研结果

（一）问卷分析

此次调研过程中，以邮件的方式对涵盖糖尿病医学、老年健康、社区治理、公共卫生四个领域的25名专家进行了两轮问卷函询，得到了以下结果：

函询的25名专家中，男15名，女10名，年龄40~60岁；平均工作（23.2±4.5）年；职称副高级17名（68%），高级5名（20%）；硕士18名（72%），博士及以上3名（12%）。

（1）建立层次结构模型。根据专家意见，最终确定的指标体系包含3个一级指标；10个二级指标；62个三级指标。如表1所示。

表 1　　层级指标结构

一级指标	二级指标
结构质量	人力资源 继续教育与培训 规章制度和流程
过程质量	糖尿病专病档案 专科护理 健康教育 检测管理
结果质量	知识（患者） 自我管理行为 并发症发生率

注：三级指标略。

（2）根据两轮问卷函询所得到的重要性赋值的均值之比确定 Saaty 标度，并构建判断矩阵（三级指标判断矩阵及权重参考一、二级指标）。如表 2 至表 5 所示。

表 2　　老年糖尿病社区治理评价指标判断矩阵及权重

一级指标	结构质量	过程质量	结果质量	权重
结构质量	1	1/2	1	0. 2708
过程质量	2	1	1	0. 4076
结果质量	1	1	1	0. 3216

表 3　　结构质量判断矩阵及权重

二级指标	人力资源	继续教育与培训	规章制度和流程	权重
人力资源	1	2	1	0. 4007
继续教育与培训	1/2	1	1/2	0. 2238
规章制度和流程	1	2	1	0. 3755

表 4　　过程质量判断矩阵及权重

二级指标	糖尿病专病档案	专科护理	健康教育	检测管理	权重
糖尿病专病档案	1	1	1/2	1	0. 1765
专科护理	1	1	1/2	1	0. 2523
健康教育	2	2	1	2	0. 3462
检测管理	1	1	1/2	1	0. 2250

表 5　　结果质量判断矩阵及权重

二级指标	人力资源	继续教育与培训	规章制度和流程	权重
知识（患者）	1	1	1/2	0.2543
自我管理行为	1	1	1	0.3278
并发症发生率	2	1	1	0.4179

（3）运用几何平均算法计算各指标相对权重系数θ_i。

$$\theta_i = \frac{\left(\prod_{j=1}^{n} a_{ij}\right)^{\frac{1}{n}}}{\sum_{k=1}^{n}\left(\prod_{j=1}^{n} a_{kj}\right)^{\frac{1}{n}}},\ (i=1,\ 2,\ \cdots,\ n) \tag{1}$$

老年糖尿病社区管理质量指标体系层次单排序一致性检验中 C. R. 分别为 0.0447 和 0.0456，层次总排序一致性检验中各指标层 C. R. 分别为 0.042 和 0.041。最终确定的评价指标体系的权重及组合权重如表 6 所示。

表 6　　评价指标体系的权重及组合权重

指标名称	一级指标权重	二级指标权重	三级指标权重	组合权重
1 结构质量	0.2708			
1.1 人力资源		0.4007		
1.1.1 医患比			0.1643	0.0178
1.1.2 护患比			0.4265	0.0463
1.1.3 专科工作年限构成比			0.4092	0.0444
1.2 继续教育与培训		0.2238		
1.2.1 专科岗前培训时数（人均）			0.4398	0.0267
1.2.2 专科在职培训时数（人均）			0.3377	0.0205
1.2.3 专科人员外出进修频率（人次/年）			0.2225	0.0135
1.3 规章制度和流程		0.3755		
1.3.1 专科管理制度覆盖率			0.2716	0.0276
1.3.2 专科技能流程覆盖率			0.3129	0.0318
1.3.3 专科管理质量执行程度			0.2131	0.0217
1.3.4 专科技能流程质量			0.2024	0.0206
2 过程质量	0.4076			
2.1 糖尿病专病档案		0.1765		
2.1.1 基本信息完整度			0.1401	0.0101

续表

指标名称	一级指标权重	二级指标权重	三级指标权重	组合权重
2.1.2 现病史记录完整度			0.1329	0.00906
2.1.3 合并疾病情况记录			0.1235	0.0089
2.1.4 专病相关医疗卫生服务记录			0.1785	0.0128
2.1.5 用药治疗情况			0.1862	0.0134
2.1.6 一般患者随访记录			0.1253	0.0090
2.1.7 特殊患者上门服务记录			0.1135	0.0082
2.2 专科护理		0.2523		
2.2.1 血糖检测技术合格率			0.0863	0.0089
2.2.2 口服降糖药给约技术合格率			0.0972	0.0100
2.2.3 胰岛素注射技术合格率			0.0945	0.0097
2.2.4 其他专科技术合格率			0.0752	0.0077
2.2.5 潜在并发症评估合格率			0.1271	0.0131
2.2.6 饮食指导合格率			0.0922	0.0095
2.2.7 运动方式指导合格率			0.1063	0.0109
2.2.8 用药指导合格率			0.1147	0.0123
2.2.9 血糖/糖化血红蛋白监测指导合格率			0.0871	0.0284
2.2.10 并发症预防与识别指导合格率			0.1194	0.0206
2.3 健康教育		0.3462		
2.3.1 设立健康宣传教育栏			0.2012	0.0284
2.3.2 健康宣传资料发放覆盖率			0.2101	0.0206
2.3.3 健康专题讲座频率			0.2039	0.0288
2.3.4 举办义诊和专题讲座频率			0.2042	0.0288
2.3.5 组织糖友交流会频率			0.1806	0.0255
2.4 监测管理		0.2250		
2.4.1 血糖监测完成率			0.1532	0.0140
2.4.2 糖化血红蛋白监测完成率			0.1381	0.0127
2.4.3 尿微量白蛋白/血肌/肾小球滤过率			0.1126	0.0103
2.4.4 眼科检查完成率			0.1201	0.0110
2.4.5 血脂检查率			0.1032	0.0005
2.4.6 心血管病变风险因素			0.1001	0.0092
2.4.7 神经病变检查率			0.1402	0.0129

续表

指标名称	一级指标权重	二级指标权重	三级指标权重	组合权重
2.4.8 足部检查完成率			0.1325	0.0122
3. 结果质量	0.3216			
3.1 知识（患者）		0.2543		
3.1.1 糖尿病相关知识知晓率			0.1195	0.0098
3.1.2 血糖监测知晓率			0.1556	0.0127
3.1.3 健康饮食内容知晓率			0.1196	0.0098
3.1.4 运动方式知晓率			0.1236	0.0101
3.1.5 自我血糖监测知晓率			0.1628	0.0133
3.1.6 口服用药/胰岛素知晓率			0.1703	0.0139
3.1.7 糖尿病急性并发症知晓率			0.1486	0.0122
3.2 自我管理行为		0.3278		
3.2.1 药物正确使用率			0.2027	0.0214
3.2.2 用药依从性			0.1834	0.0193
3.2.3 血糖正常率			0.1563	0.0165
3.2.4 糖化血红蛋白稳定率			0.1582	0.0167
3.2.5 运动锻炼频率			0.1353	0.0143
3.2.6 饮食结构改变率			0.1641	0.0173
3.3 并发症发生率		0.4179		
3.3.1 糖尿病酮症酸中毒发生率			0.1267	0.0170
3.3.2 糖尿病乳酸性酸中毒发生率			0.0975	0.0131
3.3.3 糖尿病高渗综合征发生率			0.0964	0.0130
3.3.4 低血糖发生率			0.1386	0.0186
3.3.5 糖尿病视网膜病变发生率			0.0978	0.0131
3.3.6 糖尿病眼底病变发生率			0.0927	0.0125
3.3.7 糖尿病周围神经病变发生率			0.1132	0.0152
3.3.8 下肢血管疾病发生率			0.1104	0.0148
3.3.9 糖尿病足发生率			0.1267	0.0170

（二）实地调研

实地调研了武汉市的五个社区基层，通过整群抽样，将社区全体人员分为三个群体：社区居民、社区工作人员、社区医护人员。再分别在三个群体中采用随机抽样的方式，进行问卷调查，从不同的角度获得社区老年人糖尿病的各项指标，并对社区工作人员进行交流访谈，了解社区慢性病老年人管理体系现状等，获取与课题研究有关的信息。分析整合问卷690份（每个社区115份，其中老人100份，社区工作人员、医护人员、护理人员各5份）中的结果如下：

在武汉市硚口区六角亭社区的调研中，家中老人无配偶的占38%，老人患有糖尿病的占19%，老年糖尿病社区管理质量综合得分为4.65分；在武汉市江汉区北湖街道正街社区的调研中，家中老人无配偶的占40%，老人患有糖尿病的占22%，老年糖尿病社区管理质量综合得分为4.54分；在武汉市江岸区和美社区的调研中，家中老人无配偶的占43%，老人患有糖尿病的占27%，老年糖尿病社区管理质量综合得分为4.43分；在武汉市江夏区金口街道花园社区的调研中，家中老人无配偶的占45%，老人患有糖尿病的占30%，老年糖尿病社区管理质量综合得分为4.22分；在武汉市武昌区紫阳街道水陆社区的调研中，家中老人无配偶的占42%，老人患有糖尿病的占28%，老年糖尿病社区管理质量综合得分为4.38分。

如图1所示，结构质量方面，五个社区得分都在4.5分以上，且相差不大。过程质量方面，五个社区得分相差较大，主要体现在糖尿病专病档案、专科护理和监测管理这3个二级指标方面。而健康教育指标方面，五个社区的得分都不是很高且相差不大。结果质量方面，五个社区的得分也不是很高，但社区之间存在一定差距。

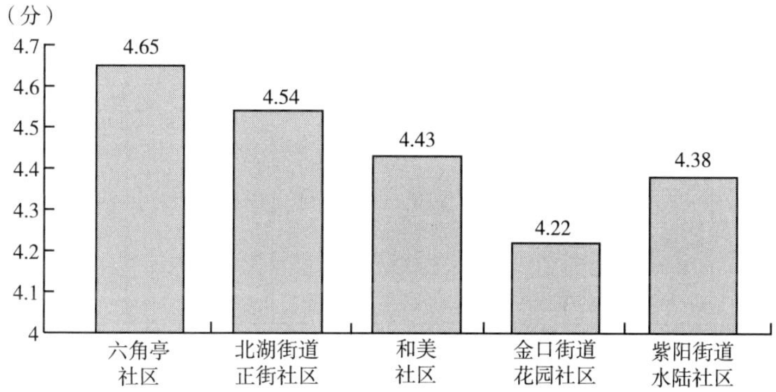

图1　五个社区老年糖尿病防治管综合得分

问卷结论：

在我们调研的过程中不难发现，许多老年人都患有一种或多种慢性病，有些老人还会面临没有配偶、子女没空照顾、行动不便等问题。要保障老年人的健康，社区作为主体，必须发挥其主观能动性。五个社区当中，硚口区六角亭社区和江汉区北湖街道正街社区的老年糖尿病社区管理较为有效。

如图2所示，结构质量而言，问卷分析结果显示所调研的五个社区其医疗人力资源水平整体呈现出良好发展态势，其结构质量得分均在4.5分以上，医护基础均较为殷实。但不同社区受地域差异、社区政策有别等因素影响，其结构质量仍存在着细微差距。其中，医疗结构质量最为优秀的是硚口区六角亭社区，它在对人力资源的事前培训与持续教育方面成效尤为显著。综上所述，社区若要成功构建起“防、管、治”一体化的社区慢性病防治体系，医疗人力资源的岗前专业技能培训与上岗继续教育尤为重要，而对医疗专科人员管理流程、质量的完善与加强则是使医疗资源得到有效使用的有力保障（见图3）。

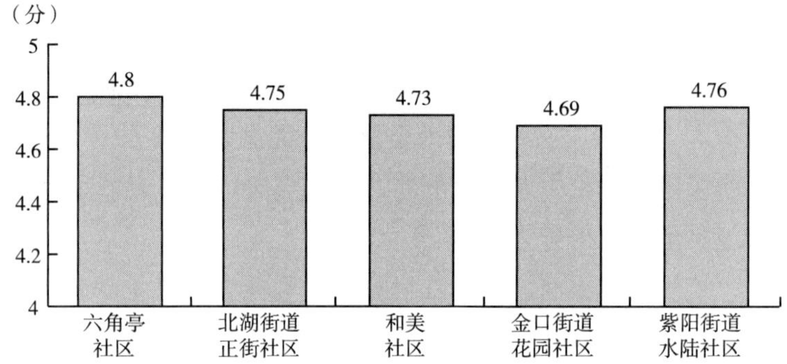

图2　调研社区结构质量得分

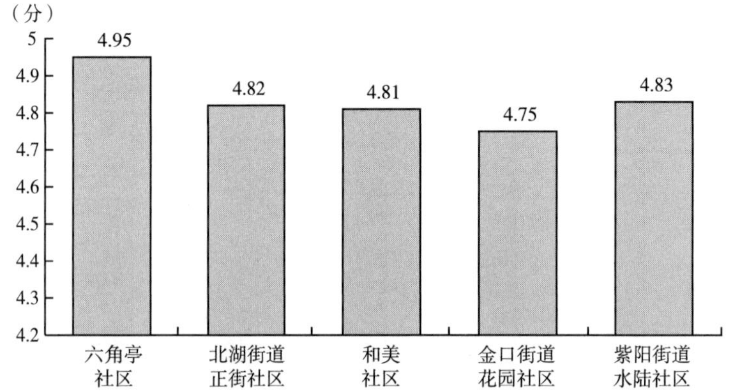

图3　五个社区人力资源的事前培训与持续教育得分

过程质量是老年慢性病社区防治的关键部分。随着信息化时代的到来，很多社区都开始利用互联网对老年人健康数据进行处理与存储。如图4所示，这些数据如果不经过系统的处理分析，不仅会降低工作效率，而且对老年人慢性病防治也起不到很好的效果。硚口区六角亭社区和江汉区北湖街道正街社区通过建立老年人健康数据平台，由医护人员对老年人健康状况进行统一检查，并对不同慢性病建立专病档案以进行系统分析和管理。之后由社区工作人员对老年人进行定期随访，了解相关疾病预防和治疗康复情况，并提醒他们生活方面的注意事项，包括按时用药、多锻炼、饮食清淡等。

随访不仅能拉近社区工作者与老年人之间的关系，让老年人更加重视自身慢性病防治，也能为老年人减少孤独的情况，为老年人带去更多人文关怀。同时，平台会与社区医院、养老院形成信息共享，从而能对慢性病老年人进行及时的监测管理（身体指标以及并发症评估）和康复治疗。检查完后的数据又会上传到平台上，如此反复，从而形成一张老年人慢性病社区防治管一体化的网。这也是这两个社区在糖尿病专病档案、专科护理和监测管理得分更高的原因。而老年人由于接受知识的能力有限，对于新型的健康教育宣传形式接受度并不是很高，导致社区内讲座、病友交流会等活动很难进行开展。同时，社区作为庞大的集合体，老年事务只是其中的一小部分，老年健康宣传的空间会被其他事务挤占。因此大部分社区在健康教育方面都做得还不够好，得分都在4.0~4.2分。一方面，社区要调动老年人的积极性，主动关注并了解慢性病相关知识；另一方面，社区要创新让老年人更加容易接受，更愿意接受的教育形式，如此一来，社区和老年人本身才能形成合力，共同完善老年健康服务（见图5）。

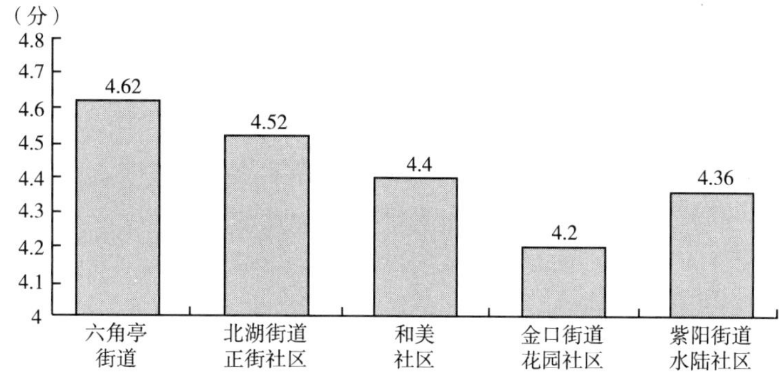

图4　五个社区过程质量得分

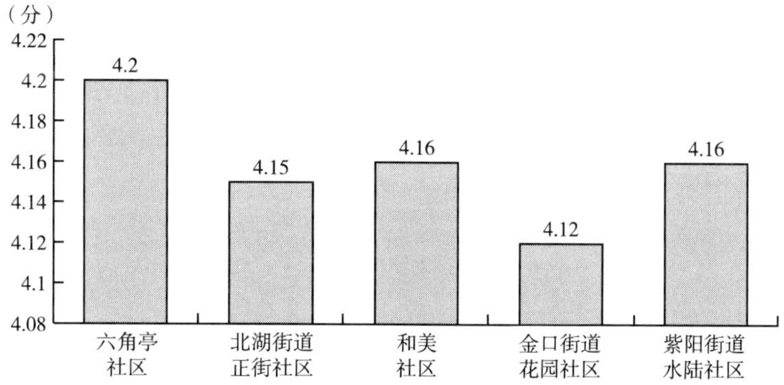

图5　五个社区健康教育得分

如图6所示，就结果质量而言，在慢性病知识获晓率方面，问卷分析结果呈现出较大的社区差异，其中患者慢性病知识掌握度最高的为江汉区北湖街道正街社区，其知识得分为4.57分；而江夏区金口街道花园社区的知识得分仅为4.13分。由上可知，不同社区的慢性病知识普及率差异显著，且五个调研社区的知识普及能力与效率均未达到正常水平，优化社区慢性病知识传播体系迫在眉睫。由问卷分析数据发现，慢性病患者对口服用药/胰岛素的知晓与否，是社区慢性病防治知识体系完善、运行的关键环节，其组合权重高达0.0139，但五个调研社区在此方面都未取得较大成效。因此，社区若想提高慢性病患者知识普及率，还应加强慢性病相关的教育工作。在自我管理行为方面，慢性病患者自我管理行为最科学的为六角亭社区，其得分为4.60分，其余四个社区均处于4.1~4.5分的得分区间，社区间患者自我管理质量差异明显。在自我管理行为下的三级指标中，药物正确使用率最终组合权重为0.0214，用药依从性最终权重为0.0193，均占据较大比重。由此可知，社区加强对药物使用的科普与说明十分必要。

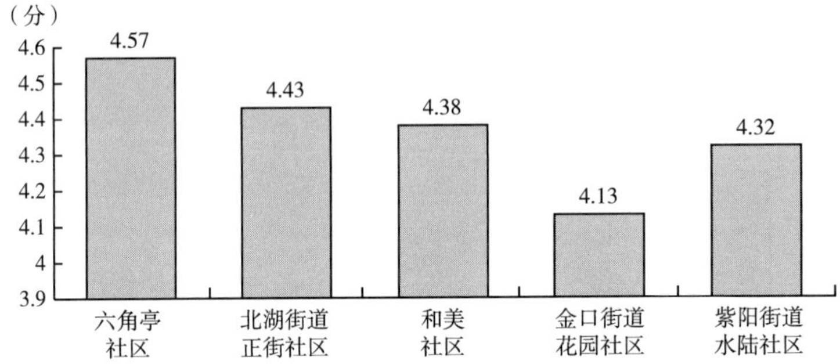

图6　五个社区结果质量得分

此外，社区积极引导糖尿病患者养成良好生活习惯、改善自身饮食结构也是增强自我管理行为效果的有效手段（见图7）。在并发症发生率方面，数据分析结果表明六角亭社区与北湖街道正街社区得分相对较高，分别为4.65分和4.68分，这与老人健康数据平台的建立有很大程度的关联（见图8）。

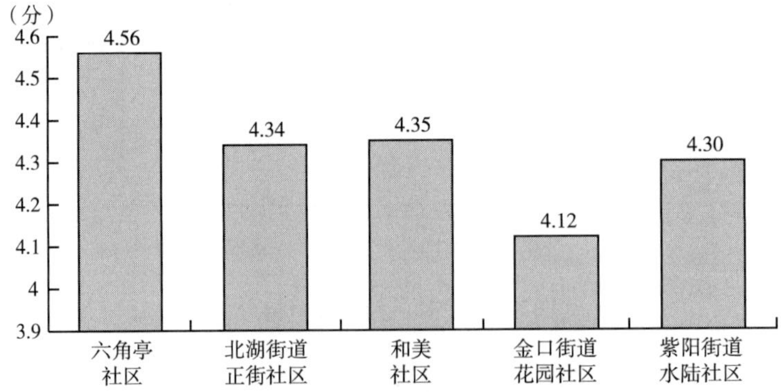

图7　五个社区慢性病知识知晓率质量得分

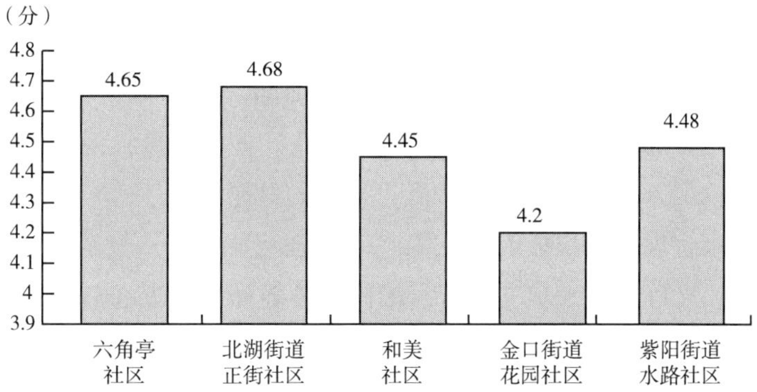

图 8　五个社区老年糖尿病并发症发生率得分

总体而言，武汉市分布着成百上千家社区，地域的辽阔不可避免地导致资源的分配不均，但随着医疗资源和康养资源的不断下沉，差距会越来越小。社区要真正做到老年慢性病防治管的一体化，一方面社区自身要做好相关工作，利用互联网进行数据的管理与分析，为老年人提供更多服务；另一方面社区要加强与医院、养老院之间的合作，为老年人提供更多专业的检查、治疗和康复服务。在此基础上，社区还应真正建立起 24 小时的社区医疗监测机构，开设慢性病患者急救热线，从而缩短并发症抢救流程，为并发症患者争取到宝贵的黄金医疗时间。同时，各社区加强社区地域联动，促进沟通交流，构建动态学习机制已成为社区提高慢性病防治能力，改善服务质量的必要举措。

三、研究成果

（一）基于老年慢性病社区治理的问题分析

1. 资金问题。资金问题是老年慢性病治理面临的最为严重的问题之一。“老年慢性病治理”目前存在的问题需要依靠大量资金解决，如信息化建设水平落后于“两院一体”建设等问题。尽管面临较大的阻力，各地还是不断创新创造出了一系列解决资金问题的办法：(1) 国家给予资金支持。国家财政对改善人民生活起着重要作用，可以实现资源的优化配置。(2) 设立基金进行市场化运作。优化基金市场化运作机制，提高决策能力，引导基金公开选拔，提升资金的运作效率。(3) 多元化运作和民间资本参与。民间资本的有效参与，有利于缓解慢性病治理短期资金短缺，帮助其适应市场波动。

2. 管理融合问题。长期以来老年人慢性病防、治、管三方面，各有各的运作形式。当将三者放在一起时，容易出现护理分级不相同、考核标准不衔接、收费评价不统一等一系列问题。例如，医护人员等负责人的管理培训不兼容，这就会导致工作时易出现理念冲突。面对此难题，三方必须跳出舒适圈，自我变革，高效连接，最终达到“防、治、管一体化”，提高治理服务水平。(1) 多方合作。从各个单位抽调专业人员，成立全方位全方面的健康管理队伍。社区的健康管理工作将由当地疾控中心统筹监管，同时健康管理队伍积极配合工作。(2) 强化职责。慢性病治理中心应该清晰合理地划分职责，准确简单地定义职责。工作人员要做到在其位谋其职，明确自身的义务、责任，保证慢性病治理中心的正常运转。(3) 注重考核。将考核分为领导考核和个人考核。领导小组负责对考核工作的指导检查监督，负责裁定争议问题。个人要明确考核的内容和标准，用考核的水平约束自己的日常工作，向高等级标准看齐。(4) 扩大融合。目前，“慢性病老年人防、治、管一体化社区服务体系的构建”尚处于起步阶段，下一阶段，将进一步融合标准、人员、制度、信息和监管等多方面真正融合，达到共赢效果。

3. 政策支持问题。近年来，随着老龄化问题的进一步严重和加深，政府在慢性病治理上已经推行了许多政策，并且政府一直鼓励发挥民间的首创精神，在这一方面给予了较大的支持。然而，因为我国慢性病治理本身固有的矛盾和冲突，使得相应政策没法充分发挥其效力，所以，还应该做到以下几点来完善政策支持：(1) 明确工作目标。明确老年人慢性病治理服务目标，延长居民健康预期寿命，有效减轻慢性病负担。(2) 明确合作原则。让慢性病患者在社区也可以得到“医院式”专业周到的医疗保健服务，用药实现“零差价”，同时放松身心，保持愉悦的心情，养成良好的生活习惯。(3) 明确服务内容。社区集中安排慢性病患者居住，由专业医护工作者，定期与有医疗需求的老人联系，建立线上老人健康档案，实现老年人健康信息共享，定期安排体检、健康咨询等，提供个性化治疗处方。

4. 专业化服务问题。针对这一问题我国还在探索阶段，在北上广等发达地区已经有一些探索成果。(1) 建立标准化的服务流程。服务的标准化意味着要有系统化培养的人才，要有与之相适应的行内规章制度，以及适应服务要求的各项硬件设备。在深圳等地，通过推行标准化服务，已经大幅度地节约了服务时间，提高了服务效率，扩大了受众人群。(2) 构建整合性医疗服务体系。整合我国的慢性病预防治疗和康复服务，形成完整的服务体系，为慢性病老人提供更高质量、更高水平的健康医疗服务。(3) 制定慢性病预防和治疗指南。在研究不同组别的老年人慢性病状况的基础上，制定指南，以重点慢性病为主，包含慢性病的评估、预防、治疗、康复原则等。(4) 关注老年人心理健康。治理中心应及时对老人进行心理疏导，帮助其调整心态，使其保持健康的精神状态，享受健康愉快的生活。

（二）针对老年慢性病社区治理体系的具体建议

1. 社区自身要向健康养老系统化、规范化转型。当前很多社区对于老年人的健康服务还缺少系统化、规范化的管理。慢性病“防治管”一体化养老模式在老人的慢性病防治方面做出了更全面细致的管理，更有效地从根源上减轻慢性病的突发。因此，社区自身要向健康养老系统化、规范化转型，为老人提供更高质量的服务。

2. 政府加强政策支持和资金补贴。社区作为城镇居民的自治组织单位，需要依靠政府的大力支持。养老和医疗问题是集中体现社会福利程度的两大重要民生问题，因此离不开政府的政策支持和资金补贴。目前社区养老正在试点进行中，需要政府部门给予政策优惠，减轻社区负担，使其能够更好地为人民服务，帮助人民养老。有了资金支持，可以提供更加专业的医疗设备，聘请专业的医生前来看诊，能够更有效地预防老人慢性病的突发。

3. 增强科技支撑，促进信息数据共享化。当前科技发展迅速，让科技成为我们的帮手，帮助社区老人慢性病防治管理。同时大数据的加入也使得老年患者的病例病史实现了共享，不仅社区管理人员可以看见，负责诊断和治疗的医护人员也能够随时查看。利用大数据技术准确性高、分析速度快等优势，准确分析出慢性病流行规律及特点，快速确定主要健康问题，为制定慢性病防治政策与策略提供循证依据。由此可见，社区防治管一体化需要强大的科技支撑。

4. 加强慢性病防治机构和队伍能力建设。社区基层工作人员要积极学习专业知识，为老人的生命健康提供保障。同时在聘请外来医护人员到社区诊治时，要规范医护过程，提高服务标准。由国家慢性病预防与研究中心带队，制定标准，规范机构在慢性病防治方面的行为，并在成熟地区加强人才队伍的建设与培养力度，为社区老人慢性病防治保驾护航。

5. 发挥试点模范带头作用，促进社区健康养老新模式遍地开花。社会媒体应对现有社区慢性病防治管一体化养老模式进行大力宣传报道，由政府牵头，挑选现有社区养老社会效益强的带头人组成社区养老运营经验分享队，走进更多社区进行宣讲。要积极发挥试点模范带头作用，促进社区慢性病防、治、管一体化养老模式遍地开花，造福人民。

6. 创新老年教育形式，促进老年人对知识的了解。由于老年人对互联网、智能手机了解程度不够，线上学习还不适用于老年人。社区应该创新线下老年人教育形式，以一种直截了当、生动形象的方式，让老年人更加愿意去接受和学习新知识，提高老年人慢性病相关知识的知晓率。

参考文献

[1] 黎艳娜，王艺桥．我国老年人慢性病共病现状及模式研究［J］．中国全科医学，2021，24

(31)：3955－3962，3978.

［2］杨志康，石茜娜，杨晓彤，刘露，张态．常态化疫情防控背景下慢性病老年人健康管理策略探讨［J］．中国公共卫生管理，2021，37（05）：616－619.

［3］国务院办公厅关于印发中国防治慢性病中长期规划（2017—2025年）的通知［J］．中华人民共和国国务院公报，2017（07）：17－24.

［4］Mercer S. W.，Smith S. M.，Sally W.，et al. Multimorbidity in primary care：developing the research agenda［J］. Fam Pract，2009，26（02）：79－80.

高校“放管服”背景下科研诚信档案建设困境及发展途径探究

王淑珺

党的二十大报告指出，必须坚持科技是第一生产力、人才是第一资源、创新是第一动力，深入实施科教兴国战略、人才强国战略、创新驱动发展战略，开辟发展新领域新赛道，不断塑造发展新动能新优势。高校作为基础研究主力军、核心技术突破策源地和人才培养主阵地，为我国科技进步和社会发展做出了重要贡献。因此，在我国实现伟大复兴的道路上，高校科研发展肩负起了极大的时代使命。但同时，高校科技工作要答好时代答卷，实现再次跨越，仅靠自由探索是远远不够的。我们必须在保持高水平高质量自由探索的同时，加强有组织科研攻关。

2017 年以来，基于“信任”为前提的科研管理机制将更大的自主权交还给科研人员，科研管理行为的客观公正和规范高效，是关口部门学术诚信建设的必然要求。2018 年，国务院出台《关于优化科研管理提升科研绩效若干措施的通知》，更是在文件中明确提出“强化科研绩效、科研诚信、简政放权”等，这都表明在科研管理机制的发展改革中，学术诚信建设发挥着举足轻重的作用。

2018～2021 年，自然科学基金委收到相关科研不端举报案件达 2007 件，处理责任人达 444 人次。举报案件数量由 2018 年的 370 件增加至 2021 年的 622 件，增幅达 68.1%，查处负责对象数由 2018 年的 90 名增加为 2021 年的 194 名。因此，近年来学术不端案件的受理数与查处对象数都在激增，这也与国家“严把科研诚信关”的政策导向相适应。

一、国内外文献综述

（一）国外研究现状

19 世纪 80 年代，美国学者威廉·鲍德和尼古拉斯·韦德（William Broad and

Nicholas Wade）术在《背叛真理的人们：科学殿堂的弄虚作假》一书中创新性地梳理了科研失信案例，在美国学术界引发了深度广泛的探讨，正式开启了科研诚信研究的新纪元。1989 年《怎样当一名科学家——科学研究中的负责行为》一书中曾有明确观点，认为科研行为应遵守科研规范，一切科研行为要建立在诚信的基础上。威尔士和迪尔卡夫（Welsh and Dierkhoff）研究认为，对于高校师生已发生的科研失信问题如果不加以重视和采取适当的处罚，则大概率会引发更多的科研失信案件；而严格的科研监管和奖惩机制则能有效避免科研失范行为的发生。日本学者山崎茂也持有相同观点，他认为科研不端行为的发生是科学体制的内在原因造成的。因此，在 1980 年，美国全球首创地建立科研不端行为监管机制，并成立科研诚信的审查部门专门从事对科研不端事件的查处。此后，全球范围内四十余年的发展，科研诚信制度建设及监管手段不断趋于成熟，科研诚信档案建设工作也广泛地被各国高校重视和接纳。

（二）国内研究现状

杨革、李晓辉等学者研究发现，高校有必要建立一套事前教育预防为主、全程监督管控、事后惩处为辅的科研诚信制度体系，这能极大程度约束和规范高校师生的科研行为，避免科研失信行为的发生。王建富对此也有相似的看法，他认为高校科研诚信制度建设能有效规避高校师生科研失信行为的发生。杜淼等学者也在其刊发文章中明确指出，高校应坚持依法依规治理科研失信，出台科研失信行为查处办法，并做好相关台账记录。因此，制度建设是防范科研失信行为的根本，而完善科研诚信档案这一台账工作则能有效规避学术不端的风险。

二、高校科研诚信建设工作现状

（一）进一步健全科研评价制度

根据 2022 年教育部及科技部等 22 个部委的最新文件指示，各高校须进一步完善科研诚信与作风学风建设的监督检查机制，着力打造风清气正的学术环境。目前 Z 高校已完成对科研失信查处细则的修订和发布。但学校师生科研诚信档案和台账建立工作稍显滞后，科研诚信办公室设立起步较晚，全校档案建设工作还需进一步推行。

（二）将科研诚信工作纳入日常管理

目前学校对科研人员、教师、青年学生等对象开展了形式多样、内容丰富的科研诚信教育，坚持在入学入职、职称晋升、参与科技计划项目等重要节点实行科研失信“一票否决制”。也逐步在教师年度考核中增加科研诚信的内容，但是在申报项目和奖项、项目管理、验收评估、发表论文、晋升职称、人才推荐、报销经费等环节，还未能完全覆盖学术道德审核机制，审核机制流于表面，这也是下一阶段科研诚信管理工作亟待解决的问题。

三、科研诚信档案建设的必要性

（一）“放管服”背景下科研诚信建设迫在眉睫

“放管服”背景下，以信任为前提的科研管理机制下放了较大自主权给科研人员，学术诚信建设面临更多挑战。因此，《科研失信行为调查处理细则》《科研诚信案件调查处理细则（试行）》《高等学校科学技术学术规范指南（第二版）》等文件制度能有效约束科研人员行为。唯有不断强化科研诚信工作建设力度，建立健全科研诚信监管体制机制，坚持打造科研人员全覆盖的监察体系，严肃处理科研失信行为，才能打造科研诚信建设新格局，维持良好学术生态环境。

（二）高校师生科研诚信档案能有效落实科研诚信管理制度

图1显示，高校科研管理体系中，尽管各环节已有相当规模的制度对全流程进行把控，但在项目立项、项目评价及科研绩效评价环节，科研诚信仍具有“一票否决权”。而科研项目在校内职称评审、学生奖助学金申请、各级各类评审及档案管理工作中都有着至关重要的作用。因此，“放管服”背景下科研诚信管理显得尤为重要，这既是维护风清气正的学术风气，更是最大限度地维护师生的基本权益。建设高校师生科研诚信档案能有效将师生的科研行为进行归档记录，在关键节点能实现“一键式”查阅，不仅有效减少科研评价中各环节的人力、物力成本，更能有效维护优良的科研氛围。

科研诚信档案建设的目的是预防和警示，促使高校教师、学生及青年科研人员遵守职业道德和学术道德，坚守学术规范。同时，通过传帮带的引领作用，通过教师的诚信行为“言传身教”地影响学生，形成良好的师风、学风，促进高校教师师德建设、科学道德与学风建设，这都体现了高校师生科研诚信档案建设的必要性。

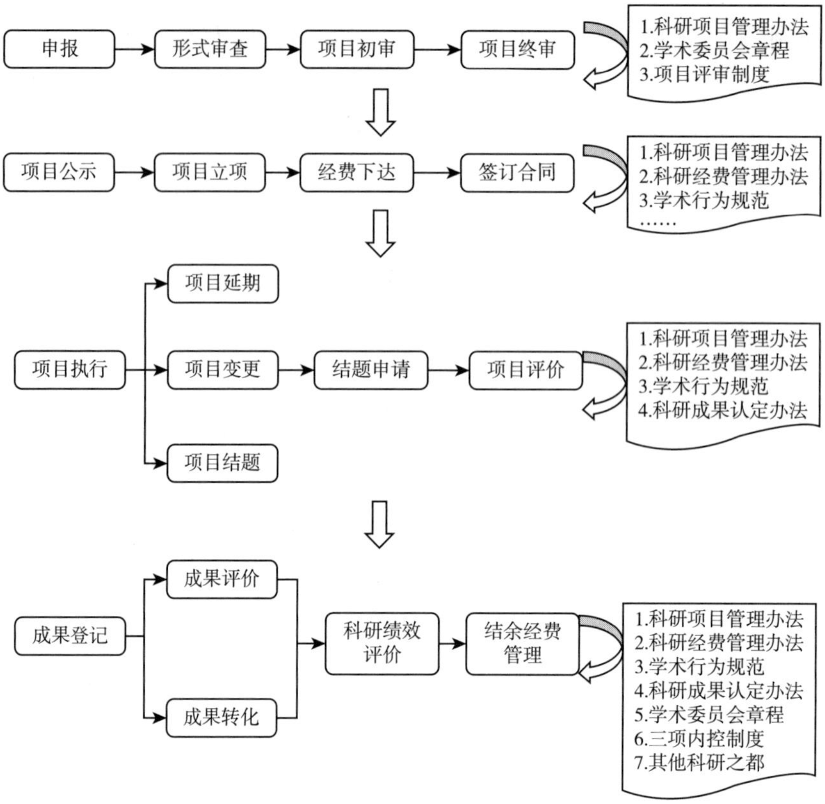

图1　科研管理活动流程及制度

四、科研诚信档案建设工作困境

（一）管理主体模糊

不同于普通档案，对高校教师科研诚信档案的存放有较高的要求，这一部分档案须与人事档案分开储存。我国科研诚信制度建设起步较晚，相关学术研究也不甚充足，因此，高校在无相关经验参考的情况下，对科研诚信档案管理主体的界定较为模糊，部分高校未对档案管理工作设置明确的责任主体，这使得档案的安全性无法得到有效保障。

同时，随着我国社会信用体系建设的逐步推进，自媒体和网络信息渠道的不断兴盛发展，公众对于诚信和信用问题的关注度不断提高，获取相关新闻的信息渠道也不断丰富。因此，这也对高校应对科研失信事件的处理方式方法提出了更高的要求，舆论监督的作用不断显现。尽管近年来教育部等部委已经出台数个文件支持建设高校师生科研诚信档案，但在实际应用中高校仍旧缺乏相关经验。这也是加快建设科研诚信档案的必要性和紧迫性。

（二）记录内容模糊

结合工作实际，对于高校师生科研诚信档案建设需内容明确、条目清晰。但由于制度的缺失和相关法律体系的有待完善，对于科研诚信档案记录内容的要求和形式要件没有统一的标准，因此导致档案管理的难度进一步增大。

统计结果表明，仍有一部分高校对学术不端、科研不端的行为并未建立相应的惩处和规范的记录台账，这导致高校和社会对于高校师生的科研失信行为存在着差异性的看法。缺乏记录内容，只有调查结果或者处罚结果，会导致无法对既往案件的调查过程进行复盘和追踪，导致重启调查的难度增加。因此，科学快速地建立健全高校师生科研诚信档案，不仅能从制度上规范师生认知，也能实际规避制度流于形式的风险，从而有效约束高校师生科研行为。

五、科研诚信档案建设路径探究

（一）关注过程管理，明确价值目标

1. 注重过程管理，提高科研诚信档案的管理水平。科研档案建设工作涉及部门众多，档案馆、人事部、科研部等都是重要的管理机构，同时，师生所在学院、学工部、研究生院等部门也肩负着协查监督的重要职能。因此，结合现今科研诚信档案建设工作中存在的实际问题，落实牵头部门主体责任、加强多部门联动管理，能有效厘清科研诚信档案建设工作中的职责分工。已有部分高校设立科研诚信办公室，这正是响应国家文件要求、落实科研诚信监督职责的正面举措，能在诚信档案建设工作中发挥大的价值。

2. 明确管理内容，做好事前宣传预防。预防大于处理，科研诚信管理机构应充分发挥能动性，做好政策宣传服务工作，有组织有计划地定期举行科研诚信教育讲座，邀请大学者、大专家为师生群体树立正面引导，能最大可能降低师生科研失信风险。

3. 制定诚信档案管理制度，完善资料库。教师的个人诚信平台应积极对接学校科研管理系统，在教师科研主页列明其科研诚信基本情况，能有效增强诚信监督和助推作用。特别应设立共享制度及警示制度，将科研诚信档案的信息内容规范化、程序化、网络化处理，定期整理典型科研失信案例供师生学习警示，达到互相监督，实现自律。

（二）完善记录内容，提升建设水平

完善记录内容。要严格遵照教育部等各部委发布的纲领性文件，明确科研失信行为的界定，明确查处工作的底线和规则，确保客观、公正地记录和保存诚信档案的内容。科研档案中应包含教师的全部科研成果，注明科研工作中的具体分工，必要时应对教师在高校期间的所有奖惩、原因及处理结果进行公示。对于一般科研失信行为也应公正记载。

在实际工作中，诚信档案平台可对接学校科研管理系统，发挥大数据的优势，不断完善档案内容，同时做到公开、透明、安全、高效。

（三）公开信息资源，清晰评价主体

学校在科研诚信档案建设进程中，应明确诚信档案评价主体，公开信息资源，促进科研诚信档案有目的地逐步公开发展。公开信息的主要目的是加大社会关注力度，树立社会公信力，进而有效支持科研事业的发展。公开信息有利于获取社会的舆论监督，促进科研人员提升自觉性和主动性。同时，对于科研诚信良好的正面优良典型，科研诚信档案牵头管理部门也应及时做好正面宣传引导，用榜样的力量带动人、鼓舞人。

六、结　语

科技创新大潮澎湃，千帆竞发勇进者胜。当前，科技加速发展提出新的命题，科技自立自强提出新的要求，国际科技竞争形势带来新的挑战，都要求科技监督工作迈上新的台阶。健全完善科研诚信工作机制，推进科研诚信建设制度化，营造风清气正的科研环境，让求真求实的诚信土壤涵养这个科研工作大有可为的时代，为加快建设科技强国，实现高水平科技自立自强注入不竭的发展动力。

风清则气正，气正则学进。大力发展有组织的科研，不断推进科研诚信档案建设工作，才能有效地促进学校科研工作在正确的道路上快步前进。

参考文献

［1］严美娟，周荣琴．基于 VOSviewer 对中、外文科研诚信相关主研究的比较对科技期刊诚信建设的启示［J］．学报编辑论丛，2022（00）：707－714.

［2］胡萌萌．新形势下地级市科研诚信体系建设研究［J］．江苏科技信息，2022，39（30）：66－69.

［3］王灿．高校教师科研诚信档案建设路径探析［J］．兰台内外，2022（30）：22－24.

［4］龚浩，周罗晶．基于文本挖掘的我国2002－2021年科研诚信政策变迁特征分析［J］．中华医学科研管理杂志，2022，35（05）：332－337．

［5］赵丽丽，李瑶．我国科研诚信研究态势的文献计量学分析［J］．科技与经济，2022，35（05）：91－95．

［6］张莹，何云琼．科研项目管理中的科研诚信问题剖析与治理对策［J］．云南科技管理，2022，35（05）：1－3．

［7］杨蕾．“放管服”背景下基于数据决策的科研诚信建设［J］．云南科技管理，2022，35（05）：4－9．

［8］王立东．国家层面科研不端行为治理机构建构研究［J］．沈阳工业大学学报（社会科学版），2022，15（05）：385－389．

［9］薄涛，陈克勋，雷蕾，吴济民，郭建泉．国家自然科学基金科研诚信和学风建设的分析与思考［J］．中国科学基金，2022，36（05）：722－728．

［10］胡伏湘，陈超群．高校科研诚信存在问题的改进探讨——基于区块链技术的视角［J］．中国高校科技，2022（09）：23－27．

［11］陈宾宾，薛建龙．高校科研诚信总体情况实证分析及治理建议——基于国家自然科学基金委员会2015－2020年通报案例［J］．今日科技，2022（09）：66－68．

［12］潘启亮，杨梦婷．高校科研诚信的协同治理——基于利益相关者视角［J］．学术研究，2022（09）：70－74．

［13］王亚青．高校哲学社会科学科研诚信建设基本问题研究［J］．辽宁师专学报（社会科学版），2022（04）：134－136．

［14］孙凤山，张玉芳，姜伟强．高校科研失信治理机制构建研究［J］．太原城市职业技术学院学报，2022（07）：58－60．

［15］胡海琼．新时代科研诚信建设的问题与对策建议［J］．科技资讯，2022，20（15）：237－240．

激发中央高校基本科研业务费的杠杆作用　加快推动教育科研事业高质量发展

胡　源

随着国家对科技创新的重视程度不断提高，高校作为科技创新的重要基地，其科研实力和创新能力对于国家科技发展战略的实施具有关键作用。为了支持高校开展自主选题研究，提高其服务国家发展战略的能力，中央高校基本科研业务费应运而生。中央高校基本科研业务费的设立旨在提升高校的自主创新能力、高层次人才培养能力和学科建设水平，推动教育科研事业高质量发展。同时，该经费也致力于培养和稳定优秀的青年科研人才，为我国高等教育的发展注入强大的动力。

中央高校基本科研业务费特别强调对青年教师和学生的支持，这有助于培养和稳定一支充满活力的科研队伍。青年科研人员是高校科研的主力军，他们的成长和发展直接关系到高校科研的整体实力和未来。通过资金支持，可以帮助他们顺利开展研究工作，提升研究水平，进而推动教育科研事业的发展。同时，基本科研业务费的投入，有助于鼓励和引导高校围绕国家发展战略和重大需求进行科研攻关，进一步提升高校的自主创新能力，产出更多原创性、高水平的科研成果，进而提升我国高等教育整体水平。

一、中央高校基本科研业务费的发展历程

中央高校基本科研业务费是在《国家中长期科学和技术发展规划纲要（2006－2020年）》的指导下设立的，旨在提升高校服务国家发展战略的能力、自主创新能力和高层次人才培养能力。从2008年开始，财政部和教育部设立“中央高校基本科研业务费专项资金”，对高校科技工作实行稳定的经费支持。2008年，北京大学等14所高校成为试点资助高校；2009年，包括教育部直属高校在内的92所中央高校都被纳入到了资助范围。随后，资助范围进一步扩大，资助金额也在提升。2016年，财政部联

合教育部下发《中央高校基本科研业务费管理办法》的通知。2021 年 11 月，根据党中央、国务院关于科研经费管理改革有关要求和《国务院办公厅关于改革完善中央财政科研经费管理的若干意见》，财政部联合教育部对《中央高校基本科研业务费管理办法》进行了修订，进一步明确了中央高校基本科研业务费用于支持中央高校自主开展科学研究工作，重点使用方向包括：支持 40 周岁以下青年教师提升科研创新能力，支持在校优秀学生提升基本科研能力；支持一流科技领军人才和创新团队建设，支持科研创新平台能力建设；开展多学科交叉的基础性、支撑性和战略性研究，加强科技基础性工作等。

二、中央高校基本科研业务费的使用现状和存在的问题

经历十多年的发展，中央高校基本科研业务费在支持科研项目开展、促进学科交叉融合、提升科研成果质量、培养优秀科研人才等诸多方面取得了一系列显著的成效，提升了高校的科研实力和社会影响力。

1. 经费支持稳定增长，随着国家对高等教育和科技创新的重视程度不断提高，中央高校基本科研业务费的投入也在逐年增加。这为高校开展科研工作提供了稳定的经费支持，有利于持续推进科研项目的研究。

2. 学科交叉与融合深入推进，基本科研业务费鼓励跨学科、跨领域的研究合作，通过设立合作平台、支持交叉研究项目等方式，促进了不同学科之间的交流与融合。高校纷纷设立跨学科研究中心、创新团队等，开展跨学科研究，推动学术创新。

3. 科研成果质量明显提升，在基本科研业务费的资助下，高校教师和学生能够更加专注于科研工作，减少后顾之忧。经费使用的管理和监督也进一步规范了科研工作，减少了学术不端行为的发生。高校科研成果的质量明显提升，产出更多高水平的论文、专利等。

4. 是科技成果转化取得进展：高校科技成果的实用价值和市场前景得到提升，推动了科技创新和产业升级的良性互动。通过与产业界的合作、建立技术转移中心等方式，高校科技成果转化取得一定进展，为经济社会发展作出贡献。

5. 优秀科研人才培养成效显著，基本科研业务费为青年教师和学生提供了宝贵的研究机会和发展平台。通过参与科研项目，一大批优秀人才得到了锻炼和培养，成为高校科研事业的中坚力量。优秀人才的涌现将为高校科研事业注入新的活力和动力。

总体而言，中央高校基本科研业务费的使用现状呈现出良好的发展态势，但同时也面临一些挑战和问题。在经费使用过程中，需要加强规范管理、完善监督与评估机制；在学科交叉合作中，需要进一步打破学科壁垒、促进深度交叉融合；在科技成果

转化方面，需要加强与产业界的合作、提升成果的实用性和市场前景；在资源分配机制方面，需要结合高校学科特点加强资源共享、优化分配机制；现阶段缺乏部属高校间的交流分享及相互学习机制。

（1）经费使用绩效评估难题。由于科研活动的复杂性和长期性，对经费使用进行有效的绩效评估存在一定难度。如何科学、客观地评估经费的使用绩效，是摆在高校和相关部门面前的一大挑战。目前的项目评价体系偏重学术论文发表和项目结题报告等传统评价指标，对创新性、实用性等综合评价不足，导致部分项目存在低水平重复、追求短期效益等问题。此外，因经费有关性质决定，每个自然年度考核绩效，但科研项目的成果产出存在滞后性，上报的绩效情况存在时间上错配。

（2）学科交叉合作的深度与广度不足。尽管高校普遍鼓励学科交叉合作，但在实际操作中，由于学科间差异、利益分配等原因，导致合作深度不够、广度有限，实际产出有限，同时也给有关项目的绩效考评带来挑战。如何打破学科壁垒、促进深度交叉合作仍是一个亟待解决的问题。

（3）科研成果转化率不高。尽管高校产生了很多高质量的科研成果，但科研成果的转化率并不高。如何将科研成果转化为实际产品和服务，实现产学研的有效结合，是当前面临的一个重要问题。另外，以人文社科类为主要学科的高校，单从经济效益的标尺，很难准确衡量科研成果转化的效益，而其产生的社会效益也是短时间内难以显现的。

（4）资源分配不均与重复建设问题。在高校间存在资源分配不均和重复建设的情况。这可能导致部分高校或学科发展不平衡，影响整体科研实力的提升。目前经费的分配主要采用“定额分配法”，这种方法虽然简便易行，但可能无法充分体现各高校的学科特点和科研需求，导致部分学科领域或研究方向的经费分配不均。因此，需要进一步优化资源配置、加强资源整合与共享。

（5）上级部门的指导频次不高、兄弟高校间缺乏成熟的交流机制：指导内容多为经费管理和预算执行情况，而高校如何发挥经费的杠杆作用，如何更有效推动科研事业高质量发展等方面所获指导频次不高。同时，各兄弟高校多年来都形成了各自的具体做法，但缺乏成熟的沟通交流机制。

三、优化基本科研业务费的杠杆作用的策略与建议

（一）完善项目评价体系，强化创新导向和社会价值

完善项目评价体系是确保经费使用效益和规范性的重要环节。以下是一些建议，

以完善项目评价体系，强化创新导向和社会价值：（1）明确评价目的和原则，项目评价的目的在于促进科研创新、提高研究质量和社会影响力。因此，评价应遵循科学性、创新性、社会价值等原则。（2）建立多元化评价体系，多元化评价体系应包括学术同行评价、领域专家评价、社会评价等多个方面。学术同行评价可以促进学术交流和进步，领域专家评价可以提供专业意见和指导，社会评价可以反映研究成果的社会影响和应用价值。（3）强化创新导向，项目评价体系应注重创新性，鼓励探索性、原创性和前瞻性的研究。对于具有突破性、引领性成果的项目，应给予更高的评价和奖励。（4）重视社会价值：项目评价体系应将社会价值作为重要的评价指标，鼓励研究项目解决社会问题、服务公共利益。对于具有显著社会效益和影响的研究成果，应给予相应的认可和奖励。（5）是加强评价结果的应用，项目评价结果应作为经费分配、奖励机制、人才选拔等方面的重要依据。同时，应加强评价结果的反馈和应用，为后续研究提供经验和借鉴。

（二）鼓励跨学科、跨领域合作，提升整体科研实力

鼓励跨学科、跨领域合作，提升整体科研实力是优化基本科研业务费杠杆作用的策略之一。具体而言：（1）加强学科交叉融合的平台建设，积极搭建跨学科、跨领域的合作平台，鼓励不同学科背景的教师和学生开展合作研究。可以通过设立联合实验室、研究中心、创新团队等方式，促进不同学科之间的交流与碰撞，激发创新思维。（2）提供跨学科研究的经费支持，高校应继续加大对跨学科研究的经费支持力度，设立专项资金用于支持跨学科项目的研究。通过提供经费支持，鼓励教师和学生突破学科界限，开展交叉研究，推动科研成果的创新性和实用性。（3）加强科研团队建设，通过选拔和培养优秀科研人才，组建高水平、有竞争力的科研团队。鼓励团队成员之间的合作与交流，促进知识共享和成果转化。同时，加强对团队的管理和评估，提高团队整体科研水平。（4）完善科研评价机制，鼓励跨学科、跨领域合作的成果产出。在评价过程中，应综合考虑学术价值、社会效益和经济效益等方面，避免过分强调单一指标。同时，要重视对合作研究的评价，鼓励团队合作取得的成果。（5）加强国际合作与交流，引进国外先进的科研理念和技术，促进国际的学术交流与合作。通过与国外高校、研究机构的合作，共同开展研究项目、举办学术交流活动等，提升自身科研实力和国际影响力。

（三）加强与产业界的合作，促进科研成果转化和应用

加强与产业界的合作是促进科研成果转化和应用的重要途径。以下是一些建议，以加强与产业界的合作，促进科研成果的转化和应用：（1）建立产学研合作平台，高校可以与企业、科研机构等建立产学研合作平台，共同开展研究项目，推动科研成果

的转化和应用。通过平台的建设，可以加强高校与企业间的联系和交流，实现资源共享和优势互补。(2) 开展校企合作项目，针对企业的实际需求开展研究，将科研成果转化为实际产品或服务。通过校企合作，可以促进高校与企业间的深度融合，提高科研成果的实用性和市场价值。(3) 建立科技成果转化激励机制，鼓励科研人员积极开展应用研究，促进科技成果的转化和应用。例如，可以设立科技成果转化奖励基金，对取得突出成果的科研人员进行奖励。

(四) 进一步优化经费分配机制，确保资源合理配置

(1) 明确分配原则。制定明确的经费分配原则，确保资源向重点领域、优势学科和优秀人才倾斜。同时，要注重公平公正，避免出现学科间的不均衡发展。(2) 加强需求分析，在分配经费前，应对各学科领域的发展需求进行深入分析，了解学科发展的重点方向和瓶颈问题，提高经费分配的针对性和有效性。(3) 完善专家评审机制，邀请学科领域的专家参与项目评审，确保项目质量和学科发展的均衡。同时，要注重专家的学科背景和评审经验的多样性。(4) 建立科学的绩效评价体系，对经费的使用效益进行定期评价。根据绩效评价结果，调整经费分配比例，优化资源配置。(5) 促进学科交叉融合，鼓励不同学科之间的交叉融合，支持跨学科合作研究项目。通过设立跨学科专项基金等方式，促进学科间的交流与合作。(6) 加强政策宣传与培训，加大对高校各级科研管理人员的政策宣传和培训力度，提高他们对经费分配机制的理解和执行力。通过举办培训班、座谈会等形式，加强沟通与交流。(7) 完善信息化管理平台，实现经费申报、审核、拨付等流程的信息化管理。通过信息化手段提高经费分配的效率和透明度。

优化经费分配机制、确保资源合理配置需要多方面的努力。从明确分配原则、加强需求分析、完善专家评审机制、强化绩效评价、促进学科交叉融合、加强政策宣传与培训到完善信息化管理平台等方面入手，形成一个科学、合理、公正的经费分配体系，推动教育科研事业的高质量发展。

(五) 加强工作交流指导，多层次沟通合作优化工作方式

(1) 制定详细的经费管理办法，明确经费的使用范围、申报程序、审批权限等，确保经费使用的规范性和透明度。同时，要加强对校内科研管理人员的培训，确保他们熟悉并遵守相关规定。(2) 强化预算管理的科学性，在编制预算时，应充分考虑学科特点、研究周期等因素，制订科学、合理的预算方案。同时，要加强预算执行情况的监控，及时发现和纠正预算执行中的问题。(3) 加强科研人员的诚信教育，提高他们的法律意识和道德观念，从源头上防止违规使用经费的行为发生。(4) 建立奖惩机制，对于经费使用规范、科研成果突出的个人或团队，应给予相应的奖励和支持。同

时，对于违规使用经费的行为，应进行严肃处理，形成有效的警示和威慑作用。(5) 加强与产业界的合作与交流，通过与产业界的合作与交流，可以引入更多的社会资源，提高经费的使用效益。同时，通过合作项目等方式，可以促进产学研结合，加速科研成果的转化和应用。

四、结　语

激发中央高校基本科研业务费的杠杆作用，加快推动教育科研事业高质量发展，对于提升国家创新能力和国际竞争力具有重要意义。为实现这一目标，要深入贯彻创新驱动发展战略，坚持以科研成果转化为导向，加强学科交叉融合，促进产学研深度合作。同时，完善科研评价机制，加强科研团队建设，提升科研人员的创新能力和学术水平。同时，也必须认识到，优化基本科研业务费的杠杆作用是一个长期的过程，需要持续投入和努力，同时，多方参与、形成合力，为推动教育科研事业高质量发展贡献力量，为建设创新型国家和实现中华民族伟大复兴作出更大的贡献。

参考文献

[1] 贾雯晴，俞建飞．科研经费长期稳定支持与高校科技原始创新——基于中央高校基本科研业务费的准实验考察 [J]．研究与发展管理，2023，35 (03)：163 - 171.

[2] 财政部 教育部关于印发《中央高校基本科研业务费管理办法》的通知 [J]．中华人民共和国财政部文告，2022 (01)：24 - 27.

[3] 郝艳娟．中央高校基本科研业务费专项资金管理探讨 [J]．质量与市场，2021 (02)：10 - 12.

[4] 刘海峰，刘春，廖冠琳等．中央高校基本科研业务费项目管理信息系统的设计与实现 [J]．中国教育信息化，2020 (05)：57 - 60.

[5] 郭玉聪．中央高校基本科研业务费项目管理实践分析 [J]．科学咨询 (科技·管理)，2019 (11)：66.

[6] 张媛．中央高校专项资金管理使用中存在的问题及其科学使用路径 [J]．科技视界，2019 (23)：68 - 69.

[7] 陈柳，姜伟，刘彬等．新时代青年科技人才培养模式探索——以中央高校基本科研业务费的实施为视角 [J]．中国高校科技，2018 (05)：12 - 14.

[8] 张巧华．基于层次分析法的高校财政专项资金绩效评价研究 [J]．中国管理信息化，2017，20 (23)：126 - 129.

新时代高等教育改革发展路径研究

——基于 cnki 文献可视化研究

李 颖 李婧漪

一、研究方法

随着新时代的来临，高等教育办学成为我国重要发展方向之一。自改革开放以来，我国高等教育发展取得了显著成就，从大众化走向普及化，从高等教育大国发展到高等教育强国。为了使高等教育更好地落实和发展，我国采取了一系列改革措施。本次研究从 2018 年 1 月开始截取数据，至 2023 年 1 月 1 日，以“高等教育”和“改革”为关键词在知网上获得相关文献。选取 2018 年作为研究开始的时间节点有以下几个原因：第一，已有学者对 1996～2017 年高等教育发展进行研究，本文研究从 2018 年开始，有利于弥补目前相关研究的空白，并深入了解我国高等教育改革现状；第二，自 2018 年开始，我国高等教育改革政策没有大规模调整，相对稳定，有利于研究高等教育改革政策的影响；第三，2018 年以后高等教育改革效果逐渐显现，调研资料丰富。

（一）数据来源

文献数据全部来自中国知网。利用知网的高级检索功能，以“高等教育”和“改革”为关键词导出了 2018 年 1 月～2023 年 1 月 1 日的相关文献。为使研究更有价值和意义，选取的论文只来源于“北大核心”和“CSSCI”。其中导出的数据包括作者、时间、关键词、机构和作者单位。筛选掉不相关的会议、笔谈、文章等。同时考虑到本次研究的主要方向是我国高等教育改革，对于研究国外本土高等教育改革的相关文献也进行了人工筛选。综上，共收集到 2850 份文献。

（二）研究方法与过程

使用工具为 bicomb 软件和 CiteSpace 软件。通过 bicomb 软件来对文献的机构、期刊、作者等相关数据进行频次统计，并使用 CiteSpace 软件对作者、机构、关键词等重要数据绘制网络图谱和时序图谱。

二、可视化与频次分析

（一）年份

王少媛和刘丽（2018）将我国高等教育分成三个阶段，1978～2001 年是精英高等教育阶段；2002～2011 年是大众化高等教育阶段；2012～2017 年是后大众化高等教育阶段。通过 bicomb 软件对收集的文献进行年份频次统计，并使用 Python 软件绘制相关柱形图。图 1 显示，自 2018 年以来，我国高等教育改革的研究文献呈增长趋势，2018～2022 年平均发表论文为 570 篇。2019 年、2020 年高等教育改革相关论文发表最多，同时，2019 年我国颁布了教育事业“十三五”规划，加强创新创业高等教育改革。2019～2020 年我国高等教育改革相关研究发文数呈显著增长，可能是相关政策的发布导致高等教育改革研究更受关注。

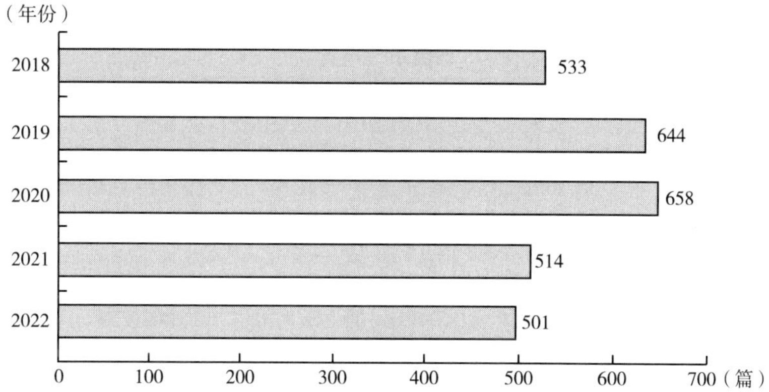

图 1　2018～2022 年高等教育改革论文统计

（二）作者

使用 bicomb 软件对作者出现频次进行统计。高等教育改革研究最多的前五位作者是钟秉林（17）、张应强（16）、王战军（13）、姚荣（12）、刘国瑞（12）。同时注意到，有 16.6% 的作者多次研究该领域，说明该领域的可研究性较强。使用 CiteSpace 软件得到作者的合作图谱如图 2 所示。可视化结果表明，有小部分作者已经形成了高强度的合作团体。

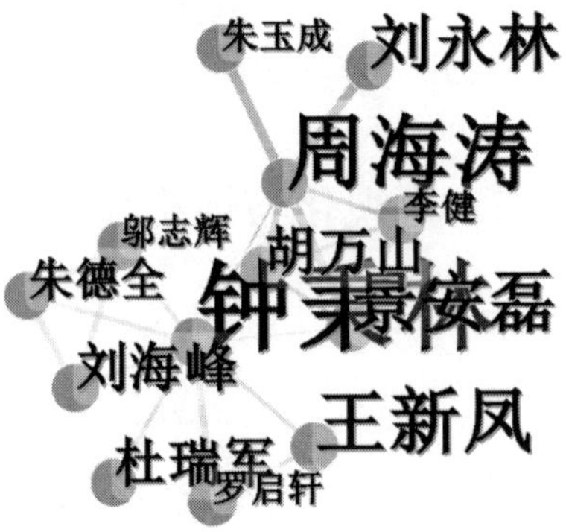

图 2　作者图谱

（三）作者单位

使用 bicomb 软件对文献作者单位频次进行统计，发现作者单位出现最多的 3 个单位分别是北京师范大学教育学部（50）、厦门大学教育研究院（49）和华中科技大学教育科学研究院（39）。由表 1 可知，大部分作者单位属于北上广地区高校，师范院校出现的频率也较高。

表 1　作者单位统计

排名	作者单位	频次	排名	作者单位	频次
1	北京师范大学教育学部	50	11	华东师范大学教育学部	24
2	厦门大学教育研究院	49	12	西南大学教育学部	24
3	华中科技大学教育科学研究院	39	13	中国高等教育学会	21
4	浙江大学教育学院	37	14	厦门大学	21
5	南京师范大学教育科学学院	35	15	陕西师范大学教育学院	19
6	中国人民大学教育学院	32	16	华中师范大学教育学院	19
7	天津大学教育学院	30	17	北京理工大学人文与社会科学学院	18
8	清华大学教育研究院	30	18	华东师范大学高等教育研究所	16
9	厦门大学高等教育发展研究中心	29	19	浙江大学	16
10	北京大学教育学院	25	20	南京大学教育研究院	15

利用 CiteSpace 软件绘制作者单位间的网络图谱（见图 3），大部分机构之间具有密切的合作关系。说明在我国高等教育改革的研究中，已实现了大规模的作者单位合作。

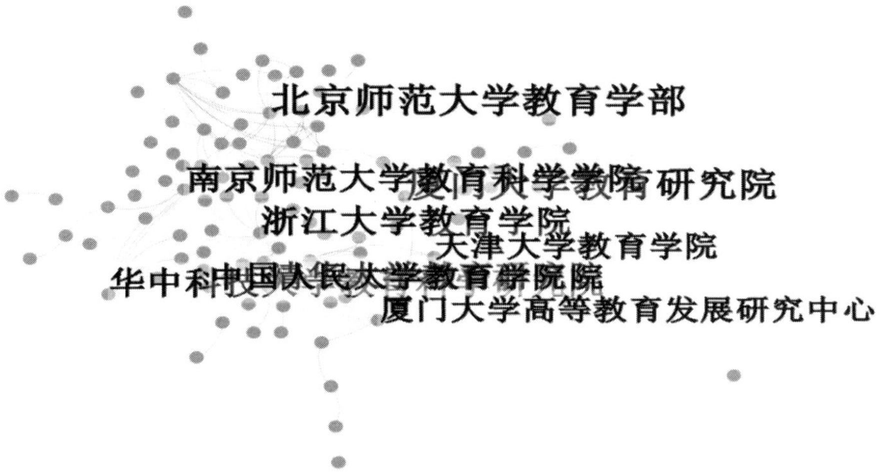

图 3　作者单位图谱

（四）期刊

使用 bicomb 软件对发表期刊进行频次统计，得到高等教育改革文献发表最多的前 20 本期刊。表 2 显示我国相关研究发表的期刊较为集中，高职教育改革、教育管理和高等教育是发表期刊的三大主题。

表 2　期刊发表统计

排名	期刊名称	频次	排名	期刊名称	频次
1	中国高等教育	155	11	中国高校科技	69
2	中国高教研究	149	12	职业技术教育	58
3	黑龙江高教研究	101	13	大学教育科学	58
4	江苏高教	97	14	中国大学教学	56
5	学位与研究生教育	87	15	高等工程教育研究	56
6	现代教育管理	85	16	高教探索	55
7	中国职业技术教育	79	17	教育发展研究	52
8	高等教育研究	75	18	教育研究	49
9	国家教育行政学院学报	71	19	高校教育管理	48
10	教育与职业	70	20	清华大学教育研究	46

（五）关键词

1. 关键词聚类。使用 bicomb 软件对关键词的频次进行统计，得到频次最高的 10 个关键词分别是改革开放、高等教育、高职院校、地方高校、人才培养、立德树人、治理体系、高考改革、教学模式、学生流动，同时使用 CiteSpace 软件对关键词进行聚类，得到聚类图谱如图 4 所示。

图 4　关键词聚类

根据 CiteSpace 软件的聚类结果，$Q = 0.4352 > 0.3$，$S = 0.7613 > 0.7$，聚类效果良好，同时聚类是有意义的。最终聚类的关键词如表 3 所示。

表 3　关键词聚类结果

聚类标签	关键词	聚类标签	关键词
#0	改革开放；新时代；改革；创新；成就	#5	立德树人；高校教师；政策变迁；教育政策
#1	高等教育；转型发展；继续教育；创新发展；政策工具	#6	治理体系；治理能力；大学治理；内部治理
#2	高职院校；产教融合；高职教育；职业教育；校企合作	#7	高考改革；新高考；教育评价；高考；“五唯”
#3	地方高校；中国特色；通识教育；学科建设；一流学科	#8	本科；教学模式；培养体系；信息化；课程体系
#4	人才培养；教学改革；信息技术；专业学位；工程教育	#9	未来变革；供给模式；学生流动；国际学生；招生改革

根据关键词聚类结果，可以得到以下结论：（1）中国特色化高等教育改革（#0 和 #4）：我国高等教育改革以党的领导为中心，倡导新时代创新和中国特色。中国特色化建设和创新密不可分，创新创业精神引领全国教育。（2）高职院校改革（#1 和#2）：党的二十大提出，将统筹职业教育、继续教育和高等教育协同发展，我国高等教育改

革研究更关注高等职业教育。在关键词聚类中我们发现，高职院校与产教融合密切关联，说明高等职业教育注重技术和学科建设双重发展。（3）学生培养质量改革（#3、#4 和#8）：人才培养、学科建设、教学模式和培养体系，是学生培养质量改革的关键词。“信息化”与学生培养质量改革也息息相关，在新时代中，“互联网 +”技术和人才培养携手发展已是高等教育改革中的共识。（4）教学改革（#5 和#6）：立德树人、大学治理是我国教学改革的关键词。注重培养教师的教育理念，改进高校内部的治理体系，是教学改革研究的重点。（5）招生改革（#7 和#9）：高等教育与学生质量密切相关。高考政策的改变一方面可以帮助学校更好地得到拔尖人才；另一方面也可以帮助改进高等教育入学现状，更好地实现教育公平。同时，高等教育改革也注重研究国际化招生现状。

2. 时间图谱共线。通过 CiteSpace 软件对该研究进行时间图谱共线（见图 5），自 2018 年以来，我国相关研究越来越强调世界化、国际化和中国特色化改革。

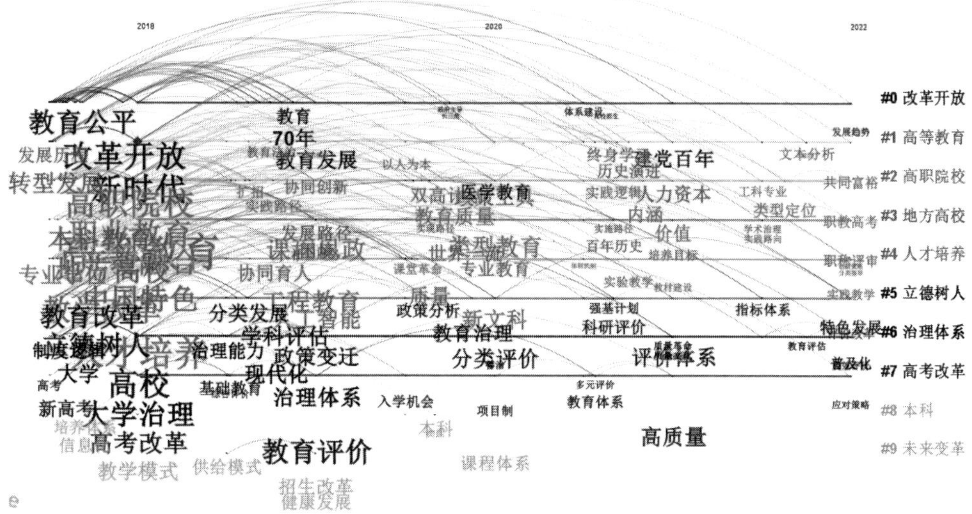

图 5　关键词时间图谱共线

三、国内相关研究

结合相关的国内文献，本文对国内目前的阶段性研究总结如下。

（一）教育规模

21 世纪以来，全球高等教育规模均有扩大的趋势，而我国高等教育规模扩增的趋势尤为显著，目前我国高等教育规模已稳居世界第一。

黄依梵和沈文钦（2023）对我国高等教育规模的改革进行了相关研究，他们认为我国高等教育规模扩增的改革主要有三个重要时间节点：一是 1949 年，新中国刚成立时教育被摆在优先发展的战略地位；二是 1978 年，高考招生制度恢复，大批高校建立；三是 1999 年，我国制定了《面向 21 世纪教育振兴行动计划》，正式拉开了高校扩招的序幕，加快了高等教育的大众化进程。

高等教育规模的扩增，对中国现代化的推进具有显著正面影响。一方面，高等教育规模的扩增有助于促进收入分配公平，陶紫超（2022）通过相关性分析，了解到高等教育规模的扩增将有助于缩小收入分配差距；另一方面，高等教育规模的扩增将显著提高我国的经济发展。

对于高等教育规模的改革研究，我国学者一方面支持我国高等教育规模扩增的政策；另一方面肯定高等教育规模扩增对我国发展各方面的促进作用。

（二）教育实力

我国高等教育逐渐形成内涵式发展的改革思路，以一流专业和一流课程建设“双万计划”为牵引，一批大学和学科已经位于世界先进水平。

1. 产教融合方面。祁占勇和鄂晓倩（2023）建议根据我国国情，加强校企联合，积极更新职业教育观，营造职教兴国的浓厚氛围，加强教育法和其他法律之间的联系，以共建共治共享为根本方向。

2. 创新创业方面。梁齐伟和王滨（2022）指出，创新创业教育是我国实施创新发展战略的需要，公益创业教育、创客教育和青年志愿服务均有助于我国创新创业教育实力的提升。

3. 信息化教学方面。徐兰等（2023）推荐“电子资源 + 信息化新型教材”，同时也大力赞同“三教”改革，让教师成为动力主体，教材成为动力载体，而教学方法成为引擎。肖淞严（2022）指出，在“互联网 +”背景下，需要革新教学内容，教学评价和教学方案，以应用型为导向，同时在课堂中多多融入线上内容。他强调，应该保障教师具备高水平的信息技术能力、掌握现代教学机制，构建专业互联网平台。王洪才（2023）认为，应该让教师广泛参与教学治理，加强教师在高校和教学中的主导性地位。

4. 教学评价方面。唐忠宝和陈逊（2023）认为，要打造中国特色的一流本科教育学生评价体系，需要因地制宜建设具有本校特色的学生评价体系，将量化方式多元化，并引导学生把马克思主义作为自己的个人价值取向。宋荔钦和郝少盼（2020）认为，我国科研评价行政气息、内容量化现象过于严重，评价方法和评价标准单一。他们认为应该多元化评价体系和标准，同时弱化行政机制，建立专业评价机构。

（三）培养质量

当前，我国高等教育的培养质量持续提高，各种形式的高等教育实现了历史性跨越。

1. 课程体系改革方面。对于高等职业教育，“控制数量、提升质量”是高等职业教育发展的重心之一。宋志敏（2019）建议推进“1 + X”证书制度，招生制度和多元办学制度改革，完善“职教高考”制度，实现“文化素质 + 职业技能”的考试招生。李剑萍（2023）支持高等职业教育的“三融”改革之路。一方面，聚焦技术技能型人才培养，进行科教融合。另一方面，注重“转”“升”二者融合，开辟本科层次高等职业教育新赛道。

2. 本科生教育方面。张家旗（2022）等针对通识课提出建议，引入大数据相关技术，让学生得到实时选课信息；同时通过科技进行线上监督，更好地进行课堂监督。杨焱和吴薇（2022）则指出我国目前对于通才教育的关注度要远远超过专才教育，应加强建设我国学生专业教育水平，培养其创新创业精神，注重产教结合，校企结合。

3. 研究生教育方面。姜澄和黄书光（2022）认为，应该发扬中国特色研究生教育，使中国研究生教育走向国际化，同时需要加强本科生基础学科教育和研究生教育治理水平。弥志伟（2023）等认为，目前的研究生自身认知和综合素养不足，缺乏职业规划和就业培训。应加强研究生行业认知课程培养，帮助其就业。

4. 拔尖人才方面。2020 年，我国推出“强基计划”。徐宏勇（2021）认为，“强基计划”的推出代表我国越来越关注拔尖创新人才。

（四）党的领导

坚持和加强党的全面领导，不断加强和改进高校党的建设，是推动教育事业高质量发展的应有之义，也是新时期高校实现自立自强的根本政治保证。

1. 思想政治教育改革方面。高等职业教育和本科生教育均提升了对思想政治教育的重视程度。黄福涛（2023）认为，应该构造中国特色化的大学素质教育，加强爱国主义、集体主义和社会主义教育。教师应着眼于学生的发展，注重弘扬中国各民族的优秀文化，对国内外形势教育和民主法治教育等课程内容进行教学，让学生充分领悟中国特色社会主义的内涵。张玉超（2023）等指出，学生选择通识课是出于兴趣，应该在兴趣中加入思政元素，以此来更好地促进思政教学结合。

2. 思政体系改革方面。李蕉和方霁（2022）认为，应该从三个方面来理解高校思政体系的改革。（1）高校思政体系改革不能仅仅改革思政课程，而应发挥协同育人机制，将思政教育与专业课教育、实践教育、劳动教育等结合发展。（2）思政并不仅仅只是马克思主义教育，而是要始终贯穿习近平新时代中国特色社会主义思想这条灵魂主线，培养社会主义建设者与接班人为目标的价值教育。（3）思政体系建设不能仅仅靠教师，更要依赖学院、学校统筹规划。

3. 党校结合方面。“政府主导”与“高校主动”互动平衡。俞进伟（2022）认为，我国高等教育应加强国际化与本土化结合，注意传统和西化教育的互相平衡。

四、总结与展望

高等教育改革一直是中国现代化发展的重心之一。对高等教育改革相关的文献研究进行可视化分析后，得出以下结论：

1. 针对2018～2022年，我国高等教育改革的研究热潮集中在2019年与2020年，平均年发表论文570篇。作者之间、作者单位机构之间的合作力度强，大部分作者和作者单位机构都有多次合作研究的情况。我国高等教育改革研究现状良好。

2. 结合可视化数据和近几年的文献数据，对我国高等教育改革研究现状进行总结。近年来，在以习近平同志为核心的党中央坚强领导下，我国高等教育改革聚焦国家战略需求，与时俱进，取得了巨大成就和丰硕的成果。

（1）在发展阶段上，我国已建成世界最大规模的高等教育体系，从大众化高等教育转变为普及化高等教育。根据教育部数据显示，2021年，我国高等教育毛入学率实现了历史性飞跃，已达57.8%。这意味着中国高等教育整体水平有了极大的提升，成为人才培养和科技创新的重要支撑力量。

（2）在改革方式上，高等教育以内涵建设为抓手，注重特色建设和高质量建设。高等教育改革的发展模式逐步向内涵式的高质量发展转变，开始形成由量变向质变的过渡。主要体现在教育规模不断扩大，教育实力明显增强，教育结构不断优化等方面。

（3）在人才培养上，高等教育秉持创新思维。当前，世界百年未有之大变局加速演变，全球范围内的不稳定性显著提升，建设高素质人才队伍势必为破局之道，当务之急是创新人才培养机制。从人才培养模式着手，实现从传统性到创新性的转变，同时要针对课程体系、人才培养等方面实现培养现状改革，将目前改革的主要方向确定为培养一批具有交叉思维和复合能力的创新人才。

（4）在党的领导下，高校已经成为坚持党的领导的坚强阵地。办好中国的大学，关键在于坚持党的全面领导。只有确保党对高校领导的全覆盖，确保党的领导更加坚强有力，切实把坚持“两个确立”、增强“四个意识”、坚定“四个自信”、做到“两个维护”落实到高校的思想引领上和创办实践中，才能坚持好社会主义办学方向，保质保量完成立德树人的根本任务，最终实现世界一流的中国特色社会主义大学的建设目标。

目前，中国的高等教育作为教育强国的龙头已经步入了一个全新的发展阶段，掌握了高水平教育创新人才培养的主动权，实现了整体实力与办学质量的大幅提升，比历史上任何时候都更接近高等教育强国的发展目标。面向新征程，我们将继续坚持以习近平新时代中国特色社会主义思想为指导，深入学习贯彻党的二十大精神，深刻领会教育、科技、人才“三位一体”总体部署，心怀“国之大者”，为加快建设教育强国、扎实推进中国式现代化贡献更大力量。

参考文献

［1］何静．新时代背景下高等教育改革发展研究［J］．黑龙江教师发展学院学报，2023，42（02）：1-3.

［2］王少媛，刘丽．改革开放以来我国高等教育体系结构研究成果述评——基于1978-2017年CNKI数据库资源统计结果的分析［J］．现代教育管理，2018，344（11）：13-18.

［3］黄依梵，沈文钦．我国高等教育系统的规模扩大与类型分化：1895-2019年［J］．高校教育管理，2023，17（02）：114-124.

［4］陶紫超．高等教育发展规模对收入分配差距的影响——基于2010-2020年15个国家的数据分析［J］．金融文坛，2022，94（10）：31-35.

［5］王淑英，杨祺静．高等教育规模对经济增长的空间效应研究——基于国际科技合作的视角［J］．教育经济评论，2022，7（01）：23-39.

［6］祁占勇，鄂晓倩．中国式教育现代化与中国特色现代职业教育体系发展之路［J］．职业技术教育，2023，44（01）：6-13.

［7］梁齐伟，王滨．新时代创新创业教育融入人才培养体系的路径研究［J］．成才与就业，2022（S1）：88-91.

［8］张春，孙德茹．立德树人视域下高校教师提升自身教书育人能力路径研究［J］．通化师范学院学报，2023，44（03）：132-138.

［9］周亚红，徐冰婉．立德树人视域下的职业教育教学发展性评价体系［J］．宁波教育学院学报，2023，25（01）：71-76.

［10］徐兰，贺茉莉，易熙琼．数字化时代“三教”改革助推高等职业教育高质量发展的实践进路［J］．成人教育，2023，43（02）：60-66.

［11］肖淞严．“互联网+”时代应用型本科教育教学改革研究［J］．中国新通信，2022，24（19）：179-181.

［12］王洪才．高质量高等教育体系的基本内涵、主要特征与实践路径［J］．现代教育管理，2023（04）：1-9.

［13］唐忠宝，陈逊．价值·内容·方法：中国特色一流本科教育学生评价体系构建［J］．北京科技大学学报（社会科学版），2023，39（02）：133-140.

［14］宋荔钦，郝少盼．“双一流”要求指导下高校科研评价体系构建策略［J］．教育观察，2020，9（22）：33-35.

[15] 杨涛. 高质量发展背景下高等职业教育的类型与定位——以蔡元培高等学校分类思想为分析中心 [J]. 河南师范大学学报（哲学社会科学版），2022，49（06）：131－136.

[16] 宋志敏. 推进高等职业教育改革的四个维度 [J]. 中国高校科技，2019，369（05）：61－63.

[17] 李剑萍. 高等职业教育“三融”改革的实践难题与发展逻辑 [J]. 教育研究，2023，44（03）：13－18.

[18] 张家旗，刘晏男，周在祥. “互联网＋”背景下高校通识教育选修课程教学改革研究 [J]. 科教文汇，2022，575（23）：37－40.

[19] 杨焱，吴薇. 基于混合教学的成人高等教育人才培养方案改革策略研究 [J]. 中国教育技术装备，2023（01）：99－101.

[20] 姜澄，黄书光. 自信与增信：中国特色社会主义研究生教育道路的发展逻辑 [J]. 研究生教育研究，2022，71（05）：20－27.

[21] 弥志伟，武新颖，柳一之. 通过产教融合提升研究生就业能力的策略研究 [J]. 化工管理，2023，660（09）：23－26.

[22] 马陆亭. 新工科、新医科、新农科、新文科——从教育理念到范式变革 [J]. 中国高等教育，2022，693（12）：9－11.

[23] 徐宏勇. 拔尖创新人才早期培养理念与路径探索 [J]. 创新人才教育，2021（01）：6－9.

[24] 黄福涛. 构建中国特色的素质教育话语体系面临的挑战 [J]. 江苏高教，2023，265（03）：9－10.

[25] 张玉超，刘旭东，杨旭. 课程思政视域下通识选修课教学改革探索 [J]. 高教学刊，2023，9（02）：166－169.

[26] 李蕉，方霁. 高校课程思政体系化建设的路径探析 [J]. 中国大学教学，2022，387（11）：64－71.

[27] 俞进伟. 推进中国式现代化：高等教育体系面临的几个基本命题 [J]. 中国高等教育，2022，703（24）：10－12.

浅议“双一流”建设背景下人文社科类高校科研评价改革探索
——以中南财经政法大学为例

马高昂

2020年2月，教育部、科技部印发《关于规范高等学校SCI论文相关指标使用树立正确评价导向的若干意见》（以下简称《意见》），旨在扭转当前科研评价中存在的“SCI至上”的不正风气，引导各高等院校、科研院所积极探索建立多元多维的科研评价体系。2020年10月，中共中央、国务院印发《深化新时代教育评价改革总体方案》（以下简称《方案》），进一步助推高校开展分类评价，抓好“双一流”建设成效，培养复合型人才、产出高水平成果，积极对接国家重大战略需求，主动服务地方经济社会发展。

中南财经政法大学作为一所经、法、管等学科深度融通特色鲜明的“双一流”建设高校，人文社会科学专业领域优势显著，近几年在国家级项目获批立项、省部级获奖等方面取得了卓越的成绩。如何充分结合自身的学科特点、科研优势，积极响应国家层面的号召，大胆探索人文社科类高校的科研评价改革，值得探析。

一、学校现阶段科研评价存在的问题

（一）外文论文发表数量增长迅速，但质量良莠不齐

2014年学校推出《外文期刊认定办法》后，全校教师发表的SCI、SSCI论文由2011~2013年合计不到40篇，发展到2017年一年达99篇，2018年达到130余篇，2019年超过200篇，呈直线上升态势，体现出该办法发挥了巨大的激励导向作用，助推学校在国际期刊上发声、讲好中国故事上了一个新台阶。

然而，根据《意见》的释义，SCI、SSCI论文并不能直接作为科研评价的重要依

据。(1)它们的本质仅仅是一个文献索引系统，并不代表高水平论文。(2)SCI 论文的引用数量也仅体现被关注的程度，并不意味着其创新水平高低，实际贡献大小，比如高被引论文只能代表近期的研究热点，无法证明其学术影响力。(3)论文作为记录科学研究过程、促进学术交流的一种重要载体，其学术影响力、社会影响力及实践应用性需要通过其他维度进行佐证。

近几年中国科学院文献情报中心每年持续推出“国际期刊预警名单”，通过定性与定量相结合的方法甄别预警期刊。首先通过专家咨询确立分析维度及评价指标，然后基于指标客观数据诸如发文量、自引他引率、拒稿率、撤稿信息等，分析出具备风险特征、具有潜在质量问题的学术期刊。最后，按照风险指数将预警级别分为高、中、低三档。然而，期刊预警同样不是论文评价，也不是全盘否定预警期刊上发表的论文，主要是提醒科研工作者警惕不良期刊平台，促进期刊自身提升办刊水准。因此，在学术评价中，不能简单以 SCI 论文相关指标来判断创新水平，应更多关注论文的创新质量和服务贡献。

（二）岗位评审聘用中唯论文情况普遍存在

在学校现行的岗位评审聘用办法中，论文的篇数、是否有高级别论文是职称晋升的必备条件。长此以往，教师更多关注论文的数量而非质量，主要向那些见刊快、周期短的期刊投稿，尽可能加快发表进程，期刊出版机构也相应收取高额费用，难以保障刊物质量，最终影响学术期刊出版界的良性发展。

根据《方案》的具体要求，要进一步优化职称、职务评聘办法，建立分类的评价指标体系，根据不同学科、不同岗位的特点，设计详细具体、可操作性强的评判标准，并借鉴同类型高校的先进经验和做法。考察重点是人岗相适、学科贡献匹配、人才培养成效等维度，不把论文等相关指标作为职称、职务评聘的直接依据，以及作为人员聘用的前置条件。

（三）科研分类评价未能有效落实

(1)不同学科、不同专业在岗位评审聘用、研究生导师评聘、高层次人才申报等环节的具体申报条件没有体现出差异性，没有考虑到人文社会学科与理工学科科研产出的不同形态，用同一尺度去衡量具有不同特色的专业。(2)评价方法和评价标准过于单一，各类评聘机制主要根据论文、项目、专著等传统成果来判定学术贡献力，智库与社会服务类成果、知识产权等各类创新性成果未纳入其评价体系，缺乏认可。(3)定性评价、定量评价和综合评议未能形成统一体，每一种评价方式都有其优势和局限性，需要充分结合起来，才能形成科学合理的评价体系。在评价的过程当中，还可以适当引入大数据、区块链等技术手段，进一步促进同行评议的公正公平性，使学术评价更加客观全面。

二、学校探索改革具体做法

学校以习近平新时代中国特色社会主义思想为指导，深入贯彻落实习近平总书记关于教育、哲学社会科学工作的重要论述，推动构建中国特色哲学社会科学，建构中国自主的知识体系。以质量、贡献和创新为导向，服务学校中国特色世界一流学科建设，鼓励产出更多具有原创性的高水平成果，为全面建设社会主义现代化国家、全面推进中华民族伟大复兴作出中南大贡献，在充分遵循科学研究规律和特点的前提下，不断优化完善现行的科研评价机制。

（一）确立分类分层科研激励办法

修订学校2019年以来实施的《科研成果奖励办法》，摒弃“以刊评文”“见刊奖励”等导向，改为系列评奖办法，改“全面奖励”为“重点激励”，变“普惠制”为“代表作”，坚持分类评价、同行评价原则，重点奖励重大标志性科研成果和优秀青年科研人员，同时兼顾教师科研的积极性，在全校范围内营造重视科研、激励高质量科研成果产出的浓郁氛围。具体设置四类奖项，包括文澜重大科研奖、文澜科研新星奖、文澜科研管理奖和文澜科研绩效奖。此外，学校对获得国家级及省部级人文社会科学和自然科学的科研奖项直接进行配套奖励，以更好地发挥广大师生投身科学研究的积极性、主动性和创新性，推动产出原创性、高水平、标志性学术成果。

1. “文澜重大科研奖”旨在奖励重大科研成果，成果类型主要包括学术论文、著作、智库与社会服务类成果等。学术论文奖重点考察成果的原创性和学术价值，是否居于国内外同类研究领域的领先地位；著作奖重点考察成果是否经过一定时间积累，出版后在学术界具有重大影响力；智库与社会服务类成果奖重点考察成果服务国家或区域重大战略需求取得的效果，是否具有重大政策影响力。“文澜重大科研奖”的获奖成果将作为校内重点培育成果，以更大的竞争优势代表学校去参与省部级、国家级奖项的角逐。

2. “文澜科研新星奖”旨在引导青年教师积极投身科研事业，营造追求一流的学术氛围，促进青年科研人才脱颖而出，激励先进、树立榜样。奖励对象为学校从事科学研究工作的青年教师，职称为副教授及以下，年龄不超过40周岁。学校科研管理部门深入学院开展调查研究，掌握青年教师科研动态，对取得的高水平论文、重大项目及获奖等业绩进行摸底，对评选对象和条件进行优化，以确保评选的权威性、公正性和合理性。

3.“文澜科研管理奖”旨在提升各教学科研单位的管理服务质量，打造一支管理水平高、服务质量优的科研管理团队，切实增强科研管理服务对象的获得感。主要表彰学院主管科学研究工作的领导、从事科研管理工作的科研秘书和学校科研管理及相关部门工作人员，激励该团队爱岗敬业，热爱科研管理工作，以强烈的事业心和责任感锐意进取、开拓创新，有效协调各方面工作，为一线科研工作者提供热情优质服务。

4.“文澜科研绩效奖”的评选主要根据学院科研工作的总体情况以及对学校学科建设的贡献度和科研目标责任的达成度进行年度考核，依据考核结果把科研绩效打包发放到学院。各学院根据学科特点，自行制订分配方案，分配方案须经学院学术委员会和党政联席会通过，并报学校科研管理部门备案后方可实施，确保“破五唯”精神落地。同时，鼓励各学院进行配套奖励。

（二）建立多元多维科研评价体系

修订学校2019年以来实施的《中文期刊目录》《外文期刊目录》等文件，进一步优化成果评价体系，建立论文、著作、项目、专利、获奖等协调并重的多元多维评价体系。期刊目录不再作为科研评价的直接依据，仅作为学术评价指南供教师科研参考。废除以往SCI、SSCI论文根据JCR排名分类的规则，通过调研、座谈会等多种形式征集相关建议，要求各级学术委员会起草相关学科的中英文期刊目录指南，借鉴国内高校先进做法，将中外文期刊目录指南送校外同行专家审议。引入“中国科学院文献情报中心期刊分区表”这一评价体系，作为学校外文期刊调整的重要参考。

为进一步提升学校科研竞争力，改进科研评价方式，建立有利于潜心研究和创新创造的评价制度，保证所修订的期刊指引科学、合理，符合学校发展实际，赴各学部、相关职能部门进行充分调研论证。坚持学术标准，对标主流高校，召集召开学院院长、学科带头人、青年教师代表等座谈会，对期刊指引的学科结构与特色、价值导向、鼓励合作与融通等方面充分听取相关意见和建议，经过充分调研、反复论证等程序后，正式发布学校最新《期刊指引》。同时，不断更新完善，与时俱进，以学术质量和社会效益作为学术评价的重要标准，以实现科研育人的最终目标。

深入贯彻落实和宣传阐述党的二十大精神，全面贯彻党的教育方针，落实立德树人根本任务，聚焦标志性学术成果，采用“计量评价与专家评价相结合”“中国期刊与国外期刊相结合”的“代表作评价”方法，重点考核论文、著作、决策咨询报告等代表性成果的政治立场、理论创新、学术贡献和社会影响。完善同行评价机制，突出同行专家在科研评价中的主导地位，严格规范专家评审行为，倡导建立评审专家评价信誉制度。梳理党的十八大以来学校哲学社会科学工作者在各学科领域取得的具有主体性、原创性、标识性的重大科研成果，进行大力宣传。对高质量的科研成果进行奖励，对标对表“双一流”建设成效评估指标体系，通过各个层次的奖项设置，提升科研服务质量，激励产出高水平科研成果。

（三）深化科研评价体系改革

鼓励发表原创性、高水平、高质量，有创新价值，体现服务贡献的学术论文，在国际学术界发出中国声音，包括发表“在具有国际影响力的国内期刊、业界公认的国际顶级或重要期刊的论文，以及在国内外顶级学术会议上进行报告的论文”。上述期刊、学术会议的具体范围由学校学术委员会结合学科情况、参考同类型顶尖高校、本着少而精的原则确定，发挥同行评议在高质量成果考核评价中的作用。

出台《智库与社会服务类成果认定办法》，进一步加强学校智库与社会服务类成果建设和管理，更好地发挥广大师生积极性、主动性和创造性，促进高水平智库与社会服务类成果产出，助力实现“财经政法深度融通特色鲜明的世界一流大学”的目标。类型包括各级领导正面肯定性批示，党政公文、政策、法律法规和部门规章、行业标准等采纳，各级各类单位设立的咨政报告专报，主讲理论学习、开展政策决策的咨询活动，以及主流报刊和媒体开展的学术性理论阐释、政策解读和正面专访、网络平台刊载的媒体咨文等五类主要形式。按照咨政服务贡献、政策影响力与社会影响力大小，具体分为A、B、C三个层次，其中A档又细分成A+、A、A-3个层级。

在每年的中央高校基本科研业务费中列支专项经费，设立“三全育人”专项项目，积极贯彻落实《教育部等八部门关于加快构建高校思想政治工作体系的意见》，培育打造富有特色、影响力强的文化活动和思想政治研究项目。持续资助“博文杯”大学生百项实证创新基金项目和研究生科研创新平台项目等，有效激发学校大学生开展科学研究的热情，发挥其科学研究的潜能，充分展现科研育人作用。

三、结　语

科研评价改革是一个复杂、周期长的系统性工程，我国高校长期．存在的“五唯”这一历史问题无法在短时间内完全解决。值得注意的是，破“五唯”并不是完全摒弃现有的评价体系，而是做好“破”与“立”的协调统一，从学校实际出发，制定精细严谨、科学合理、多维多元的评价体系，更多关注成果的质量、贡献和影响，做好“定性评价”与“定量评价”的有机结合，通过树立科研创新、风清气正的学术生态氛围，最终激励广大教师积极投身科学研究、产出高水平成果。

此外，科研评价体系与科研业绩核算、成果评奖、职称评定、聘期考核、研究生导师遴选及考核、学位资格条件等涉及多部门的事项紧密相连、息息相关，应该在保持一定稳定性和延续性的前提下，每隔一段周期实行一定程度的动态调整，这样才能更好符合学校现行阶段发展的需要及未来发展的上升空间，更好实现学校“科研育人”这一使命，为学校的“双一流”建设强基固本、添砖加瓦。

参考文献

［1］黎梅．“双一流”建设背景下高校科研评价体系改革思考［J］．智库时代，2019（38）：130－131.

［2］刘梦星，张红霞．高校科研评价的问题、走向与改革策略［J］．高校教育管理，2021（01）：117－123.

［3］孟照海，刘贵华．教育科研评价如何走出困局［J］．教育研究，2020（10）：11－20.

［4］宋荔钦，郝少盼．“双一流”要求指导下高校科研评价体系构建策略［J］．社会科学文摘，2022（12）：8－10.

［5］宋艳辉，朱李，邱均平．教育科研评价如何走出困局［J］．教育观察，2020（22）：33－35.

［6］王顶明，黄葱．“破五唯”背景下我国科研评价体系构建的几点思考［J］．高校教育管理，2021（02）：24－33.

［7］张端鸿．“破五唯”背景下我国科研评价体系构建的几点思考［J］．财经高教研究，2021（01）：15－18.

［8］郑承军，潘建军．“双一流”建设背景下高校科研评价改革的路向［J］．北京教育（高教），2018（10）：70－73.

［9］周茂雄．超越“唯论文”：新时代高校科研评价之忧思与展望［J］．科学与管理，2021（03）：26－31.

［10］教育部、科技部印发《关于规范高等学校 SCI 论文相关指标　使用树立正确评价导向的若干意见》的通知［EB/OL］．（2020－02－20）．http：//www.moe.gov.cn/srcsite/A16/moe_784/202002/t20200223_423334.html.

新文科视域下智库赋能“大思政课”建设路径研究*

杨　苗

党的十八大以来，以习近平同志为核心的党中央把高校思想政治工作提升到我党治国理政全局的战略高度。“大思政课”要放在世界百年未有之大变局、党和国家事业发展全局中来看待，要从坚持和发展中国特色社会主义、建设社会主义现代化强国、实现中华民族伟大复兴的高度来对待。习近平总书记围绕“大思政课”发表了系列重要讲话，作出了系列指示、批示，把习近平新时代中国特色社会主义思想凝心铸魂作为重点，以引导学生正确认识世界和中国发展大势、国际形势和中国特色，教育学生把握中国特色社会主义的历史必然性和自身的责任担当、历史使命，自觉把个人的理想追求融入国家和民族的事业为目标，明确了“大思政课”的科学内涵，系统回答了“大思政课”建设的方向性、根本性问题。

一、“大思政课”有别于传统“思政课”之“大”

首先是确立大目标为导向。“大思政课”的提出是在新时代背景下以贯彻落实立德树人根本任务为目标引领学生正确理解和把握习近平新时代中国特色社会主义思想，讲好“大思政课”需要站在历史维度上研析机理、探索规律，把马克思主义中国化创新理论的理论逻辑在“大思政课”教学过程中以实践为观照及时解释、解决社会经济发展的热点、痛点、难点问题，引导学生形成正确的“三观”，更好地完成“为党育人、为国育才”的使命。

其次是融入大格局为目标。落实“大思政课”理念，要坚持全局观念，提高站

* 本文系湖北省教育厅哲学社会科学研究项目“大思政课”育人格局视域下科研育人的理论逻辑研究和质量提升体系构建（22G034）的研究成果。

位，系统谋划，推动多主体协同合作。精准对接学生需求，课程定位要融入大局，促进思政课堂、实践课堂，数字课堂深度融通。教育思路与教学方法要紧跟时势，处理好理论体系、教材体系和教学体系之间的关系。真正把“大思政课”办成各方协同的社会大课、常讲常新的时代大课，形成学科、专业、课程协同育人新格局，深挖通识课程和专业课程中的思政元素，使各类课程建设和思想课程同向同行，创新教学方法，丰富教学资源形成协同效应。

二、“新文科”有别于传统“文科”之“新”

2018 年，党中央首次明确提出“新文科”概念，2019 年，教育部等 13 个部门通过发布“六卓越一拔尖”计划 2.0 正式开始“四新”建设实践，到 2020 年山东大学新文科建设工作会议上发布《新文科建设宣言》厘清“新文科”的时代使命、总体目标等建设共识以来，“新文科”的基础理论体系建构与实践研究已经取得相当的成果，并成为引领高等教育高质量发展的方向。

在全球新科技革命推动、新经济发展需求、中国特色社会主义进入新时代的新国情背景下，“新文科”的“新”体现在创新和融合两方面。

创新是指突破传统文科的思维模式、理论体系、研究范式，深入挖掘新的学科增长点，对现有文科知识体系进行分解、整合、转型和升级，寻求在人文社会科学领域的理论创新、机制创新、模式创新，从而破解传统文科建设的难点和痛点。从而提升文科发展内驱力服务国家经济社会全面发展，解决人文社科领域重大理论和实践问题，构建中国话语体系，参与全球治理。

融合是指立足科研前沿、强化需求导向，既要打破传统文科知识体系造成的学科壁垒，又要根植于传统文科的发展脉络之中以继承、交叉、协同、共享为途径细化跨学科建设路径，促进多学科深度融合从而构建文科新课程、新专业、新模式。紧扣国家战略，在构建学科体系上积极探索文科新方向，推动传统文科的更新升级，打造科学、人文、博通、专精相统一的发展新模式。

“新文科”的提出顺应了世界文科教育改革的总体发展大势，是教育反思中哲学社会科学领域适应新国情，对新形势下教育高质量发展的回应，更是推进高等教育现代化的中国式新探索。

三、新文科视域下“大思政课”建设的现实困境

2020 年，《新文科建设宣言》的发布明确提出要走中国特色的文科发展新道路，

要在把握文科教育的价值导向性前提下坚持守正创新，在全面落实立德树人根本任务的目标下与现代数字技术融合，与其他学科交叉融通，吸纳“新工科”所长创新研究范式，紧密围绕国家和地方社会经济发展需求践行社会主义核心价值观，从而构建中国特色、世界水平的新文科体系。因此，高校必须深刻领会到“新文科”建设与“大思政课”的内在统一性，组织好“大思政科”与新文科建设各项工作统筹推进、协同发展。

“大思政课”的特色在“大”，根本在“课”。新文科背景下对“大思政课”建设提出了新任务，要求其突出实践教学，统筹社会资源，助力“大思政课”建设，全面提升育人效果。2019 年 3 月，习近平总书记主持召开学校思想政治理论课教师座谈会之后，在加强马克思主义理论学科体系建设的顶层设计下，近五年来高校“大思政课”的教学质量和水平有了大幅度的提高，但也不能否认离“大思政课”的建设目标仍有差距。作为一次全方位的课程范式和教育思潮转型，要看到阶段性的成果，也不能忽略瓶颈期的困境。

1. 顶层设计和系统谋划不够，“新文科”建设与“大思政课”协同发展理念尚未形成。“大思政课”是高校育人育才工作的核心任务，“新文科”建设则是人文社科高校高质量教育改革的必由之路，二者需要以整体和发展的观念统筹和观照。目前大部分高校都在各自推进两项具体工作，未能高站位、系统性统筹，未能强化政策引导形成合力。

2. 大课堂、大平台、大师资挖掘、集成不够，新文科背景下的“大思政课”高质量发展尚有差距。“大思政课”一体化建设立足于全方位制度体系的耦合整生尚未完成，学科壁垒仍未打破，实践性课堂挖掘不够且不够系统，未充分融合各学科、各专业的思政资源共建共享。

3. “大思政课”的“指挥棒”功能发挥不够，“十大育人体系”为核心的评价指标体系尚未完善。“新文科”建设背景下的“大思政课”建设情况理应纳入学校重点工作考核、党建考核和学科评估标准、双一流建设标准等体系对标对表，积极拓展“大思政课”建设格局，建立科学、合理、完善的评价指标体系。

四、智库创新“大思政课”建设模式的可行性分析

高校智库除了具备其他智库的基本属性与核心价值外，因为高校本身承担的服务社会职能决定了其作为落实立德树人根本任务重要力量的必然属性，且担负着为党育人、为国育才的使命。

1. 高校智库天然具有意识形态属性。意识形态属性是高校智库承担“大思政课”

的政治基础和思想基础，更是高校智库落实立德树人根本任务的前提。党的十九大报告提出，要深化马克思主义理论研究和建设，加快构建中国特色哲学社会科学，加强中国特色新型智库建设。这表明了党对于中国特色新型智库发展的首要要求是必须坚守正确的政治方向和价值导向，即深化马克思主义理论研究和建设，也就是说智库天然具备意识形态属性。“新文科”的核心要义则是立足新时代，回应新需求，促进文科融合化、时代化、中国化和国际化，引领人文社科新发展，要做到人才培养与科学研究、理论研究与实践探索紧密结合。高校智库的先进思想、研究理论是党和政府意志的体现，高校智库服务于党和政府的核心功能定位使其能以先进、融合、前沿的理论研究和实践领航高校立德树人和思想政治教育，在其中发挥主流意识形态导向作用，对高校“大思政课”建设起到了举旗定向的作用，智库的科研育人也是高校思政教育的重要载体之一。

2. 高校智库天然具有社会性属性。智库的研究成果更符合“新文科”观照现实，回应新需求背景下“大思政课”对社会性维度的要求，智库的咨政服务职能要求其关注社会，回应现实“大问题”。从国际局势到国家战略，从区域发展到社会治理都要求智库研究能关注社会热点和痛点，精准研判、快速响应。这有助于“新文科”建设和“大思政课”高质量发展同频共振，从中国与世界发展的现实出发，高站位、系统性引导、帮助学生明确奋斗目标，担当历史使命，深刻了解世界、国情，是提升对中国道路和中国文化信心的有力渠道。

3. 高校智库天然具有实践性属性。高校智库在体制机制上相对灵活，其通过服务社会拥有的校地合作、校企合作积累的资源天然具有实践性属性，能吸引学生通过参与智库研究的全过程，全面了解问题导向的对策研究、决策咨询全貌。有助于学生在田野调查、实证研究中培育科研素养和把论文写在祖国大地上的担当作为，在科研成果的转化中理解学术服务于社会的现实意义，增强师生服务国家与人民的社会责任感，积极对接国家与地方研究需求，厚植家国情怀。也有利于在智库这个维度上先试先行推动社会共同支持“大思政课”，支持高校全方位育人。从这个层面上说，高校智库的实践性使其天然是思政教育的践行者。

4. 高校智库天然具有协同性属性。高校智库的协同性属性体现在多学科、多领域协同和“大师资”协同两个方面。一是智库研究多是复杂问题研究，必然涉及跨学科协同创新，这是新文科建设的核心要求；二是其对应的智库研究团队必然是各学科领军人物带领下的跨学科专家团队，还包括实务部门专家和企业导师团队。这就天然契合了“大思政课”的适应性和对“大师资”的要求。智库专家，尤其是领军人物，普遍是在某些领域有着卓越学术成就的“大先生”，他们不仅具有专业的理论水平、精湛的学术造诣，更有着卓越的大局观和强烈的社会责任感。智库专家通过全过程带领学生参与科研实践解决现实问题来给予学生全方位的影响和引领，提升其使命感和家国情怀。以智库专家构建的“大师资”体系，一定程度上扩宽了高校育人主体的厚度，也有助于打破旧文科的学科壁垒，打通条块分割。让科研育人贯穿教育的全过程，推进“大思政课”，构建“全方位育人”体系。

五、智库赋能“大思政课”建设路径

1. 加强顶层设计，统筹规划，以智库平台为试点系统推进“新文科”建设和“大思政课”高质量协同发展。高校可探索在智库范围内先试先行，从顶层设计上给予智库政策优惠，在具体资源配置上给予智库试点倾斜，从政策层面予以保障，推进体制机制创新，发挥智库政治引领作用，构建“新文科”引导下的“大思政课”新格局。为高校智库在以马克思主义为导向阐释党和国家政策、研究前沿科研理论上创造有利条件，强化智库领军人物理论观点的卓越影响力，以学术理论的先进性和系统性助力高校思想文化建设和立德树人根本任务，以科学的观点理论发挥启智作用，从而形成学术研究、探讨的科研氛围。深入学习贯彻习近平总书记“旗帜鲜明讲政治”重要指示精神，以师生共同参与的智库研究使师生树立文化自信和价值观自信，积极发挥在高校“大思政课”建设中的政治引领与导向功能。培养学生坚守正确的政治方向和价值导向，提升社会责任感，解决好“为谁培养人、培养什么人、怎样培养人”的根本问题，引导学生投身中国特色社会主义伟大事业，实现中华民族伟大复兴。

2. 加强协同创新、融合融通，构建“大思政课”生态圈提升全方位育人效度。高校智库具有有别于学院和其他二级机构的开放性、创新性和融合性，在智库范围内首先打破学科、平台、部门之间的壁垒，形成同向同行的整体态势和系统合力可以充分调动高校智库在运行机制、学术资源、高端团队等多方面的优势，在思想文化建设、思政教育和育人实践方面进行多方探索创新。以高校智库为载体构建“大思政课”生态圈，是在有组织的科研前沿性、时效性和实践性基础上，让智库研究人员、校外导师、学生共同参与智库学术研究和社会实践的过程，更是把学术研究、对策研究、成果转化、实践经验同国家需求紧密结合，始终保持同人民群众和社会现实紧密联系的过程。有助于培养学生拓宽学术视野，顺应时代之变，构建起多学科交叉的知识结构体系，实现基础理论研究与社会服务实践的有机统一，增强解决当今社会复杂问题的能力。

3. 构建国际化多元育人体系，依托智库外交属性构建自主知识体系。高校智库研究聚焦的领域主要是咨政服务和对策研究，在马克思主义科学观指引下针对时代特征和国情特色，对社会经济发展中的热点、痛点及关键性问题迅速响应，做出跨学科、多维度解读分析，必然潜移默化地增强社会主义核心价值观的凝聚力。在促进学术交流的同时，更加聚焦学生成长所需的精神引领与价值观教育，学术引领和思想道德教育，拓展多元育人模式做实智库育人功能，通过智库以科教融合、跨学科合作、国际优势集成教育资源，对社会、校园舆论与形势起到引导作用，通过搭建智库平台间国际交流、对话发出“中国声音”，解决“卡嗓子”问题，把握舆论议题设置，占领舆论传播高地。在学术成果发布中引入民族自信和文化自信，在解决“卡脖子”问题之余引导主流意识形态深植于家国情怀，在高校智库宣传普及其思想理论成果的时候，有的放矢但是不留痕迹地引入各种新形式开展师生喜闻乐见的“大思政课”教育，通过专业、领域和文化交叉融通等方式注重学生的交叉培养，以全球胜任力为目标，强调秉持中国立场、文化自信、社会责任感与人类命运共同体的正确价值导向，培养具有中国根基、全球视野和主动思考关乎人类文明发展的全球性问题的“新文科”人才，积极推动中华优秀传统文化的创造性转化，培养学生讲好中国故事的自觉和能力，从而为构建人文社科自主知识体系助力。

参考文献

［1］中共中央关于全面深化改革若干重大问题的决定［N］. 光明日报，2013-11-16.

［2］中办、国办印发《意见》加强中国特色新型智库建设［N］. 人民日报，2015-01-21.

［3］杨玉良. 大学智库的使命［J］. 复旦学报（社会科学版），2012（01）.

［4］魏士强. 深化“三全育人”改革　落实立德树人根本任务［J］. 中国高等教育，2020（06）.

［5］习近平. 高举中国特色社会主义伟大旗帜　为全面建设社会主义现代化国家而团结奋斗——在中国共产党第二十次全国代表大会上的报告［M］. 北京：人民出版社，2022.

［6］习近平. 习近平谈治国理政（第二卷）［M］. 北京：外文出版社，2017.

［7］习近平. 在北京大学师生座谈会上的讲话［M］. 北京：人民出版社，2018.

［8］中共教育部党组关于印发《高校思想政治工作质量提升工程实施纲要》的通知［EB/OL］.（2017-12-06）. http://www.moe.gov.cn/srcsite/A12/s7060/201712/t20171206_320698.html.

［9］张洁. 新型智库建设：浅谈高校思想政治工作创新的有效路［J］. 长江丛刊，2018（08）：212.

［10］王珩. 智库建设：高校思想政治工作创新的有效路径［J］. 思想理论教育导刊，2016（03）：150-153.

高校哲学社会科学领域有组织科研创新实践路径探析*

王　胜

建设教育强国，龙头是高等教育。要增强高等教育的龙头作用，持续加强有组织科研是关键举措。高等院校作为我国基础研究的主力军和重大科技突破的策源地，有组织科研是高等院校科技创新实现建制化、成体系服务国家和区域战略需求的重要形式。在当前加快构建中国特色哲学社会科学的时代呼唤下，高等院校在哲学社会科学领域创新推动有组织科研实践，对中国自主知识体系建构意义重大。

众所周知，科研组织模式深刻影响着高等院校科研范式和科技创新。当前，国家对战略科技力量的需求和哲学社会科学知识体系创新的要求与日俱增。传统意义上以学科分类为主导的科研管理模式，很大程度上已难以适应新时代我国科学研究的发展进程与发展需求。相对于自然科学领域而言，哲学社会科学领域传统科研组织模式，往往更倾向于“小生产作坊”形式，在图书馆阅览室“单打独斗”的创作模式，极容易受限于研究者自身学科专业的边界，难以突破学科壁垒。在应用性较强、复杂交错的现实需求面前，过去个体户闭门造车的“小生产作坊”式科研模式已相对过时，无法适应中国式现代化发展实际。

有组织科研的目的在于集中力量、整合资源，解决全局性、根本性和关键性现实问题，本质上是哲学社会科学领域对国家重大战略需求的积极响应，是一种以服务国家战略需求为导向、更加强调力量整合和集成攻关的科研范式，其特点在于以重大战略需求为引领，以优势资源整合为手段，以解决全局性、关键性问题为目标。

当前，高等院校哲学社会科学领域面临的问题即是在服务国家重大战略需求方面体系化、建制化还不够充分、不够有力。在面对某一重大任务、重大问题时，学校各

* 本文系湖北省教育厅哲学社会科学研究项目“双一流”视域下高校破“五唯”学术评价改革实施路径研究（23G107）的研究成果。

院系开展研究的群体很多、学科类别多样，研究者从不同的出发点、不同的专业背景产出诸多研究成果，但人文社科的研究习惯，使得研究者们更多是拘泥于自身专业特长而作出的适当延伸，缺乏有效机制将有限的资源、散落的研究力量凝聚起来形成研究的合力，让不同学科围绕同一历史命题深度融通，展开充分碰撞、激出火花，推动产出重大、标志性成果，有效服务经济社会发展。而且这种零散的研究，在一定程度上还会造成高等院校科研资源的浪费、科研成效的不显著，究其根本原因则是因为缺乏全局性目标导向和强有力的资源整合。

作为高等院校，拥有丰富的学科门类和人才资源，在学科交叉研究方面天然具备前提条件，特别是综合性大学，则更是优势显著。研究资源的量已充分具备，如何建制化、成体系服务国家和区域战略需求，关键在于统筹整合，即是强化有组织科研。目前，有诸多高等院校已做出有益尝试，以中南财经政法大学为例，该校近年来在哲学社会科学领域多措并举开展有组织科研创新实践，成效显著。其中，较为典型的做法如下。

一、围绕“共同富裕”国家重大战略引领开展哲学社科领域有组织科研试点

为推动学校充分发挥新型举国体制优势，持续强化有组织科研，全面加强创新体系建设，着力提升自主创新能力，为更高质量、更大贡献服务国家战略需求作出部署，该校组织召开有组织科研系列活动之国家社科基金重大项目首席专家共话“共同富裕”圆桌论坛暨联合攻关签约仪式，五位国家社科基金重大项目首席专家围绕共同富裕这一时代命题，积极开展科学研究、踊跃贡献真知灼见，不同程度参与到国家部委、地方党委政府共同富裕建设推进中的政策咨询、调查研究、发展规划、人才培养等工作中，在财税政策促进共同富裕、金融创新推动共同富裕、财富积累优化共同富裕、共同富裕的监测统计、共同富裕进程中的相对贫困治理等重点领域已取得一大批标志性成果，形成了共同富裕研究的“中南大”学派和影响力，这是该校持续加强有组织科研系列重要举措之一，也是全国哲学社会科学学术界首次以多个国家社科基金重大项目联合攻关的形式服务于国家重大战略需求的有益尝试，集中体现了该校在哲学社科领域以系统集成、协同创新的力量高质量服务国家重大战略需求的突出能力和显著优势。

二、充分发挥中央高校基本科研业务费项目的引导、培育及杠杆作用

在科研领域，主要支持以一流科技领军人才和创新团队建设为代表的核心项目，

重点培育一批具有原始创新能力和潜力的青年科技人才领衔的跨学科、跨领域优秀团队，突出“大专家、大团队和大平台”示范引领作用，稳定支持其开展原创性、引领性科研攻关，挑战关键核心领域的重大科学难题，集中力量、整合资源进行多学科交叉的基础性、支撑性和战略性研究，资助周期内对获批培育建设的个人和团队实行全过程跟踪培养，定期对任务完成情况开展绩效评估和中期考核，根据评估结果动态调整支持对象和支持额度，已孵化一批具有重大学术影响力的一流科技领军人才和具有重大问题攻关能力的高水平优秀科研团队，以点带面提升学校服务中国式现代化战略需求的整体科研硬实力，培育斩获更多国家级社会科学重大项目，为国家、省市重大战略及区域经济社会发展提供强大智力支持。

“建构中国自主的知识体系”既是繁荣中国特色哲学社会科学的重要任务，也是中华优秀传统文化发展创新的必由之路，是时代赋予社科工作者的崇高使命和责任担当。高等院校如何充分发挥新型举国体制优势，以有组织科研加快构建中国自主的知识体系，是我们每一位社科工作者应当思考的问题。结合有组织科研时代特征以及总结部分高校的有益经验，在高等院校哲学社会科学领域开展有组织科研创新实践可以从以下三个方面作出一定努力。

1. 瞄准国家重大战略需求，主动对接社会发展需要。高等院校要切实围绕新形势下党和国家事业发展的一系列重大理论和现实问题，主动谋划、积极应对，切不可消极等待、行动迟缓。在科研战略规划上，要坚持需求牵引、做好顶层设计，通过设置贴近发展需求的大任务、大项目，凝练科学研究主攻方向，形成有力抓手，切实发挥项目引领、目标导向功能，组织优秀科研团队和学术骨干围绕中国式现代化理论与实践，全方位、深层次、多角度地研究阐释“中国之路”，为推动构建以自主知识体系为内核的中国特色哲学社会科学话语体系作出贡献。

2. 突出大专家、构筑大平台。高等院校要深挖自身学科发展特色和优势研究资源，持续加强科研创新平台体系建设，有效盘活重大项目研究资源，更高质量、更大贡献服务国家战略需求作出部署。高度重视“大学者”“大专家”，充分发挥“大先生”示范效应和凝聚功能，以“大先生”为标杆旗帜，以“大任务”为集结号角，围绕关键领域、立足学科优势、强化资源整合，构筑交叉融通、协同攻关的科研“大平台”，高效集聚全球创新要素，强化对基础研究的前瞻布局和稳定支持，鼓励进行“大专家”领衔开展原创性、引领性科研攻关，积极拓展新增长点，发挥高端智库功能高质量服务行业发展和区域经济主战场。同时，要充分释放科研平台人才培育载体功能，通过“大先生”在“大任务”实战中的传帮带，推动人才梯队化建设，逐步让青年科技人才在国家重大科技任务中“挑大梁”“当主角”。

3. 产出高水平、原创性、标志性大成果。当前，我国经济已由高速增长阶段转向高质量发展阶段，进入新发展阶段，对哲学社会科学领域的发展提出了新要求、新挑战。量积累到一定阶段，必须转向质的提升，学术成果规模、数量上的快速增长已难以适应新发展要求，哲学社会科学工作者，必须要立足新发展阶段，在认识和把握我国社会发展的阶段性特征中深刻理解经济高质量发展的内涵，推动产出高水平、原创性、标志性大成果。重大科技产出通常建立在时间沉淀、知识迭代和研究者长周期潜心钻研基础上，高等院校要营造良好的科研创新生态环境，通过科研创新制度建设和政策优化，完善基础研究人才差异化评价和长周期支持机制，构建符合基础研究规律和人才成长规律的评价体系，创造条件让有潜能的青年科技人才静下心来、耐住寂寞，开展基础研究和科学探索，为产生重要原创性、颠覆性科研成果贡献力量。

参考文献

［1］陈劲，尹西明，陈泰伦等．有组织创新：全面提升国家创新体系整体效能的战略与进路［J］．中国软科学，2024（03）：1－14.

［2］王益静，李飞．如何在基础研究领域推进有组织科研模式［J］．科技中国，2024（02）：20－24.

［3］李岱素．高校有组织科研的实践逻辑：基于价值共创视角［J］．学术研究，2024（02）：69－73.

［4］韩荣．以有组织科研推动高校科技创新［N］．科技日报，2024－01－24（005）.

［5］李森，刘振天，陈时见等．高等教育强国建设的中国道路［J］．高校教育管理，2024，18（01）：1－23.

［6］刘诗瑶．大胆使用，鼓励青年人才挑大梁［N］．人民日报，2023－12－15（014）.

［7］王思懿．中国如何建设世界重要人才中心和创新高地［J］．重庆高教研究，2024，12（02）：14－24.

［8］韩杰才．全面强化高校有组织科研服务国家高水平科技自立自强［J］．中国高等教育，2023（23）：4－8.

［9］邹勇，龙毅，高德友．以有组织科研高质量服务国家和区域经济社会发展［J］．中国民族教育，2022（12）：34－37.